全国应用型院校学前教育专业新形态规划教材

总主编　李姗泽　孙亚娟

U0828448

学前儿童心理学

主　编　谢超香

副主编　范元涛　刘揖建

编　委　曾　鑫　李菁菁　王　琳　王俪霖　覃　思
禹俊慧　梁金银　姚宇航　左婷婷　曾　甜
宋礼英　杜燕凡　祁亚培

西南大学出版社
国家一级出版社　全国百佳图书出版单位

本书配有丰富教学资源

图书在版编目(CIP)数据

学前儿童心理学 / 谢超香主编. -- 重庆 : 西南大学出版社, 2023.2

全国应用型院校学前教育专业新形态规划教材

ISBN 978-7-5697-1637-5

Ⅰ.①学… Ⅱ.①谢… Ⅲ.①学前儿童—儿童心理学—高等学校—教材 Ⅳ.①B844.12

中国国家版本馆CIP数据核字(2023)第024369号

全国应用型院校学前教育专业
新形态规划教材

学前儿童心理学

XUEQIAN ERTONG XINLIXUE

谢超香◎主编

范元涛　刘揖建◎副主编

责任编辑：任志林　郑先俐
责任校对：张浩宇
装帧设计：汤　立
排　　版：张　祥
出版发行：西南大学出版社(原西南师范大学出版社)
　　　　　地　　址：重庆市北碚区天生路2号
　　　　　网　　址：http://www.xdcbs.com
　　　　　邮　　编：400715　市场营销部电话：023-68868624
经　　销：全国新华书店
印　　刷：重庆愚人科技有限公司
幅面尺寸：185 mm×260 mm
印　　张：19.75
字　　数：384千字
版　　次：2023年2月 第1版
印　　次：2023年2月 第1次印刷
书　　号：ISBN 978-7-5697-1637-5

定　　价：59.00元

总序

学前教育是每个儿童接受集体教育的开始，是每个人终身学习的开端，是国民教育体系的重要组成部分。进入新时代，人民群众对优质教育的需求不断提升。实现幼有所育，成为满足人民群众日益增长的优质教育需求的重要举措。党中央、国务院高度重视学前教育事业，党的十八大提出“办好学前教育”，党的十九大要求“在幼有所育上不断取得新进展”，党的二十大提出“强化学前教育普惠发展”。2018年，中共中央、国务院发布了《关于学前教育深化改革规范发展的若干意见》，强调把发展学前教育摆在更加重要的位置，明确要大力加强幼儿园教师队伍建设，办好一批幼儿师范专科学校和若干所幼儿师范学院，支持师范院校设立并办好学前教育专业，扩大有质量教师供给。2021年，教育部等九部门印发《“十四五”学前教育发展提升行动计划》，提出要全面提升保教质量，提高教师专业素质和实践能力。由此可见，教师队伍是提高保教质量的关键，是保证学前教育质量的基石。

推动普通本科高校向应用型转变，是党中央、国务院的重大决策部署，是教育领域人才供给侧结构性改革的重要内容。创新应用型技术技能型人才培养模式，建立以提高实践能力为引领的人才培养流程，是实现应用型高素质人才培养的关键。2011年10月，教育部颁布《教师教育课程标准（试行）》，并发文要求各地按照《教师教育课程标准（试行）》的学习领域、建议模块和学分要求，制定有针对性的幼儿园、小学和中学教师教育课程方案。幼儿园教师职前教育课程要帮助未来教师充分认识幼儿阶段的特性和价值，理解“保教结合”的重要性，学会按幼儿的成长特点进行科学的保育和教育；理解幼儿的认知特点和学习方式，学会把教育寓于幼儿的生活和游戏中，创设适宜的教育环境，保护与发展幼儿探究、创造的兴趣，让幼儿在愉快的幼儿园生活中健康成长。

为了适应我国学前教育大发展的改革趋势和高素质应用型人才培养的要求，我们坚持培养实践性、应用型人才的理念，立足于学生学习与发展的需要，增加了学科相关前沿研究以及社会热点问题的讨论，将理论知识与实践案例相融合，同时加强了实训内容；实现理论体系向教材体系转化、教材体系向教学体系转化、教学体系向学生的知识体系和价值体系转化，使教材更加体现科学性、前沿性，以进一步增强教材的应用性和实效性。在开展充分调研的基础上，我们组织了一批业务能力强、理论知识和实践经验丰富的专家、一线教师开展教材编写和建设工作。丛书包括《学前教育学》《学前儿童心理学》《中外学前教育史》《学前教育研究方法》《学前儿童游戏》《学前教育评价》《学前教育管理学》《学前儿童卫生学》《学前儿童体育与健康教育》《学前儿童语言教育》《学前儿童社会教育》《学前儿童科学教育》《学前儿童艺术教育》《幼儿园环境创设》《幼儿园玩教具设计与制作》《幼儿行为观察与评价》《幼儿园课程》《学前儿童文学》《学前教育政策法规与师德修养》等。

本套教材紧密结合《教师教育课程标准（试行）》《3~6岁儿童学习与发展指南》《学前教育专业师范生教师职业能力标准（试行）》等国家政策文件精神，立足于应用型院校学前教育专业高素质人才的培养，涵盖学前教育专业的核心课程、基础课程、学科课程和拓展课程。本套教材除了满足内容充实、完整，结构清晰、合理，语言得体、流畅等基本要求外，还力求克服国内已有教材的不足，努力打造自己的优势和特色。

第一，课程思政与育人为本相结合。本套教材的编写注重主流价值观引领，挖掘和拓展课程的育人价值，充分体现了不同课程的特色与优势，形成了特色鲜明、优势突出、交叉互补的教材内容体系，实现了课程思政与立德树人的结合。

第二，理论与实践相结合。本套教材强调深入落实《教师教育课程标准（试行）》“实践取向”的精神，以学生发展为根本，以学习产出为导向，注重实践性教学内容，关注解决教育实践问题。在板块设计上，除了正文的理论阐述，还辅以案例破冰、拓展阅读、人物介绍、经典研究介绍、思考与实训、专题探讨等实践板块，引导学生将理论运用于实践。

第三，基础性与时代性相结合。本套教材吸纳教育学、心理学、学科教学的最新研究成果，坚持呈现各学科领域的基本知识、基本原理，为学生搭建一个全面而扎实的知识体系；及时跟进社会及行业的最新发展动态，将最新、最权威、最具代表性的成果引入教材，实现了基础性与时代性的结合。

第四，学术性与应用性相结合。本套教材既注重学术性，也注重应用性，为支持“立体化”教学，教材编写团队立足于学前教育专业应用型人才培养的需求，注重资源的应用性和实用性，形成了以知识图谱、教学计划、多媒体课件、案例库、习题库、教学视频、教学动画、微课等构成的课程教学资源体系，打造了“纸质教材+数字化教材+在线课程”协同互补的新形态教材体系；形成了教材、文本和网络技术相互交叉、相互融合、相互支撑的立体化、网络化、互动化教学方式，能有效提升教学质量，以期成为学前教育专业学生喜读、乐读的学习素材。

本套教材的编写人员较多，教材的编写与出版是一项艰巨的工程，能顺利付梓得益于所有参编人员的辛勤工作，也得益于西南大学出版社编辑的积极协调与沟通。在此向所有参与此次编写与出版工作的作者及编辑人员表达我们的敬意。由于编者的学术视野及学术能力的限制，本套教材难免存在不足之处，我们将在使用中进一步总结反思，不断修订完善，欢迎广大学界同人和读者朋友不吝赐教，多提宝贵意见。

李姗泽　孙亚娟

前言

《幼儿园教育指导纲要（试行）》中指出："幼儿园教育应尊重幼儿的人格和权利，尊重幼儿身心发展的规律和学习特点，以游戏为基本活动，保教并重，关注个别差异，促进每个幼儿富有个性的发展。"要实现学前儿童富有个性的全面发展，实现学前教育质量水平的全面提升，教师队伍是关键。教材作为知识的载体，在未来教师的培养中发挥着重要作用。教材的更新是应对新时代对教师专业发展提出的新要求的有效举措。《学前儿童心理学》正是本着这样的初心策划和编写的。

学前儿童心理学是心理学的重要组成部分，是学前教育基本理论中的主要内容之一。本书立足于中外不同心理学家的研究成果，详尽阐述了学前儿童心理发展的生理基础、心理发展特征与规律以及培养策略等，丰富了学前教育基本理论的内容，为普通高等师范院校学前儿童心理学的教学提供了有益补充。本书可作为普通类本科院校学前教育专业的全国通用教材，同时也可以作为幼儿教育工作者参加继续教育的教材或者参考用书。

《学前儿童心理学》紧扣《教师教育课程标准》和《幼儿园教师专业标准》，按照普通类本科院校学前教育专业（本科）的培养目标进行编写，内容丰富翔实。全书既有学前儿童心理发展基本规律与特征的介绍，又有教育培养策略的提出；既关注学前儿童心理发展的理论问题，又关注学前教育现实情境中的实践问题；努力做到心理与教育的相互支持，理论与实践的相互观照。

在编写体例上，本教材坚持以目标为牵引，以问题为导向的基本原则。在每一章节的开始部分即明确学习目标、学习重点与难点，让学生从整体上对所学内容有所把握。在明确学习目标后即呈现经典案例，在经典案例的阅读与思考过程中引发学生的认知困惑与问题，从而激发学生的内在学习动机与兴趣，以期实现学生自主能动的建构学习。每章最后设置有内容小结、思考与练习、拓展阅读等模块，为学生的课外学习提供丰富的资源。

本书由广西师范大学谢超香担任主编，广西师范大学范元涛、广西幼儿师范高等专科学校刘揖建担任副主编。内容共分为十二章，其中“第一章　学前儿童心理学导论”由谢超香、王琳、梁金银编写，“第二章　学前儿童心理发展的生理基础”由谢超香、左婷婷、覃思编写，“第三章　学前儿童感知觉的发展”由谢超香、李菁菁、杜燕凡编写，“第四章　学前儿童注意的发展”由谢超香、禹俊慧编写，“第五章　学前儿童记忆的发展”由刘揖建、禹俊慧编写，“第六章　学前儿童想象的发展”由刘揖建、禹俊慧编写，“第七章　学前儿童思维的发展”由刘揖建、王俪霖编写，“第八章　学前儿童言语的发展”由刘揖建、王俪霖编写，“第九章　学前儿童情绪情感的发展”由范元涛、覃思编写，“第十章　学前儿童个性的发展”由范元涛、王俪霖编写，“第十一章　学前儿童社会性的发展”由曾鑫、姚宇航、曾甜、宋礼英编写，“第十二章　学前儿童心理发展的背景”由范元涛、祁亚培编写。谢超香、范元涛、刘揖建对全书内容进行了统稿和审校。本书在编写过程中参阅了大量文献资料，借鉴了很多学者的观点，在此深表谢意！

本书在编写体例设计、书稿撰写和审定过程中得到了西南大学李姗泽教授和西南大学出版社领导的高度重视和大力支持，在此一并表示感谢！

《学前儿童心理学》编写组

2022年5月19日

目录

第一章

学前儿童心理学导论

学习目标

● 明确学前儿童心理学的研究对象与研究内容，掌握学前儿童心理发展的一般特点。

● 了解学前儿童心理学的发展历史与各理论学派的主要观点，能运用相关理论解释学前儿童心理发展的有关现象，解决相关问题。

● 明确学前儿童心理学的研究任务与研究原则，能运用具体研究方法进行学前儿童心理学的研究设计。

学习重难点

● 重点：掌握学前儿童心理发展的一般特点，学会应用学前儿童心理研究的具体方法。

● 难点：掌握并运用相关理论解释学前儿童心理发展的有关现象，并尝试对学前儿童心理发展的某一具体问题做出分析，提出研究方案。

案例破冰

“给我一打健康的婴儿，一个由我支配的特殊的环境，让我在这个环境里养育他们，我可以担保，任意选择一个，不论他父母的才干、倾向、爱好如何，他父母的职业以及种族如何，我都可以按照我的意愿把他们训练成为任何一种人物——医生、律师、艺术家、大商人，甚至乞丐或小偷。”这一观点是著名心理学家约翰·华生所说的。

华生挑选了只有9个月大的小艾尔伯特进行实验，给他呈现白鼠、猴子、狗、有头发和没有头发的面具以及白色羊绒棉。一开始，艾尔伯特对白鼠很感兴趣并试图触摸它。在他正要伸手时，突然敲响铁棒，突如其来的巨响使艾尔伯特十分惊恐，这一过程重复了3次。一周以后，重复同样的过程。后来华生单独向艾尔伯特呈现白鼠时，艾尔伯特对白鼠产生了极度恐惧。他看到白鼠就号啕大哭，转身背对白鼠，向远离白鼠的方向移动。从此，小艾尔伯特变得害怕各种毛茸茸的动物与玩具。当你读到这儿，你可能对实验者对艾尔伯特的做法感到担心、气愤。因为这项实验扭曲了婴儿的心理，被后来的人认为违反了学术伦理。

第一节　学前儿童心理学概述

一、学前儿童心理学的研究对象与内容

（一）研究对象

发展心理学属于心理学的重要分支，是研究个体心理发展规律的一门科学。学前儿童心理学是发展心理学的重要组成部分，是研究个体从出生到进入小学之前的心理发展特点和规律的科学。

医学界与教育界通常将学前儿童期分为婴儿期（0—3岁）和幼儿期（3—6岁）。学前期作为个体心理发展的起始点，有广义和狭义之分，广义的学前期（0—6岁）是指处于婴儿期（0—1岁）、先学前期（1—3岁）、学前期（3—6岁）的儿童。狭义的学前期等同于幼儿期（3—6岁），又再分为幼儿初期（3—4岁）、幼儿中期（4—5岁）、幼儿晚期（5—6岁）。尽管各个国家教育法规的要求不同，儿童入学年龄有些微的差异，但在我国，学前儿童通常是指0—6岁的儿童。广义和狭义的学前儿童期划分参见图1-1。

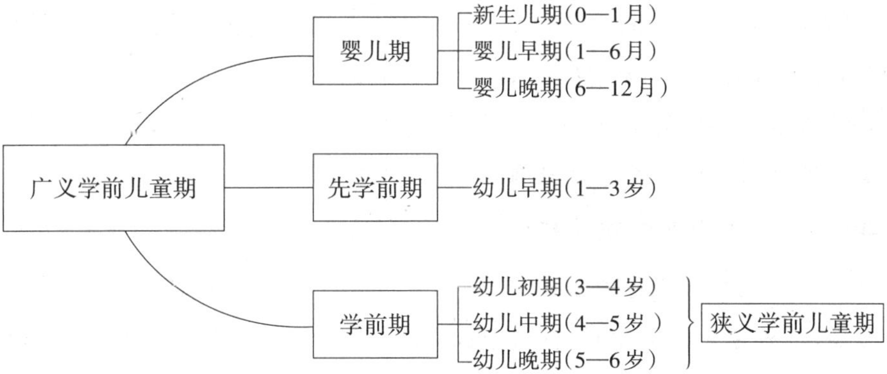

图1-1　广义和狭义的学前儿童期

（二）研究内容

在学前儿童成长的过程中，生理与心理均会有规律地发生量变和质变。其中生理发展主要是指儿童机体的正常生长发育，包括形态发育和功能的逐渐成熟。学前儿童心理发展是指认知、情绪情感、个性和社会性的发展过程，这三个过程并不是完全孤立的，而是相互交替、相互影响的。

1.学前儿童的生理发展

生理发展主要是指身体的生长与发育。生长是指身体各组织、器官的长大和形态变化,是属于量变的过程。发育是指细胞的分化、组织与器官的结构完善与机能的逐渐成熟。身体各器官、各系统的发育,尤其是神经系统的发育,为学前儿童的心理发展奠定了基础。大脑神经系统和感官的活动是学前儿童心理活动的基础,学前儿童的生理发展影响并制约着心理发生发展的过程。

2.学前儿童的认知发展

认知是指人们认识活动的过程,即个体对感觉信号接收、检测、转换、简约、合成、编码、储存、提取、重建、概念形成、判断和问题解决的信息加工处理过程。在个体的一切心理活动中,都有认知的成分。因此,认知是人类最基本的心理过程。学前儿童认知发展是指感知觉、注意、记忆、想象、思维、言语的发展,这些认知环节的发展是学前儿童心理发展的前提。儿童对自然、社会等事物的特点、性质、关系、规律等方面的认识都是依靠认知活动来完成的。认知发展是心理发展的开端,在个体心理发展中占据十分重要的地位。

3.学前儿童情绪情感的发展

情绪、情感是人对客观事物的态度体验,是人的需要获得满足与否的反映。它产生于认识和活动的过程中,并影响着认识和活动的进行。美国心理学家沙洛维和梅耶认为情绪情感应包括:(1)情绪的知觉、评估和表达力;(2)思维过程中的情绪促进力;(3)理解与分析情绪,可获得情绪知识的能力;(4)对情绪进行成熟调节的能力。①情绪和情感作为人对客观世界的特殊反应形式,是人的心理活动的重要组成部分,对人的现实生活和精神活动都有着重要影响。

4.学前儿童个性和社会性的发展

个性指一个人的整体心理面貌,包括个性倾向性、个性心理特征以及自我意识等。社会性发展(或称之为社会化)是社会学、心理学等多学科研究的课题。不同学科根据学科自身的性质和任务,从不同的角度研究人的社会性发展。心理学中的社会性发展指的是社会化过程中个人的人格与自我形成以及一般的社会学习过程。学前儿童社会性发展主要指儿童在特定的社会和文化环境中,形成适应于该社会与文化的人格并掌握该社会所公认的行为方式。人类个体个性与社会性的形成和发展过程,是儿童心理学的重要研究课题。个性与社会性心理的良性发展有助于儿童掌握和遵守社会行

①徐灵芝:《论儿童情绪情感教育》,载《江西教育科研》1998年第6期。

为准则以及控制自身行为，进行正常的社会交往，建立良好的人际关系。学前期是人一生中个性和社会性心理发展的敏感时期，这一时期的良性发展直接影响到儿童一生健康人格的形成与个体发展。

二、学前儿童心理发展的一般特点

发展是指事物连续不断地由低级向高级有规律的变化运动过程，而人的发展是指作为复杂整体的个人在从生命开始到生命结束的全部人生中，不断发生的身心两方面的整体的、积极的变化过程。儿童的心理发展是连续的还是断续的？在发展的过程中是单线式发展还是多线式发展？儿童发展过程的速度在每个阶段都相同吗？对这些问题的回答，实际上都关涉学前儿童心理发展的一般规律。

（一）连续性和阶段性

儿童心理发展是一个不断地由量变到质变的发展过程。这种从量变到质变的过程使得儿童心理发展表现出连续性和阶段性的特征。连续性表现为儿童的发展是循序渐进的，并非突然改变或中断的，即每一心理过程和个性发展都遵循了由低到高、由少到多、由不成熟到成熟的基本规律。例如，在初生儿期，儿童从只会哭闹以求母亲关注；在9个月时，能听懂母亲对他说话的含义，明白有些话语与特定的事物是有联系的，从而逐渐建立言语和事物之间的联系；1岁到2岁时，大多数儿童已经会说话，即便吐字不清，他们也能够比较顺畅地用言语和亲人交流。这是一个循序渐进的过程，是从简单的心理到较为复杂的心理发展的过程。阶段性表现在儿童的发展是由量变到质变的过程，不同的阶段会发生质的飞跃，即心理变化遵循发展的顺序，同时每一时期又有相对固有的特性。每一个儿童都经历了胎儿期、新生儿期、婴儿期、幼儿期等这几个阶段，每一阶段都有着各自不同的一般心理特征。例如，在婴儿早期，儿童没有客体恒常性的认知。当运动物体消失在眼前，儿童会认为该物体不存在于这个世界上。在幼儿早期，儿童具有了客体恒常性的认知。即使运动物体消失在眼前，儿童依然肯定该物体还存在。儿童发展的连续性和阶段性，一个强调发展的过程，一个强调发展的结果，二者的关系并不是对立的而是相辅相成的，儿童是在连续性发展的过程中发生重大质变构成了阶段性，每个阶段的衔接处又体现了发展的连续性。

（二）普遍性和个体差异性

心理发展是普遍性和个体差异性的统一。儿童心理发展具有普遍性，呈现出由简单到复杂、由具体到抽象、由被动到主动的一般发展趋势。但不同个体的心理发展在发展速度、发展水平等方面存在差异性。除了遗传因素的影响,内在机能、成长环境以及个体自身的主观能动性等,也会使得不同儿童在发展中表现出心理状况、发展速度和发展水平等方面的差别,如有的活泼、有的腼腆、有的想象力丰富、有的逻辑思维能力强等。

(三)顺序性和方向性

学前儿童发展的顺序性是指儿童的身心发展遵循着一定的顺序,既不能跨越,也不会逆向发展。在生理发展中,儿童体内各大系统成熟的顺序是:神经系统、运动系统、生殖系统。大脑各区的成熟也存在顺序性:枕叶、颞叶、顶叶、额叶。脑细胞发育的顺序是:轴突、树突、轴突的髓鞘化。儿童身体发展呈现出由头部到躯干的自上而下的发展过程,由躯干向四肢的自躯体中心向外围的发展过程,从手部大肌肉群到小肌肉群的自大动作到小动作的发展顺序。由此可见,儿童发展的顺序性和方向性,反映出个体发展遵循了从低级到高级、从简单到复杂的过程,说明人类发展是按一定模式进行的,包括认知、社会行为和情绪反应等都按照某种方向和顺序发展。

(四)发展不平衡性

学前儿童发展的不平衡性是指学前儿童心理发展并不是按照相同的速率前进的,而是按不均衡的速率向前推进的,各方面的发展速率也不尽相同。第一,学前儿童在不同年龄阶段的发展是不均衡的,如,新生儿和两三岁的儿童的体重增长速度是不同的。第二,学前儿童心理活动的各方面并非均衡发展的,初生儿的感知觉等认知过程发展迅速,而思维认知过程则要经过很长的时间才能发展起来。学前儿童心理发展的不平衡性最集中的体现是敏感期的存在,3—5岁前是儿童智力发展的敏感期;2—3岁是儿童口头言语发展的敏感期,同时又是儿童计算能力(口头数数、按物点数)发展的敏感期;3—6岁是儿童个性发展的敏感期;3—8岁是儿童学习外语的敏感期;4—5岁是儿童书面言语发展的敏感期;4岁是儿童图形知觉发展的敏感期,也是儿童学习识字的最佳年龄。从整个人生的心理发展来看,幼年是心理发展的关键期。同时,儿童的心理发展也存在着危机期,主要是指在发展的某些特定年龄时期,儿童心理会发生紊乱,表现出各种否定和抗拒的行为,如2—3岁,随着幼儿自我意识的产生和迅速发展,会出现人生的第一个“叛逆期”。

第二节　学前儿童心理学的发展历史

一、学前儿童心理学的诞生历程

（一）萌芽阶段

在古希腊、古罗马，就已经出现了关于学前儿童的教育思想，如以柏拉图和亚里士多德为代表的古希腊学前教育思想，以雄辩教育思想家昆体良和传记作家普鲁塔克为代表的具有古罗马特色的学前教育思想，为西方的学前教育发展奠定了基础。在中世纪基督教神学的严密禁锢下，古希腊、古罗马的文化逐渐没落。同时，由于"原罪论"错误观念的影响，成人对儿童实施严厉的管束制约，导致其成活率降低和死亡率升高。在当时，儿童被认为不存在任何的价值，儿童教育更没有得到关注。1440年左右，古登堡发明了西方活字印刷术，这项发明引发了一场媒介革命，推动了文艺复兴和启蒙运动，促进了人们的思想解放，推动了欧洲近代化的发展。这一时期人们逐渐意识到儿童与成人之间的区别，这一意识的转变为儿童心理学的诞生打下坚实的基础。在17世纪之前，儿童并不被认为是一个独立的、独特的个体。当时，儿童被视为小大人，母亲对儿童漠不关心是传统社会的特征，随着近代社会的发展，人们才"发现"了儿童。当时儿童不被重视这一社会现象被爱德华·肖特[①]（Edward Shorter, 1975）总结为："他们几乎没有自己的灵魂，他们在地球上短暂的停留，根本不足以引起大人的爱护和同情。"

（二）演变阶段

1.近代社会的发展

资本主义大工业兴起后，母亲走出家庭，参与社会生产，幼童无人照管，产生了家庭以外建立学前教育机构的社会需要。随着文化教育的发展，人们对儿童的教养问题逐渐重视，从而推动了学前教育机构的建立和发展。

在资本主义发展最早的欧洲各国，先后出现了简易的儿童教养机构。1769年，法

---

① Shorter, E., &Fey-Hauerwas, J.(1975).Der Wandel der Mutter Kind Beziehungen zu Beginn der Mod-erne. *Geschichte und Gesellschaft*,(2/3), 256-287.

国牧师奥柏尔林在他的教区建立了一个托儿所。他聘请青年妇女照顾在田间劳动的父母的小孩,教其游戏、缝纫和纺纱。1802年,欧文在模范的移民区新拉纳克建立了性格形成新学园。这是历史上第一所为工人阶级创办的学前教育机构。

欧文办的“幼儿学校”极为成功,恩格斯曾经给予高度的评价:他发明并首次在新拉纳克创办了幼儿园。儿童从两岁起进幼儿园,他们在那里生活得非常愉快,导致父母很难把他们领回去。当时这种进步实验虽未能继续下去,但欧文的办学原则和学前教育思想,直接影响了法国和意大利的托儿所的建立。1837年,德国的教育家福禄培尔(被誉为“幼儿园之父”)在勃兰登堡创设了收托1—7岁儿童的教育机构,名为“保姆养成所”。1840年改名为幼儿园,是一所真正意义上的教育机构,也是世界上第一所幼儿园,以后这一名称也在国际上沿用。虽然福禄培尔开办的幼儿园不久因德国政府以宣传“无神论”的罪名而被禁止,但以后的二三十年中,福禄培尔开办的幼儿园在许多国家流传开来。欧洲各国和美国的大城市都先后建立了幼儿园。福禄培尔为世界各国幼儿园的建立和发展奠定了基础。

总之,在工厂制度建立后的19世纪后半叶,为了解决母亲外出工作、子女无人照管的问题,以及为贫苦家庭的儿童谋福利,世界上许多国家都先后举办了托儿所和日托中心。这些学前教育机构收托范围为1—2岁至5—6岁的儿童,收托时间都是全日制的,目的是照料儿童的生活,不致发生意外。

拓展阅读

罗伯特·欧文在新拉纳克对幼儿学校的十条指导原则

第一,不责骂或惩罚儿童。

第二,为了在教师和受教育者之间建立起真实的感情和充分的信任,每一位受聘用的教师,要始终以和蔼的语调、表情、言语和行为毫无例外地对待所有的儿童。

第三,通过考察现实事物和它们的特性来进行教学,通过教师和受教育者之间无拘束的谈话,来说明这些现实事物和它们的特性,并且始终允许受教育者提出他们自己要求得到解释或者得到新知识的问题。

第四,回答这些问题时,始终要以和蔼和合乎理性的方式。当问题超出了教师的知识范围这种经常会发生的情况时,那就立刻完全承认在这个问题上缺乏知识,绝不要把年幼的心灵引向错误。

第五，学校不必有固定的室内时间。教师要注意的是：当受教育者或自己的精力因室内上课而疲倦时，如果天气好的话，就把室内的课改为室外体操；如果天气不好的话，就改为室内体操或者音乐练习。

……

资料来源：瞿葆奎、施良方、李一平．罗伯特·欧文在新拉纳克对幼儿学校的十条指导原则．华东师范大学学报(教育科学版)，1985，(4)：26.

图1-2 蒙台梭利博士正在讲授几何插图[①]

在20世纪初，世界各国广泛兴起的儿童研究运动中，不少心理学家和教育家把目光投向了幼儿教育领域，并着手进行大量的实验研究，取得了一系列研究成果，进一步推动了儿童研究运动。意大利儿童教育家玛丽亚·蒙台梭利(Maria Montessori，1870—1952)更是开创幼儿教育实验研究的先驱。蒙台梭利毕生致力于儿童研究和教育实践，她最初主要研究非典型发育的儿童，然后研究低收入阶层的儿童，最后她将研究范围扩大到世界各地各个社会阶层的儿童。她的实验依据源于她对儿童的观察，目的是以此支持儿童健康发展。蒙台梭利在课堂上为每个年龄段的儿童(从出生到3岁，从3岁到6岁，一直到18岁)提供特定的教学材料(如图1-2)，但这些材料逐渐被书本取代。蒙台梭利所提供的教学材料具有“自我纠错”功能(即儿童可以识别并改正自己的错误)，因为教师不会批改(甚至不会布置)作业。教师的任务是仔细观察儿童，为每个儿童适当地安排新材料的时间，使儿童适应教学环境。

在课堂上，儿童可以自由地选择是否接受外部的奖励或惩罚。蒙台梭利教育包含了蒙台梭利认为对自我发展至关重要的两个特征：第一，儿童为了自己的利益自由参加活动，并且经常重复练习这些活动，在自由操作训练中获得各方面的能力。第二，教育源于生活，提供给儿童“成长生活”所必需的材料，让儿童进行自主探索、自我教育。例如，在学前班给儿童提供适宜的工具，让其进行实际的生活练习(如，清洗桌子和准备零食)[②]。

---

①Montessori M., Hunt, J.M., &Valsiner, J.(2017). *The montessori method.* New York, NY: Routledge.

②Lillard, A.S., &Taggart, J.(2019).Pretend play and fantasy: What if Montessori was right? . *Child Development Perspectives*, *13*(2), 85-90.

2. 自然主义教育运动

18世纪后期到19世纪中期，随着社会观念的进步和自然科学的发展，儿童在家庭和社会中的地位越来越重要，人们逐渐认识到尊重儿童、发展儿童天性的重要性，越来越重视根据儿童心理发展的特点和规律教育孩子。这一时期自然主义教育运动的代表人物有：捷克教育家夸美纽斯、英国哲学家和经验主义的代表之一洛克和法国启蒙思想家、教育家卢梭等。

约翰·阿姆斯·夸美纽斯（Johann Amos Comenius，1592—1670）倡导尊重人的本性，并编写了第一本以儿童年龄特征为线索，系统讲述儿童科学知识的书《世界图解》，这是一本对儿童进行启蒙教育的百科全书。书中他将人从出生到成熟划分为四个时期：婴幼儿期、儿童期、少年期、青年期，每期六年，各有相应的学校进行教育。约翰·洛克（John Locke，1632—1704）提出"白板说"（theory of tabula rasa）。白板在拉丁文中的含义是"空白的书写板"（blank slate）。该观点认为，儿童出生时一无所有，各种经验都可以塑造他们的品性，是环境的力量塑造了儿童，这充分肯定了教育在人的成长过程中的作用。让-雅克·卢梭（Jean-Jacques Rousseau，1712—1778）对儿童的观点与洛克的"白板说"正好相反。卢梭认为，儿童不是装满成人指示的白板，而是"自然人"。儿童发展的动力不是来自外部，而是来自儿童本身，其发展过程是自然的力量决定的，自然为儿童安排了一个健康有序的成长过程。儿童是一个独立的个体，不是成人的宠物和玩物，更不是父母的私有物品。卢梭的哲学以儿童为中心，认为儿童有自己的意识和情感，成人要尊重儿童。在西方教育史上，卢梭第一次明确提出教育应从人的自然本性出发，使人得到充分的自由发展的思想。

3. 自然科学的发展

19世纪中叶，查尔斯·罗伯特·达尔文（Charles Robert Darwin，1809—1882）以自然选择为核心，创立了生物进化学说，第一次科学、系统地对整个生物界的发生、发展做出了解释。他提出了"共同祖先学说"，即所有的生物都来自共同的祖先，"人猿同祖"，并遵循"物竞天择，适者生存"的原则。他不仅从种系演化的角度研究了人类心理的发生与发展，而且也从个体变化的角度研究了个体心理的发生与发展，对心理学产生了深远的影响。同时，他的演化理论引起了生物学上的革命，并强烈影响了早期的心理学家。达尔文特别强调通过对儿童的观察研究，以了解和掌握人类心理的发生发展，揭示动物心理向人类心理的演变过程。他还根据对儿子的观察撰写了《一个婴儿的传略》（1876）一书，这是儿童心理学领域早期的专题研究成果之一。

(三)诞生阶段

科学儿童心理学诞生于19世纪后半期。科学儿童心理学诞生的标志是:1882年,德国生理学家、实验心理学家普莱尔(Preyer,1841—1897)出版了世界上第一部科学、系统的儿童心理学著作《儿童心理》,普莱尔也因此被称为是科学儿童心理学的奠基人。该著作的材料来源于普莱尔每天对自己的孩子从出生到3岁的系统观察,偶尔会进行实验性的观察。整本著作包括三部分内容:儿童感知的发展、儿童意志(或动作)的发展以及儿童理智(或言语)的发展。该著作第一次系统地阐述了遗传、环境、教育在儿童心理发展中的作用。

从1882年起至第一次世界大战,这一时期在欧洲和美国出现了一批从事儿童心理研究的心理学家,其中最为典型的代表人物是美国心理学家格兰维尔·斯坦利·霍尔(Granville Stanley Hall,1844—1924)。霍尔在心理学研究中的贡献主要有两点。

第一,霍尔首次使用问卷法对儿童青少年的行为、态度做了广泛、系统的调查研究,在西方社会掀起“儿童研究运动”。霍尔提倡儿童心理发展研究的目的是配合教育的需要。霍尔的发展心理学研究摆脱实验法,改为采取观察法和调查法搜集资料,研究范围包括儿童、青年、老年,奠定了今日发展心理学以生命全程发展(life - span development)为研究取向的基础。

第二,霍尔在其代表作《青年期》(1904)中基于达尔文进化论的思想提出个体心理发展的复演说。复演说将儿童发展各个阶段的形态按照人类进化的形式展现出来,如果说个体胚胎的发展是动物进化的复演,那么,出生后个体的心理发展则复演了人类进化的过程。霍尔总结了个体的发展经历了动物、类人猿、半开化、开化四个阶段。

1.动物阶段对应婴幼儿时期(0—4岁)

此阶段的儿童以感知觉的发展为主,喜欢动手去体验、探索某些事物,但3岁前的幼儿动作发展尚未成熟,手眼协调能力没有完全得到发展。

2.类人猿阶段对应儿童期(4—8岁)

此阶段的儿童复演了古代的渔猎阶段。幼儿像古代人一样喜欢捕鱼打猎,儿童捕鱼、打猎的方式通常借助玩具来进行,此时期的幼儿的语言能力和社会交往能力得到了发展。

3.半开化阶段对应少儿期(8—12岁)

儿童此阶段复演了人类从蒙昧向文明过渡的农耕文明阶段,儿童渴望去实践、训练,特别是在语言和数学方面。

4. 开化阶段对应青春期(12—25岁)

儿童在此阶段对应人类历史阶段,这个阶段是暴风骤雨般的激烈,青春期就是“狂飙突击”时期,内外冲突明显,在冲突中感受激烈的情绪变化,青春期末期,出现了与现代社会相一致的人类更高级、更完善的特征。

(四)发展阶段

第一次世界大战和第二次世界大战期间,这一时期儿童心理学的研究成果在数量和质量上都有了飞速的发展,出现了一批著名的儿童心理学家。例如,将儿童心理发展分为五个阶段的奥地利精神病学家西格蒙德·弗洛伊德(Sigmund Freud,1856—1939)、首创用电影机研究正常儿童的躯体和心理发育的美国心理学家阿诺德·格塞尔(Arnold Lucius Gesell,1880—1961)、研究儿童认知发展的瑞士心理学家让·皮亚杰(Jean Piaget,1896—1980)、研究人的高级心理机能的苏联心理学家利维·维果茨基(Lev Vygotsky,1896—1934)等。一百多年来,儿童心理学作为发展心理学的分支,无论在研究范围或研究方法或研究工具上都取得了长足进步,研究水平也已发展到相当成熟的程度,为认识儿童心理的特点和发展规律,做出越来越大的贡献,积累了越来越多的资料,形成了越来越多的理论学派。

二、学前儿童心理学的理论学派

(一)“成熟学说”理论学派

格塞尔是美国心理学家和儿科医生,主要研究儿童的生长和发展问题。格塞尔认为个体的生理和心理发展都是按照基因规定的顺序有规则地进行的,发展是由机体成熟预先决定的。儿童的成熟表现为不同水平,尽管每一种水平也有高低两端,儿童的行为会在两端中摇摆,最终发展到较高的一端,但下一水平与上一水平之间是不连续的,原因就在于每一种成熟之前都有一种“准备”状态。儿童在发展过程中的准备状态,是一个动态的概念,并不是僵化的或一次性的表现。当一种准备状态达到成熟水平后,另一种新的成熟水平又会处于新的阶段之中。成熟是受基因控制的过程,外部环境不能改变它的顺序。例如,人类生命从受精卵开始分裂形成胚胎,胚胎分化成机体的器官和系统,然后演化成胎儿,胎儿的发展同样要受到基因的控制。

格赛尔的“成熟学说”理论,主要来自他的双生子爬楼梯实验。他让一对同卵双胞胎练习爬楼梯,其中一个实验对象(代号为T)在出生后第46周开始练习,每天10分钟，另外一个（代号为C）在出生后第52周接受同样的训练。两个孩子都练习到他们满53周为止，T练习了8周，C只练习了2周。这两个孩子中哪个爬楼梯的水平高一些呢？大多数人认为肯定是练习了8周的T比只练习了2周的C水平更高，实验结果却出人意料：只练了两周的C爬楼梯的水平比练了8周的T水平更高。C在10秒钟内爬上特制的五级楼梯的最高层，T则需要20秒钟才能完成。格塞尔分析，46周就开始练习爬楼梯，为时尚早，儿童的成熟度还没有达到一定水平，所以训练只能取得事倍功半的效果；52周开始练习爬楼梯，这个时间非常恰当，这时儿童已经为学习做好了准备，所以训练达到了事半功倍的效果。因此，格塞尔的成熟学说认为遗传因素是引导和影响儿童发展的主要力量。

我国研究者用双生子研究来测查有关遗传和环境因素对儿童青少年身体高度及其比例的影响，对796对6—18岁双生子的身高和坐高进行了测量，计算下肢长及坐高与下肢长比值，采用结构方程模型分析其遗传和环境的相对效应。结果发现，在快速发育时期，坐高、下肢长和坐高与下肢长比值对环境因素更为敏感，遗传度较低；机体越成熟，其遗传效应更强①。但双生子研究也有其不足之处。进行双生子研究时是假设同卵双生子之间的成长环境的相似度一样，但现实往往不能绝对保证，因此研究者在解释双生子研究的结果时应该持谨慎的态度。

通过对儿童行为的观察与归纳，格塞尔把儿童生理和心理发展的原则总结为五条。

1.发展方向原则

发展方向原则主要包括三条：一是由上到下，即新生儿的头部发展比脚部发展早。二是由中心向边缘，即手臂的活动由肩关节向肘关节再向腕关节最后到指关节发展。三是由粗大动作向精细动作发展，手指抓握的动作由不能抬腕的一把抓（叫“指掌握”）到提腕的指尖相拿（叫“指指握”）。

2.相互交织原则

人体的结构和动作是相互对称的，对称的两边需要均衡发展。在发展过程中，某一阶段，有一个方面占优势，过一阶段又会是另一方面占优势。

3.机能不对称原则

双手发展的结果，最终形成一只优势手，使人的活动更有效。另外，还有优势腿、优势眼、优势记忆通道等。

---

①刘燕、李玉玲、季成叶：《遗传和环境因素对儿童青少年身体高度及其比例的影响》[J/OL].人类学学报：1-8[2022-02-13].

4. 个体成熟原则

个体成熟原则是格塞尔的核心原则，即认为个体的发展取决于成熟。

5. 自我调节原则

儿童的发展并不是直线型的。发展的步伐有时较快，有时较慢；有时是前进的，有时表现为倒退。格塞尔认为儿童对发展的节奏具有自我调节的功能，如果成人没有太多干涉的话，婴儿会按照自身的节律调节自己吃奶和睡眠的时间，形成适合自己的生活节律。

但不可否认，成熟学说过于注重基因的发展顺序，对环境与教育的作用缺乏关注。

人物介绍

格塞尔

格塞尔对人类从出生到青春期的发展过程进行了开创性的研究，在儿童发展的科学研究中留下了持久的印记。格塞尔于1880年6月21日出生在威斯康星州的阿尔玛。在他很小的时候，格塞尔就立志要成为一名教师。1903年，他从威斯康星大学毕业，成为一名高中教师和校长，随后进入克拉克大学研究生院，并于1906年获得博士学位。格塞尔认为，为了研究儿童发展，他还需要医学知识，因此前往耶鲁大学学习医学，并于1915年获得医学博士学位。在他职业生涯的早期，他在洛杉矶州立师范学校教授心理学和儿童卫生学。格塞尔于1911年加入耶鲁大学，担任教育助理教授，并在1911年至1948年期间建立并管理耶鲁儿童发展诊所，该诊所成为当时美国研究儿童行为的中心。从1948年直到1961年去世，格塞尔一直担任儿童发展诊所所长。

（二）行为主义学派

行为主义是西方心理学的主要理论流派之一，行为主义者否定研究意识，强调研究人的客观行为，其代表人物有华生、斯金纳和班杜拉，分别代表了行为主义发展的三个阶段。行为主义发展观的最基本要旨认为心理发展是由环境和教育塑造起来的，是量的不断增加的过程。

1. 华生的经典行为主义发展观

美国心理学家约翰·布罗德斯·华生（John Broadus Watson，1878—1958），是行为主义心理学派的创始人。他反对研究意识，主张只研究人的行为；同时反对用内省方法，认为心理学的研究方法应该是客观的，主张用实验方法。他提出S—R联结公式，认为一种刺激能映射一种反应；知道了一种反应，就可以推想出该反应是由哪一种刺激所引起。他提出四种研究方法：观察法、条件反射法、言语报告法、测验法，其中最主要的实验方法是条件反射法。他的重要著作是《行为主义的心理学》(1919)和《儿童心理教养法》(1928)。

华生认为，儿童从遗传得来的仅仅是数量甚微的简单反射而已，较复杂的行为完全来自环境。他认为条件反射是学习的基础，学习过程就是把条件刺激与条件反应组织起来，形成一定联系的过程，即行为习惯养成的过程。学习的先决条件是外部刺激。外部刺激是可以控制的，所以不管多么复杂的行为，都可以通过学习获得。

华生把可以直接观察到的行为作为心理学的研究对象，使心理学具有了客观性和实证性，实验方法的引用也推进了心理学研究的科学化进程。同时，华生为儿童发展和教育提供了有益的教育原则。但是，华生过分强调环境和教育的作用，而否认遗传的作用，忽视儿童的主动性和能动性，这不符合儿童发展的规律，具有一定的片面性。

人物介绍

华生

华生创立了美国心理学中的行为主义运动。他认为，只有可观察到的事件，才是心理学的实质，而不是精神状态。这一观点为今天的心理学提供了行为主义的特征。1878年1月9日，约翰·华生出生在南卡罗来纳州格林维尔附近的一个农场。16岁时，他就读于伏尔曼大学，5年后毕业并获得硕士学位。随后，他进入芝加哥大学学习，并于1901年获得博士学位。

他的心理学专业师从安吉尔(J. R. Angell)，哲学辅修约翰·杜威(John Dewey)，神经学专业师从唐纳森(H.H. Donaldson)。华生之后在芝加哥担任助理和讲师，直到1908年。在此期间，他与玛丽·伊克斯结婚。1908年，他搬到约翰霍普金斯大学，并在那里一直工作到1920年。1913年，华生发表了一篇论文《行为主义者的心理学观点》(*Psychology as the behavioralist Views It*)。华生强烈反对任何相信直觉的说法，并指出这是对早期经验的误解。1915年，他当选为美国心理学会主席，并在20世纪20年代担任多家专业期刊的编辑。华生是一位多产的科学家，一生著述甚丰。华生于1946年退休，住在康涅狄格州的伍德伯里，1958年9月25日在纽约市去世。

2. 斯金纳的操作行为主义发展观

伯尔赫斯·弗雷德里克·斯金纳(Burrhus Frederic Skinner, 1904—1990)是行为主义的后期代表人物,操作性条件反射的奠基者。斯金纳继承了华生行为主义的基本信条,与华生不同的是,他将行为分为两类,即应答性行为和操作性行为。应答性行为是指经典行为主义中由刺激引起的反应行为(如巴甫洛夫的狗);操作性行为不是由刺激引发,而是个体自发出现的行为,其发生的频率可以通过外在的强化或惩罚手段增加或减少。

斯金纳认为,强化作用是塑造行为的基础。人的大部分行为是操作性的,如游泳、写字等。任何习得行为都与及时强化有关,可以通过及时强化来塑造儿童的行为习惯,这个行为在将来出现的概率就会大大增加,强化次数与行为出现的概率成正比,这就是人的操作行为的建立过程,行为是由伴随它的强化刺激所控制的。如果行为得不到强化就会消退,斯金纳认为,"儿童之所以要做某事,就是想得到成人的注意"。成人一旦注意到儿童的某一行为,如对他们的行为加以表扬或批评,就是对这一行为的强化,正如儿童语言的获得就是通过父母强化孩子发音中有意义的部分,从而使得孩子发出这些音节,导致语言体系的最终掌握。所以,成人对于儿童的不良行为,如愤怒、无理取闹等,可以不予理睬,采取冷处理,儿童的这种不良行为得不到强化就会消退。斯金纳的理论对于教育教学实践也有着非常重要的意义。根据行为强化习得的原理,在教学实践中将学习目标分门别类,以小步子的方式呈现信息,及时给予反馈和强化,这些都是促进学习和改进行为发展活动的有效措施。斯金纳提出的强化原理,在儿童教育中有着积极的作用,但是他同华生一样,把人和动物等同起来,认为儿童的发展完全受环境的制约,忽视了人的主观能动性,具有一定片面性。

人物介绍

斯金纳

美国实验心理学家斯金纳是操作性行为主义的主要倡导者。斯金纳出生于俄亥俄州的萨斯奎汉纳,曾就读于汉密尔顿学院。之后去了哈佛大学,1930年获得硕士学位,1931年获得实验心理学博士学位。1936年,他开始在明尼苏达大学任教,同年他与伊冯·布鲁(Yvonne Blue)结婚,育有两个女儿。

在斯金纳的第一本书《有机体行为》(*Behavior of Organisms*, 1938)中,他固执地坚持使用“反射”这个术语,从而使他的心理学直接植根于早期的行为主义。1945年,在古根海姆奖学金的资助下,他完成了另一本著作《言语行为》。1947年,他在哥伦比亚大学开了一门课,在哈佛大学开了威廉·詹姆斯讲座,这两门课都以言语行为为基础。1954年,斯金纳成为印第安纳大学心理系主任。

3.班杜拉的社会学习理论

阿尔伯特·班杜拉(Albert Bandura, 1925—2021),美国当代著名的心理学家,社会学习理论的创始人。社会学习理论是阐明人是怎样在社会中学习,从而形成和发展其个性的理论,社会学习理论在某种程度上弥补了华生、斯金纳为代表的传统行为主义学派忽视社会影响因素的不足。

(1)三元交互决定论

班杜拉反对传统行为主义的环境决定论观点,认为人的行为不是由环境这个单一因素决定的,个人自身因素包括期待、信念、目标、意向、情绪等主观因素同样影响人的行为。同时,人的行为反过来也会影响环境以及个人的思想信念、情感反应等。因此,个人、环境与行为三种因素是交互决定的,是和个人认知、情感、自我共同起作用的。因此,这一理论又被称为三元交互决定论。在三元交互决定论中,个人的期望与价值观会影响行为,同时,行为及其结果反过来又影响个人的思维模式。在环境与人之间,不仅环境决定人,而且人也决定环境。行为作为人与环境之间关系的中介,是人用以改变环境,使之适合人的需要而达到生存的目的,并改善人与环境之间的适应关系的手段,因而它不仅受人的需要支配,同时也受到环境的现实条件的制约。这三者两两之间都具有双向的交互决定关系(如图1-3)。

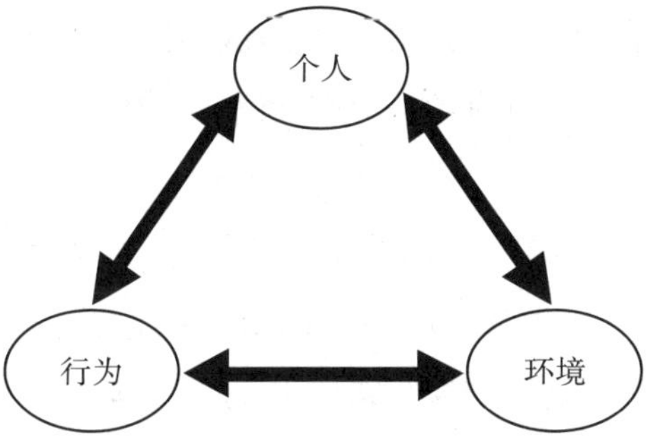

图1-3　三元交互决定论模型

（2）观察学习

观察学习，又称替代学习，班杜拉把观察学习定义为：“经由对他人的行为及其强化性结果的观察，一个人获得某些新的反应，或现存的反应特点得到矫正。在这一过程中，观察者没有外显性的操作示范反应。”简单来说，就是指人通过观察他人（榜样）的行为及其结果而习得新行为的过程。

班杜拉认为，观察学习是一个复杂的认知过程，包括注意、保持、运动复现和动机四个具体的过程。注意过程，即观察者注意并知觉榜样情景的过程；保持过程，即观察者从榜样情景了解的行为，以表象和言语形式将它们在记忆中进行表征、编码和存储的过程；运动复现过程，即观察者将头脑中有关榜样情景的表象和符号概念转化为外显的行为的过程；动机过程，即观察者因表现所观察到的行为而受到激励的过程。

（3）强化的种类

班杜拉认为行为的强化种类有三种：直接强化、替代强化和自我强化。直接强化是指观察者因表现出观察行为而受到的强化。如儿童每做一件好事，老师就给他一朵小红花，激励幼儿做好事的积极性。替代强化是指观察者因看到榜样行为所带来的后果而受到的强化。当儿童看到同伴因讲礼貌而受到表扬时，就会增强产生同样行为的倾向。当看到同伴因打人骂人而受到批评时，就会抑制打人骂人的冲动。自我强化是指观察者根据自己设立的标准来评价自己的行为，从而对榜样示范和行为发挥自我调节的作用。如当儿童认为自己或榜样的行为合乎标准时就给予肯定的评价，不符合标准时就给予否定的评价，这样儿童就能够对自己的行为进行自我调节。儿童在这样的自我调节中，改变着自己的行为，形成自己的观念和个性。

班杜拉的社会学习理论从社会性的角度研究学习问题，强调观察学习，在很大程度上反映了人类学习的特点，揭示了人类学习的过程，为研究儿童的攻击性行为、亲社会行为等社会性特征提供了崭新的视角。不过，班杜拉忽视了个体的生物学因素，否认遗传的作用，在他的理论中虽然提到了人的认知因素的作用，但其整体研究仍然是围绕儿童的行为学习进行的，没有给予认知因素充分的重视。因此，其理论依然属于行为主义理论体系。

行为主义是心理学史上影响深远的一个流派，其代表人物无论是华生、斯金纳还是班杜拉都非常重视环境在儿童发展中的作用，启示人们要为儿童创设良好的家庭、学校和社会环境，以促进儿童的健康发展。但行为主义过于夸大环境的作用，同样具有一定的片面性。

人物介绍

阿尔伯特·班杜拉

阿尔伯特·班杜拉，加拿大裔美国心理学家，斯坦福大学心理学教授。班杜拉在教育领域和心理学领域都做出了贡献。2002年的一项调查将班杜拉列为史上常被引用的第四名心理学家，排在斯金纳、弗洛伊德和皮亚杰之后。班杜拉被描述为最伟大的生活心理学家，是有史以来最具影响力的心理学家之一。他被认为是社会学习理论(重新命名为社会认知理论)和自我效能理论的创始人，也是1961年颇具影响力的波波玩偶实验(Bobo doll experiment)的负责人。这个波波玩偶实验证明了观察学习的概念。

波波玩偶实验是班杜拉为测试他的社会学习理论所做的一系列实验的总称。在1961年至1963年间，他研究了儿童在看到成年模特对玩偶表现出攻击性后的行为。实验中最显著的变化是测量孩子们在看到成人模特被奖励或惩罚后的行为，或对玩偶进行身体虐待也不会有任何后果的行为。

社会学习理论认为，人们主要是通过观察和模仿来学习的。它表明，人们不仅通过被奖励或被惩罚来学习，而且他们也可以通过观察别人被奖励或被惩罚来学习。这些研究具有实际意义，例如可以提供证据，说明观看暴力视频会如何影响儿童。

(三)精神分析学派

1. 弗洛伊德

弗洛伊德是奥地利精神病学家，精神分析学派的创始人。精神分析(psychoanalysis)是西方现代心理学的主要流派之一，又叫作弗洛伊德主义，它包括古典弗洛伊德主义和新弗洛伊德主义。弗洛伊德在《自我与伊底》(1923年)中认为人格有三个层次，分别是本我、自我和超我。本我是人格结构中比重最大的一个部分，有很强的生物性，是学前儿童基本需要的源泉。本我按快乐原则行事，处在潜意识层面。自我处在意识层面，按现实原则行事。超我则是意识层面中的道德成分，表现为根据情境对自我进行约束和决策选择。弗洛伊德根据不同时期力比多(力比多泛指一切身体器官的快感)表现的“性感区”不同，把心理和行为发展划分为由低到高的五个阶段，即口唇期(oral stage)、肛门期(anal stage)、性器期(phallic stage)、潜伏期(latent stage)和生殖期(genital stage)。

(1)口唇期(0—1.5岁)

弗洛伊德认为心理和行为的发展是从嘴开始的,主要靠口腔部位的吸吮、咀嚼、吞咽等活动获得满足。婴儿的快乐也多来自口腔活动。此时期的口腔活动若受限制,可能会留下后遗性的不良影响。例如,如果口腔的需要未能得到适当满足,将来可能形成诸如行为上贪吃、酗酒、吸烟、咬指甲等,性格上悲观、依赖、洁癖等特征。

(2)肛门期(1.5—3岁)

在这一时期,幼儿由于对粪便排泄时解除内急压力所得到的快感经验,而对肛门的活动特别感兴趣,并从中获得满足。在肛门期,儿童必须学会控制生理排泄,使之符合社会的要求,即儿童必须形成卫生习惯。例如,在肛门期由于训练不当,可能使人格朝着慷慨、放纵、生活秩序混乱、不拘小节或循规蹈矩、谨小慎微、吝啬、整洁两个方向发展,形成"肛门排泄型"或"肛门滞留型"人格。因此,这一时期弗洛伊德特别要求父母注意对儿童大小便的训练不宜过早过严。

(3)性器期(3—6岁)

在这一时期,儿童的力比多慢慢地从口腔、肛门转移到性器官。儿童会出现拉扯、抚摸自己性器官的行为,并开始对他人的身体感到好奇。在这个阶段,最显著的两个行为现象是"恋亲情结和认同作用"。恋亲情结因儿童性别的不同有"恋母情结"(俄狄浦斯情结)和"恋父情结"(厄勒克特拉情结)之分。根据弗洛伊德的说法,男孩到了这个年龄阶段,开始对自己的母亲产生一种爱恋的心理需求,同时又有消除父亲以便独占母亲的心理倾向。另一方面,男孩可能因为消除父亲以便独占母亲的想法而产生"阉割恐惧",害怕自己的性器官会被父亲割掉。为了解决由此产生的冲突和焦虑,男孩抑制了自己对母亲的占有欲,同时与自己的父亲产生认同作用,学习男性的行为方式,这对个人的成长和社会化极为重要。弗洛伊德认为,与此类似的心理过程和行为反应也在女孩身上发生,即恋父情结。女孩最后也与母亲发生认同作用,而开始习得女性的行为方式。

(4)潜伏期(6—11岁)

七岁以后的儿童,兴趣范围扩大,由对自己的身体和父母感情,转到周围的事物。此一时期的男女儿童之间,在情感上较前疏远,团体性活动多呈男女分离趋势。这个阶段儿童的性本能是相当安静的,有关性和侵犯的幻想大部分都潜伏起来,埋藏在无意识当中。性器期时性的创伤已被遗忘,一切危险的冲动和幻想都潜伏起来,儿童不再受到它们的干扰。儿童可以自由地将能量消耗在为社会所接受的具体活动当中去，如运动、游戏和智力活动等。

（5）生殖期（12或13岁开始）

生殖期的开始时间，男生约在13岁，女生约在12岁。个体性器官逐渐成熟，两性在生理上与心理上所显示的特征开始显著。随着生殖系统逐渐成熟、性激素分泌的增多，性本能复苏，其目的是经由两性关系实现生育。这一时期的心理能量主要投注在形成友谊、生涯准备、示爱及结婚等活动中，以完成生儿育女的终极目标，使成熟的性本能得到满足。

弗洛伊德的精神分析理论第一次强调了早期经验和家庭教养对学前儿童心理和行为发展的影响，但由于其关于人格结构和发展阶段的假设不能被证实，带有很强的假设性，在应用于学前儿童时仍有很大的局限。

人物介绍

弗洛伊德

弗洛伊德，奥地利神经学家，精神分析学派的创始人。精神分析是一种通过病人和精神分析学家之间的对话来治疗精神病的临床方法。弗洛伊德出生在奥地利帝国摩拉维亚镇的一个犹太人家庭（来自加利西亚）。1881年，他在维也纳大学获得医学博士学位。1885年，他获得资格证书，被任命为神经病理学讲解员。弗洛伊德在维也纳生活和工作，并于1886年在那里建立了自己的临床诊所。1938年，为了躲避纳粹的迫害，弗洛伊德离开了奥地利。1939年，他在英国流亡期间去世。

在精神分析的基础上，弗洛伊德发展了治疗技术，如使用自由联想和移情，确立了它在分析过程中的核心作用。后来弗洛伊德重新定义性，将性的幼稚形式也包括在内，从而提出了“俄狄浦斯情结”这一概念，并将其作为精神分析理论的中心原则。他把梦作为愿望实现的分析，为临床分析症状的形成和抑制的潜在机制提供了模型。在此基础上，弗洛伊德阐述了他的无意识理论，并进一步发展了一个由本我、自我和超我组成的心理结构模型。弗洛伊德假设性欲的存在是一种被性化的能量，与之相关的心理过程和结构产生情爱依恋以及一种死亡驱力。它是强迫性重复、仇恨、侵略和神经性罪恶感的来源。

2. 埃里克森

与弗洛伊德不同，埃里克·埃里克森（Erik H.Erikson，1902—1994）的人格发展学说既考虑到生物学的影响，也考虑到文化和社会的因素。他认为在人格发展中，逐渐形成的自我过程在个人及其周围环境的交互作用中起着主导和整合作用。每个人在生长的过程中，都普遍体验着生物的、生理的、社会的事件的发展顺序，并按一定的成熟程度分阶段地向前发展。他把自我意识的形成和发展过程划分为八个阶段，这八个阶段的顺序是由遗传决定的，但是每一阶段能否顺利度过却是由环境决定的，所以这个理论可被称为“心理社会”阶段理论。

（1）婴儿期（0—1岁）：基本信任和不信任的心理冲突

“培养信任感与避免不信任感”是该时期心理社会发展的关键问题。在这期间，儿童开始与世界上的事物或人产生连接，当儿童哭或感到饥饿时，父母是否出现并理解儿童意愿做出行动，则是建立信任感的关键。信任感的建立必须与具体的人和事物相联系，因此该时期照护者持续的关爱至关重要，这有助于儿童信任感的发展。反之，当婴儿缺乏信任体验或者基本需求没有满足时，就会产生不信任感，婴儿会把对外界的恐惧和怀疑情绪带入以后的发展阶段。埃里克森认为一定程度的不信任感是必需的，它可以防范和应对人生的挫折和危险，但个人正常发展的前提是信任感多于不信任感。

（2）儿童期（2—3岁）：自主与害羞、怀疑的冲突

“培养自主感与避免害羞、怀疑”是该时期心理社会发展的关键问题。这一时期，儿童掌握了大量的技能，如爬、走、说话等。更重要的是他们学会了怎样坚持或放弃，即儿童开始“有意志”地决定做什么或不做什么。此时，父母与子女的冲突很激烈，也就是第一个反抗期的出现。一方面，父母必须承担起控制儿童行为使之符合社会规范的任务，即养成良好的习惯。例如，训练儿童大小便，使他们对随地大小便感到羞耻，训练他们按时吃饭、节约粮食等。另一方面，儿童开始产生自主感，他们坚持自己的进食、排泄方式。这一时期儿童会反复使用“我们”“不”等语言来反抗外界控制，若父母听之任之，放任自流，将不利于儿童的社会化。反之，若过分严厉，又会伤害儿童的自主感和自我控制能力。如果父母对儿童的保护或惩罚不当，儿童就会产生怀疑，并感到害羞。因此，把握好“度”，才有利于在儿童人格内部形成意志品质。

（3）学龄初期（3—6岁）：主动感对内疚感的冲突

“培养主动感和避免内疚感”是该时期心理社会发展的关键问题。这时的儿童开始对一些具有创造性的活动感兴趣。在这一时期，如果儿童表现出的主动探究行为受

到鼓励，他们就会形成主动性，这会为他们将来成为一个有责任感、有创造力的人奠定基础。如果成人讥笑儿童的独创行为和想象力，那么儿童就会逐渐失去自信心，这将使他们更倾向于生活在别人为他们安排好的狭窄圈子里，缺乏自己开创幸福生活的主动性。在此时期给予儿童积极鼓励和正确引导有助于自主性的发展。因此，该时期积极的结果是建立儿童的方向感和目标感。

（4）学龄期（6—12岁）：勤奋感对自卑感的冲突

“培养勤奋感和避免自卑感”是该时期心理社会发展的关键问题。这一阶段的儿童大都在学校接受教育。学校是训练儿童适应社会、掌握今后生活所必需的知识和技能的地方。如果他们能顺利地完成学习课程，他们就会获得勤奋感，这将使他们在今后的独立生活和承担工作任务时充满信心。反之，就会产生自卑感。当儿童的勤奋感大于自卑感时，他们就会获得有“能力”的品质。埃里克森认为适度的失败是有益的，它可以提高人们对挫折的忍耐性，但过度的失败却会导致自卑和缺乏信心。

（5）青春期（12—18岁）：自我同一性对角色混乱的冲突

“形成自我同一性和避免同一性危机与混乱”是该时期心理社会发展的关键问题。这一时期，青少年本能中高涨的冲动会带来问题，更重要的是青少年常因面临新的社会要求和社会冲突而感到困惑和混乱。因此，青春期的主要任务是建立一个新的同一感或自己在别人眼中的形象，以及在社会集体中所占的情感位置。这一阶段的危机是角色混乱。埃里克森将同一性危机理论用于解释青少年对社会不满和青少年犯罪等社会问题上，他认为，如果一个儿童感到他所处的环境剥夺了他在未来发展中获得自我同一性的种种可能性，他就将以令人吃惊的力量对抗社会环境。

（6）成年早期（18—25岁）：亲密感对孤独感的冲突

“形成亲密感和避免孤独感”是该时期心理社会发展的关键问题。处在该阶段的青年开始寻求与家人之外的人分享自我，建立与其他人的亲密关系，包括与朋友建立友谊、与异性朋友恋爱等。只有具有牢固的自我同一性的青年人，才敢于冒与他人发生亲密关系的风险。因为与他人发生爱的关系，就是把自己的同一性与他人的同一性融为一体。这里有自我牺牲或损失，只有这样才能在恋爱中建立真正亲密无间的关系，从而获得亲密感，否则将产生孤独感。埃里克森将“爱”定义为：压制异性间遗传的对立性而永远相互奉献。

（7）成年期（25—65岁）：繁殖感对停滞感的冲突

“形成繁殖感和避免停滞感”是该时期心理社会发展的关键问题。当一个人顺利地度过了自我同一性时期，以后的岁月中将过上幸福充实的生活，他将生儿育女，关心后代的繁殖和养育。埃里克森认为，生育感有生和育两层含义，一个人即使没生孩子，只要能关心孩子、教育指导孩子也可以具有生育感。反之，没有生育感的人，其人格匮乏和停滞，是一个自我关注的人，他们只考虑自我。

(8)成熟期(65岁以上)：完善感对绝望感的冲突

“形成完善感和避免绝望感”是该时期心理社会发展的关键问题。这一时期，老人的体力、心理和健康每况愈下，对此他们必须做出相应的调整和适应，所以被称为完善感对绝望感的心理冲突阶段。完善感是一种接受自我、承认现实的感受，是一种超脱的智慧之感。如果一个人的自我调整大于绝望，他将获得“智慧”的品质。埃里克森把“智慧”定为：以超然的态度对待生活和死亡。

埃里克森认为，在每一个心理社会发展阶段中，解决了核心问题之后所产生的人格特质，都包括了积极与消极两方面的品质。只有各个阶段都保持向积极品质发展，才能完成这个阶段的任务，逐渐形成健全的人格，否则就会产生心理危机，出现情绪障碍，形成不健全的人格。

人物介绍

埃里克森

埃里克森是美国著名精神病医师，新精神分析学派的代表人物。他出生于德国法兰克福，因病逝于美国马萨诸塞州哈维克(Harwich)。

埃里克森的母亲卡拉·亚伯拉罕森(Karla Abrahamsen)来自丹麦哥本哈根一个显赫的犹太家庭。她嫁给了犹太股票经纪人，但在埃里克森出生时，两人已经疏远了几个月。关于埃里克森的生父，人们所知甚少，只知道他是一个非犹太丹麦人。埃里克森童年晚期才得知父亲真相，他一生都对欺骗耿耿于怀，身份的发展似乎是埃里克森一生中最关心的问题之一，也是他理论工作的核心。

成年后，他写下了自己在欧洲生活时的青春期“身份困惑”。他写道，“我有时只是介于神经症和青春期精神分裂症之间。”当埃里克森开始在耶鲁工作时，他决定改变姓氏。当埃里克森的家人成为美国公民时，“埃里克森”这个名字被他们所接受。埃里克森25岁时，他的朋友彼得·布罗斯邀请他去维也纳的一所学校教艺术。这所学校专为那些正在接受西格蒙德·弗洛伊德的女儿安娜·弗洛伊德的精神分析的孩子们所开设。安娜注意到埃里克森对学校里的孩子很敏感，于是鼓励他到维也纳精神分析研究所学习精神分析。他专门从事儿童分析，并接受了安娜·弗洛伊德的分析训练。海琳·多伊奇（Helene Deutsch）和爱德华·比布林（Edward Bibring）监督他对成人的初步治疗。与此同时，他还研究了专注于儿童发展和性障碍的蒙台梭利教育方法。1933年，他获得了维也纳精神分析研究所的文凭。这个文凭和他的蒙台梭利文凭是埃里克森一生工作所获得的唯二学术证书。

（四）认知发展学派

对于儿童认知发展的过程，瑞士心理学家皮亚杰做出了最全面的描述。尽管存在一些批评，并且这些批评很多是有理有据的，但比起其他相关理论，在心理学家看待人们认知发展的方面，皮亚杰关于儿童如何发展出抽象思维能力的理论具有更大的影响力。根据皮亚杰的理论，儿童的认知发展经历了以下4个阶段[①]。

1.感知运动阶段（0—2岁）

这一阶段儿童只有动作的智慧，而没有表象与运算的智慧。他们依靠感知运动的手段来适应外部环境。这个阶段的儿童行为发展经历三个时期：本能时期、习惯时期和智慧活动萌芽时期。儿童出生的第一个月处于遗传性反射模式，即本能时期。之后，对一些单一的反射动作进行了综合、联结，逐渐形成一些相对固定的习惯，如寻找声源，用眼球追随运动的物体等。大约在9个月左右儿童开始感知运动智慧的萌芽。如开始发声，并试图将语言和物体进行联结等。

2.前运算阶段（2—7岁）

这一阶段儿童的思维特点包括：第一，以自我为中心，他们很难从别人的观点（角度）看事物。符号性和逻辑性思考能力增强，比如他们会用一连串的方块来代表火车。语言学习迅速，但掌握守恒概念的能力相对较差，比如看到将水从粗矮的容器中转移到细长的容器中，他们会认为细长容器里的水更多。自我中心主义增加，认为每个人都能看到他们所看到的东西，比如玩捉迷藏时，3岁的儿童可能会跑到角落，转过身闭上眼，认为这样别人就看不到他了。同样，当要求他们指出洋娃娃从自己的视角能看到什么时，儿童也会将自己看到的当作洋娃娃看到的。

3.具体运算阶段（7—12岁）

这一阶段儿童思维的基本特点是开始进行心理运算，能在头脑中依据动作的格式对事物的关系系统进行逆反、互反、传递等运算。处于具体运算阶段的儿童，虽然在推

---

①［英］G.尼尔·马丁：《新核心素养系列：人人都该懂的心理学》，李岩松、陈恩珺等译，浙江人民出版社2019年版.

理、问题解决和逻辑方面已经超过了前运算阶段的儿童，但其思维还具有局限性，抽象的语言推理还不能进行，离不开具体事物的支持。总的来说，这个阶段儿童的思维具有去自我中心、可逆性、具体形象性，并能运用一定的符号、规则等进行单一的抽象逻辑思维等特点。如，儿童能指出几个具体的物体中哪个更大或更高，但无法对抽象的物体进行这种比较。

4.形式运算阶段（11、12—15岁）

这一阶段儿童已经达到了成人的成熟思维，是认知发展的最高阶段，能在头脑中将形式和内容分开，能根据假设来进行逻辑推理。这个阶段的儿童可以进行复杂的思维运算，如判断、分析、比较、演绎、推理等，并能仅仅根据语言、命题、符号等进行抽象的逻辑思维。

皮亚杰认为，所有的生物（包括人），在与周围环境的作用中都有适应和建构的倾向。一方面，由于环境的影响，生物有机体的行为会产生适应性的变化；另一方面，这种适应性的变化不是被动的过程，而是一种内部结构的积极建构过程，皮亚杰用适应的观点解释个体的发展。

皮亚杰把智力活动看作对环境的适应和组织的活动。他认为，智力的功能是生物学意义上的活动的一种特殊形式。要按照皮亚杰的原意去理解智力组织和适应的过程，就必须掌握图式、同化、顺应和平衡这四个基本概念。它们被皮亚杰用以说明智力发展的过程和原因。

（1）图式

图式是指人们适应某一特定情境的内在结构，是皮亚杰用来解释个体的认知结构的概念。个体最初的图式来源于先天遗传，其结构与功能比较简单。在适应周围环境的过程中，个体不断建构和完善自己的认知结构，形成了一系列图式。其中运算图式是最重要的图式，它体现着个体的智慧发展水平。所谓运算，是指智力的或内化的操作，指通过逻辑推理将事物从一种状态转化成另一种状态。儿童的运算图式在不同的年龄阶段会表现出不同的特点。

（2）同化和顺应

皮亚杰认为，发展就是个体在与环境的不断相互作用中其内部心理结构不断变化的过程。所有生物都有适应和建构的倾向。生物有机体的适应机能包括同化和顺应两种过程。同化就是有机体把外界元素整合到一个正在形成或已经形成的结构中，而顺应则是有机体的内部结构受到所同化元素的影响而发生适应性的改变。当有机体面对一个新的刺激情景时，如果主体能够利用已有的图式把刺激整合到自己的认知结构中，这就是同化；而当有机体不能利用原有图式接受和解释当前的刺激情景时，其认知结构由于刺激的影响而发生改变，这就是顺应。

(3)平衡

平衡过程是指不断形成的内部组织在与外界物理和社会环境相互作用中不断调整认识结果的过程，也就是心理不断发展的过程。如果孩子只同化而不顺应，他就永远会把牛认作狗；如果他只顺应不同化，他的图式将会越来越多，大多数事物会被混同起来。这种人不可能发现事物的共性。这两种极端都会导致智力的畸形增长。因此，同化和顺应之间的某种均衡与这两个过程本身一样，都是必要的。皮亚杰把同化和顺应之间的均衡叫作平衡。

人物介绍

皮亚杰

皮亚杰是一位瑞士心理学家，以其在儿童发展方面的研究而闻名。皮亚杰的认知发展理论和认识论被统称为“发生认识论”。皮亚杰非常重视儿童教育。作为国际教育局局长，他在1934年宣称，“只有教育才能拯救我们的社会，使之免于可能的崩溃。”他的儿童发展理论在职前教育项目中得到研究。皮亚杰于1955年在日内瓦大学任职期间创建了国际遗传知识研究中心，并一直在该中心指导直到他1980年去世。该中心的成立所带来的大量合作以及它们的影响，最终使得该中心在学术文献中被称为“皮亚杰因子”。

根据恩斯特·冯·格拉塞斯菲尔德的说法，让·皮亚杰是“知识的建构主义理论的伟大先驱”。然而，直到20世纪60年代，他的思想才得到广泛普及。这导致了到20世纪末发展研究才作为心理学的一个主要分支学科出现，皮亚杰成为那个时代被引用次数最多的心理学家，仅次于斯金纳。

(五)社会文化学派

苏联心理学家利维·维果茨基(Lev Vygotsky, 1896—1934)关注文化、价值观、信念、习俗和社会群体技能是怎样传递给下一代的。他认为儿童与更有知识的社会成员的对话，是儿童学习到符合所在社会文化的思维和行为的必要途径。这种观点被称为社会文化理论。维果茨基认为，成人和更老练的同伴能帮助儿童娴熟地从事具有文化意义的活动，所以他们之间的交流就成为儿童思维的一部分。一旦儿童把这些对话的本质特征加以内化，他们就能应用那些人的语言来指导自己的思想、行为，并学习新技能。维果茨基通过研究表明，教育对儿童的发展能起到主导作用和促进作用，但需要确定儿童发展的两种水平：一种是已经达到的发展水平；另一种是可能达到的发展水平，即儿童还不能独立地完成任务，但在成人的帮助下，在集体活动中，通过模仿，能够完成这些任务。这两种水平之间的距离，就是最近发展区。最近发展区（zone of proximal development）指一个学习者现时及实际可达到的发展的差距。这个差距是由学习者的独立解题能力及其潜在发展水平决定的。换句话说，就是在学习者的学习能力以内，但暂时未能理解的知识。维果茨基认为，人的发展有两种层次：实际发展层次与潜在发展层次。实际发展层次是指儿童在什么样的阶段就有什么样的能力；潜在发展层次则是在大人或同伴的合作下，能够解决问题的能力。每个个体的基本能力和最近发展区都不同，最好的教育应该要考虑到个体的差异，而这也是学校教育所要达到的目标。

人物介绍

维果茨基

维果茨基，苏联心理学家，以其在儿童心理发展方面的研究而闻名，更是以其最近发展区的概念而闻名。同样具有影响力的还有他关于语言和思想之间的关系、语言的发展，以及通过社会文化环境中的行为和关系发展的一般理论的著作。

维果茨基对发展心理学、儿童发展和教育领域的兴趣非常浓厚，他的哲学框架包括对中介工具共同作用的解释，以及对知识内化等心理学中众所周知的概念的重新解释。他的作品涵盖了诸如艺术的起源和心理学、高级心理功能的发展、科学哲学和心理学研究方法等主题，涉及学习与人的发展的关系、概念的形成、语言与思维发展的相互关系、学习障碍和人的异常发展。

第三节 学前儿童心理学的科学研究

一、学前儿童心理学的研究任务与原则

（一）学前儿童心理学的研究任务

学前儿童心理学是研究个体从出生到进入小学之前的心理发展特点和规律的科学，主要完成两个任务：第一，揭示学前儿童心理随生理成熟而变化的基本规律，包括各种心理现象发生的时间、出现的顺序和发展的趋势，以及随着年龄的增长，学前儿童各种心理活动所出现的变化和各个年龄阶段心理发展的主要特征。如，3—4岁儿童生活范围扩大，认知依靠行动，情绪作用大，爱模仿；4—5岁儿童活泼好动，思维具体形象，开始接受任务，自己组织游戏；5—6岁儿童好问、好学，抽象能力明显萌发，开始掌握认知方法，个性初具雏形。第二个任务是解释从出生到入学前儿童心理的变化，即揭示学前儿童心理现象发生发展的原因及机制，说明何种因素在影响学前儿童心理的变化，这些因素又如何制约儿童心理的发生和发展，以期达到将研究结果应用到学前儿童教育实践中的目的。

（二）学前儿童心理学的研究原则

1.客观性原则

客观性原则是指在进行学前儿童心理研究时应秉着客观、公正、科学和实事求是的态度。心理是人脑对客观现实的主观能动的反映，学前儿童的心理现象自然离不开客观现实，这就要求研究者在对学前儿童心理现象进行研究的过程中避免主观臆测，应以严谨科学、去伪存真的态度进行研究。只有研究者尽可能地摒弃对儿童、儿童的心理、事件本身、行动事实的主观臆测，才可能不断地还原和发现研究中所包含的事实、规律、运作机制以及影响因素。同时，对研究过程中收集到的信息、数据要采取实事求是的态度进行统计分析，得出真实的结论，若结论与现实情况有出入，应仔细查证、小心检验找出干扰因素。若图方便省事而臆造结论，或为了成果创新获奖评优而歪曲事实，或与查阅文献观点均不相符，而对数据进行修改，或者夸大结论的某一方面而回避一些数据分析，这些都违背了客观性原则。

2. 特殊性原则

学前儿童心理发展既具有普遍性和一般性，也具有特殊性和个别性。学前儿童处于人的发展的特定阶段，处在大脑迅速生长发育时期，在生理和心理方面都表现出自身的特殊性，同时，儿童的心理发展会受到家庭环境和教育环境以及自身遗传等因素的影响，每个儿童的发展和表现是不同的。这就要求研究者在研究过程中除了关注一般事实和规律外，同时也要注意特殊事实和个别差异，不能将二者割裂。

3. 活动性原则

活动性原则是指研究者对学前儿童进行研究时，应重视儿童在活动中的行为表现和活动成果所反映的心理。学前儿童心理是在活动中表现，也是在活动中发展的。研究儿童在活动中所表现的行为、语言、表情、动作等以及活动的成果，如所讲的故事、所做的泥塑、所绘的图画等，可以客观地了解学前儿童的心理。因此，研究学前儿童的心理，必须从他们的活动中去进行分析。

4. 发展性原则

发展性原则是指以运动和不断变化的观点来研究学前儿童心理发展的特点与规律。儿童的心理是不断发展变化的，尤其是学前期的儿童各种心理活动处于萌芽时期，心理特征还不稳定。它的变化体现在整体发展的不稳定、个体发展的差异性以及各种因素的不平衡性上。因此，要求研究者要坚持发展性原则，用发展的眼光去研究学前儿童的心理发展规律，避免孤立静止地看问题。

5. 教育性原则

教育性原则是指研究者要以有效地提高儿童教育质量和科学水平为宗旨，选择富有教育意义的课题，在研究过程中尽量使研究活动和教育活动达到和谐统一，有益于儿童身心的健康发展，防止和避免研究工作对他们造成不良影响。在教育教学过程中所进行的心理学研究，同时也是研究者对儿童身心发展施予的一种干预或影响，其结果既可能有益于儿童身心的健康发展，又有可能起妨碍的作用，使用不当还有可能对儿童身心发展造成伤害。这便要求研究者与教育者在研究设计中应贯彻教育性原则，避免对儿童心理造成伤害或心理创伤。

二、学前儿童心理学的研究类型与方法

(一)学前儿童心理学的研究类型

1.横向研究和纵向研究

从研究时间的角度来分可以分为横向研究和纵向研究。横向研究是在同一时间内对不同年龄阶段儿童的心理发展水平进行测查并加以比较,目的是了解儿童心理发展的规律和年龄特点。

Brian Coates 和 Willard Hartup(1969)①的一个实验就是一个很好的横向实验设计的例子。Coates 和 Hartup 就为什么学前儿童在学习成人模特所做出的回答时不如一年级或二年级学生熟练这一现象做出假设:学前儿童不会自发地描述他们所观察到的成人模特,而较年长的一年级或二年级的儿童则会对成人模特进行口头描述。当参与实验的儿童被要求表演他们所看到的动作时,学前儿童处于明显的劣势,因为他们不会主动借助语言来帮助他们回忆成人模特的行为。为了检验这些假设,Coates 和 Hartup 设计了一个有趣的横向实验:招募4—5岁和7—8岁的儿童,让他们观看一个短片。在短片中,一个成人模特展示了20种新奇的动作,比如把一个豆奶袋扔在两腿之间,用呼啦圈套住一个充气的玩具等。每个年龄组的一部分儿童被要求在观看短片时需要描述成人模特的行为(诱导语言条件)。另一部分儿童不需要描述模特的行为,仅仅观察成人模特的行为(被动观察条件)。短片播放结束后,每一个儿童被带到一个房间,房间里面放着和电影中一样的道具。每一个儿童都被要求演示短片中的成人模特是如何使用这些道具的。

这个实验中出现了三个有趣的发现:第一,那些在被动观察条件下的4—5岁的儿童比在诱导语言条件下的4—5岁或7—8岁的儿童更不能重现短片中成人模特的反应。这一发现表明4—5岁的儿童可能不会主动做出有助于他们学习的语言描述,除非他们被明确地要求去做出语言描述。第二,年龄较小和较大的儿童在诱导语言条件下的表现具有可比性。因此,如果让年幼的儿童去描述他们所观察到的东西,年幼的儿童可以学到和年长的儿童一样多的东西。第三,7—8岁的儿童在被动观察条件下的行为数量与7—8岁的儿童在诱导语言条件下的行为数量相同。这一发现表明,描述成人模特的行为对7—8岁的儿童几乎没有影响,他们会主动地用语言描述他们所看到的,即使没有被告知这样做。综合来看,4—5岁的儿童可能会从成人模特中学到

---

① Coates, B., & Hartup, W. (1969). Age and verbalization in observational learning. *Developmental Psychology*, *1*(5), 556-562.

的东西往往较少，因为他们不像年龄较大的儿童那样，会自发地产生语言描述来帮助他们记住所观察到的东西。

横向设计的一个重要优势是，调查者可以在短时间内收集不同年龄的儿童的数据。例如，Coates和Hartup不需要等上3年，让他们4—5岁的儿童成长到7—8岁，就可以测试他们的发展假说。他们只是从两个年龄组中取样，并同时对两个样本进行测试。然而，横向研究有两个重要的局限性：第一，同辈效应。上面提到的横向研究，每个年龄层次的儿童都是不同的人。也就是说，他们来自不同的群体。横向比较总是涉及不同人群向我们呈现了一个棘手的解释问题，研究中发现任何年龄差异可能不总是由于年龄引发的，而是有可能反映了其他文化或历史因素。换句话说，横向比较混淆了年龄和同辈效应。第二，它没有告诉我们关于个人发展的任何信息，因为每个人只在一个时间点上被观察到。所以横向比较不能回答诸如“这个孩子什么时候会变得更独立？”或者“一个两岁的具有攻击性的儿童，到5岁时是否还具有攻击性？”为了解决这些问题，研究人员经常转向第二种发展比较——纵向研究。

纵向研究是在比较长的时间内，对某个或某些儿童进行追踪研究，以探索随着年龄的增长，其心理发展的进程和心理水平的变化。这段时间可能比较短，6个月到一年；也可能很长，横跨被研究者的一生。研究人员可能正在研究儿童心理发展一个特定的方面，如智力。通过反复追踪一批相同的儿童，研究人员可以评估样本中每个儿童不同属性的稳定性（或连续性）。他们还可以通过寻找共性来确定规范的发展趋势和过程，比如大多数孩子在什么时候经历了各种变化，在达到这些共性之前，儿童们有什么共同的经历。最后，随着时间的推移，对多个儿童的追踪研究将有助于研究人员了解儿童心理发展过程中的个体差异，特别是能够确定不同的经历导致不同的结果。

Carolee Howes和Catherine Matheson（1992）[①]进行了一项研究，研究人员在3年的时间里，以6个月为间隔，反复观察一组1—2岁儿童的假装游戏活动。Howes和Matheson使用一种评估游戏认知复杂性的分类方法，试图确定（1）游戏是否随着年龄的增长而变得更加复杂，（2）儿童游戏的复杂性是否确实不同，（3）儿童游戏的复杂程度是否能可靠地预测其日后与同伴的社交能力。不足为奇的是，在3年的时间里，尽管在每个观察点上都存在个体差异，但数据评估表明所有儿童的游戏复杂度都有所增加。此外，儿童的游戏复杂性与后来与同伴的社交能力之间存在着明显的关系：当儿童进行了更复杂的游戏，在6个月后的观察期总会被评为最外向和最不具有攻击性的

① Howes, C., & Matheson, C.(1992). Sequences in the development of competent play with peers: Social and social pretend play. *Developmental Psychology*, *28*(5), 961-974.

儿童。因此，这项纵向研究得出结论，儿童玩假装游戏的复杂性不仅会随着年龄的增长而增加，而且还能可靠地预测孩子未来与同伴的社交能力。

纵向研究的优点是可以系统详尽地了解学前儿童心理发展的过程和量变、质变的规律。缺点是所需时间较长，不宜同时进行大量研究，因为在追踪研究进行过程中，会产生一些不易控制的因素影响被试，从而产生难以预料的变化，难以得到真实的研究结果。

混合设计也叫作“动态研究”。这就是把纵向研究和横向研究结合起来，充分考虑到教育和发展的关系，从而解决时间方面的两难问题。例如，研究儿童运算能力：可以同时测查不同年龄的儿童，并进行比较，这是横向设计；然后集体追踪几年，这是纵向设计；再对这几个年龄组同时测验、比较，这又利用了横向设计。这种策略吸收了纵向设计和横向设计的长处，而避免了其缺点，起到了扬长避短的作用。

表1-1　横向、纵向、聚合交叉设计比较①

	横向研究	纵向研究	聚合交叉设计
研究程序	在同一个时间点对不同年龄的个体（或组群）进行观察或测量	在一段时间内对同一组群的个体进行多次观察或测量	结合横向和纵向的设计方法对不同组群进行多次观察或测量
获取的信息	描述年龄不同个体的差异	描述与年龄相关的变化	描述年龄不同的个体的差异以及与年龄相关的变化
优点	确定年龄不同的个体的行为差异；揭示发展变化的趋势；耗时少，节省资金	确定个体随年龄增长的发展趋势及不同个体发展趋势的差异；能描述个体早期行为与其成年后行为间的联系	能够区分年龄效应，组群效应和测量时间效应，确定不同年代的人经历的发展变化是否相同
缺点	得出发展的年龄趋势可能是组群效应的结果，而不是真正的发展变化；不能提供个体随年龄增长而发生变化的信息	得出的年龄趋势反映的可能是研究过程中发生的历史事件的影响（测量时间效应）而不是真正的发展变化；费时、昂贵；随着研究进行，测量工具可能变得不合适；参与者可能流失；可能会受重复测量（学习效应）的影响	程序复杂且费时又昂贵；是最有效的研究设计，但是仍然存在研究结果能否具有普遍意义的问题

2.整体研究和分析研究

从研究范围和内容来说，可以分为整体研究和分析研究。整体研究也叫系统研究，即把儿童心理的各个方面作为一个相互联系、相互影响的整体结构来研究。例如，

① 刘金花：《儿童发展心理学》（第3版），华东师范大学出版社，2013年版，第5页。

研究某一年龄阶段儿童心理发展的主要矛盾、活动结构、智力结构或个性结构等。对这些内容可以进行全面的研究,也可以进行单一方面的研究。其优点是:在认识儿童心理发展全貌的基础上,便于找出心理发展的整体规律。同样存在缺点:由于这种研究所涉及的因素很多,因此要有较精密的实验设计和实验控制。

分析研究又称专题研究,是对儿童心理发展的某一个别的、某一个局部的问题进行比较深入的研究。例如,可以研究儿童在智力方面某一过程,也可以研究感知或思维的某一方面。分析研究的使用范围比较广泛。其优点是:集中于个体某一细微的心理现象,便于在某一点上进行较为深入的研究;缺点是:容易与个体整体的心理状态相分离。

由于某一心理形式的产生并非是孤立的,而总是与其他心理活动相互影响、相互制约的。所以,研究既要有系统观点做指导,又要进行深入的分析,在具体的研究过程中,要重视研究问题的性质以及研究需要来确定研究的类型。

3.个案研究和群体研究

个案研究是对一个或几个被试的心理发展状况进行的研究。其优点是便于对被研究儿童进行全面深入的考查,比较精细深入,自然程度较高。缺点是样本的代表性小,难以用此结果去说明更大的群体,即从个别儿童身上得出的结论不能推广为所有相同年龄阶段儿童的心理发展规律。群体研究是将相对多的被试作为一个组群进行研究。优点是取样范围大,被试具有代表性,所获得的结果更具统计学上的意义,在实验结果的推断上更具科学性;缺点是在自然程度和精确性上不如个案研究。

(二)学前儿童心理学的具体研究方法

心理科学研究的成功,很大程度上取决于研究方法的选择。学前儿童心理发展的研究方法基本上与发展心理学的一般研究方法相同,最主要的方法有六种,即观察法、实验法、测验法、调查法、谈话法和作品分析法,研究应采用什么方法需要考虑研究的目的与被试的特点而定。

1.观察法

观察法是研究学前儿童心理活动的最基本方法。因为幼儿的心理活动有突出的外显性,通过观察其外部行为,可以了解他们的心理活动。同时,观察法是在自然状态下进行的,它可以轻松地应用于幼儿,从而可以比较真实地得到学前儿童心理活动的资料。观察法的种类可根据不同的观察形式进行分类。

(1)从时间上看:长期观察和定期观察

长期观察是指研究者在一个相当长的时期内(一般可以长到几个星期、几个月或若干年),连续进行系统观察,积累资料,并加以整理和分析。很多心理学者对儿童心理发展所做的日记式或传记式的记录和分析,就是属于这种观察法,如达尔文的《一个婴儿的传略》和我国陈鹤琴的《一个儿童发展的程序》等。这种观察法有时也叫作日记法和传记法。

定期观察是指按一定的时间间隔进行持续观察(如每周一次),到一定阶段后予以总结。例如,为研究学前儿童游戏活动的心理特点,可以每周观察一两次,每次一两个小时,如此观察若干次,到一定时期,把记录的材料加以整理和分析。

(2)从观察的内容上看:全面观察和重点观察

全面观察指在同一研究内对若干心理现象同时加以观察、记录。如幼儿教师或学校教师为了给儿童做出正确的个性鉴定而进行的全面而经常的观察,就属于这一类。很多所谓个案研究,主要也是一种全面的观察法。

重点观察则是在同一研究内只观察记录某一种心理现象。调查人员很少会试图记录每一个发生的事件;他们通常会对一种特定的假设进行测试,比如合作或攻击行为,并将注意力和数据收集集中在这类行为上。例如,观察小学一年级儿童上课时的特点(或上课时注意的特点)、小学儿童在集体活动中的心理特点(自觉性、组织性、纪律性等)、初中学生在劳动中的心理表现等。

(3)从观察规模上看:群体观察和个体观察

群体观察指研究者的观察对象是一组儿童,记录这一群体中发生的各种行为表现。例如创设某个情境,观察、记录该组幼儿在一定情境下做出的反应。

个体观察又称个案法,是对某一特定儿童做专门的观察。个案法是一种最简单、最直接的心理学研究方法,具有启蒙和试点的作用。例如对某名幼儿的社会性交往能力进行观察,可以为该幼儿建立档案,记录这名幼儿从小班到中班再到大班的交往能力的变化,以便教师进行全面的了解以便因材施教。

(4)从观察过程的结构性质与控制程度上看:正式观察和非正式观察

正式观察是一种有严谨结构和周密计划、有控制的系统性观察。其特点是,严格地对行为进行定义,有详细的记录表格,在确定的控制条件下进行观察,建立观察信度,常用数量化方式分析所得资料,结果可靠。这种观察又称为“有控制的观察”。非正式观察是指观察者在日常生活和儿童自然活动中对儿童心理发展特点进行的观察。其特点是,没有周密的计划,无控制条件,观察呈现出自然性或随时性,观察结构比较松散。这种观察又叫作“自然观察”。

古迪温与德里斯科尔对正式观察和非正式观察又进行了分类，把正式观察分为实况详录法、时间取样法、事件取样法、特性等级评定法等。把非正式观察分为日记描述法、轶事记录法、频率计数图示法和清单法等。一般来说，正式观察法适于专业研究工作者，非正式观察法适于幼教工作者。

观察法是一种简便易行的研究方法，因此得到许多研究者的青睐。早在18世纪，瑞士学者裴斯泰洛齐就曾用观察的方式对儿童进行过仔细的长期研究。达尔文在记录他3岁半的儿子的发展情况的基础上，写下了《一个婴儿的传略》。我国学者陈鹤琴用日记形式记录自己孩子的成长历程，写下了《一个儿童的发展程序》一文，从中归纳出儿童心理的发展规律，并于1925年出版了《儿童心理之研究》一书。这些研究案例，都是利用观察法来进行研究的。

学习研究

幼儿社会性情绪观察评定表

观察评定指标	等级
1.发起活动	A　B　C　D
2.注意力长度	A　B　C　D
3.好奇心	A　B　C　D
4.挫折忍耐力	A　B　C　D
5.与教师的关系	A　B　C　D
6.与其他成人的关系	A　B　C　D
7.遵守日常规则	A　B　C　D
8.与其他幼儿的交往	A　B　C　D

评定标准：

1.发起活动

A.总是自己选择活动并热情投入之。

B.有时在发起活动时需要帮助并乐于接受建议。

C.经常在发起活动之前长久犹豫不决。

D.很少自己发起活动，也不听建议。

2.注意力长度

A.能较长时间持续从事已选定的活动，有时甚至第二天还接着干。

B.能在同龄幼儿一般可维持的时间内持续从事活动，直至活动结束。

C.需要鼓励，才能把活动进行完毕。

D.很少把活动进行完毕，常常改变活动。

3.好奇心

A.对新鲜主意或新事物很感兴趣。

B.主动积极地探索教室内的新事物。

C.对极有趣的东西才感兴趣,一般无兴趣。

D.对任何新东西不感兴趣或很少感兴趣。

4.挫折忍耐力

A.能创造性地解决实际问题,遇到较大困难挫折时,表现出成熟的行为。

B.通常能努力尝试并忍受挫折,但在困难挫折较大时,可能表现出不成熟行为。

C.遇到并不严重的困难挫折就舍弃努力,哭闹或发脾气等。

D.不能忍受任何程度的挫折,稍有困难就哭闹,放弃努力或发脾气等。

5.与教师的关系

A.能力较强,常主动帮助老师。

B.与老师关系较好,但只在需要时才要求老师帮助或注意自己。

C.有时要求老师过分地帮助和注意,或常要求与老师的身体接触,或有时攻击性地对待老师。

D.持续不断地寻求老师的注意、接触或帮助,或常常攻击性地对待老师,或完全不理睬、忽视老师的存在。

6.与其他成人的关系

A.对任何其他成人的到来感兴趣,喜欢和成人讲话。

B.不主动发起与其他成人的交往,但如老师吩咐,便愿意与其他成人接触,或跟人离开房间。

C.对别人发起的交往无反应,或拒绝跟人离开教室,直至与该成人相当熟悉,或过分急切地希望得到别人的注意。

D.当陌生人接近时,哭叫或躲起来,或表现为直接要求陌生人对自己过多地注意。

7.遵守日常规则

A.明智地理解并遵守常规,即使老师不在场也这样做。

B.通常能遵守常规,但有时会打折扣。

C.经常试图检验常规的限制范围,或不能遵守常规,或有时会对常规的改变感到焦虑、不适应。

D.经常不遵守常规,或对常规有过分强制感,对常规或作息制度的任何改变都感到焦虑。

8.与其他幼儿的交往

A.经常主动发起合作性游戏。

B.有时主动发起活动，通常接受并参与别人发起的游戏活动。

C.经常拒绝别人的劝告或建议，或常常独自玩而不和别人一起玩。

D.大多数时间拒绝或回避其他幼儿。

张燕、邢利娅.学前教育科学研究方法(第2版)，北京师范大学出版社2014年版。

2.实验法

实验也是一种观察，只不过是一种有控制的观察，即有计划地控制各种条件，在各种条件中，特别改变某一条件，来观察儿童心理特征变化的研究方法。常用的实验法有自然实验法、教育心理实验法和实验室实验法。

(1)自然实验法

自然实验法是研究学前儿童心理的主要方法之一。它是指在儿童的日常生活、游戏学习和劳动等正常活动中，有目的、有计划地控制和改变某些条件，以引起并研究儿童心理变化的方法。自然实验法的优点是使幼儿在实验过程中心理状态比较自然，而研究者又可以控制儿童心理产生的条件，既与观察法接近，又是实验方法，兼有两者的优点。自然实验法的缺点是由于强调在自然的活动条件下进行实验，难免出现各种不容易控制的因素。此外，一般来说，自然活动条件不如实验室那样有各种仪器设备，因而对实验自变量和因变量的控制和记录条件不及实验室实验。

(2)教育心理实验

教育心理实验法可以说是自然实验的一种重要的形式。它是指儿童心理的研究跟一定的教育和教学过程结合起来，从而研究儿童在一定的教育和教学过程的影响下某些心理过程或个性品质形成和发展的规律。例如，为了研究小学各年级儿童口头言语和书面言语发展的水平，可以结合教学对不同年级的学生提出一系列的阅读材料；儿童学习了这些材料之后，完成指定的口头复述和书面复述的作业。从这些作业材料的整理和分析中，可以看出不同年级儿童口头言语和书面言语发展的某些情况和特征。自然实验法，特别是教育心理实验法，是研究儿童心理的重要方法。因为这种研究方法可以在很大程度上结合教育实际，为教育实践服务。但是这种方法的缺点是不容易精密地控制实验条件，因而在运用这种方法的时候，适当地跟实验室实验法结合起来，常常是必要的。

(3)实验室实验法

实验室实验法是在具有特殊装备的实验室内，利用专门的仪器设备进行心理研究的一种方法。实验室实验法的具体特点是：随机取样和随机安排；对实验情景和实验条件进行严格控制；实验结果量化，记录非常客观、准确；使用大量的实验仪器。这种方法的优点是能够严格控制实验条件，可以获得某些特殊资料。这种方法被广泛应用在研究出生头几个月的婴儿中，如为了研究婴儿的深度知觉设计的“视崖”等。实验室实验法的最主要优点是能够严格控制条件，可以重复进行；可以通过特定的仪器探测一些不容易观察到的情况，取得有价值的科学资料。但是这种方法的不足之处在于，幼儿在实验室环境内往往会产生不自然的心理状态，由此导致所得实验结果有一定的局限性。

3.测验法

测验法是根据一定的测验项目和量表来了解儿童心理发展的方法。测验主要用于查明学前儿童心理发展的个别差异，也可以用于了解儿童不同年龄阶段心理发展的差异。由于学前儿童的独立性差，模仿性强，对他们的测验应该逐个进行，不宜用团体测验。测验人员必须受过训练，测验中要善于取得儿童的合作，使其表现出真实的心理水平。由于学前儿童心理活动有极大的不稳定性，任何一次测验结果都难以作为最终评定依据。因此，判断某个学前儿童的发展水平和状况，还应该用多种方法从多方面进行考察。测验法的优点是比较简单，在较短的时间内能够粗略了解儿童的发展状况。缺点是测验所得往往只是被试完成任务的结果，不能说明取得结果的过程；测验只做量的分析，缺乏质的研究；测验题目很难同时适用于不同生活背景的各个学前儿童。因此，目前对测验法争议较大。随着科学技术的发展，学前儿童测验成为专门的学科，测验法将会不断改进。然而测验法与学前儿童心理研究的其他方法一样，只能作为了解学前儿童心理的方法之一，还应该与其他方法配合使用。

国际上已经有一些较好的学前儿童发展量表，如格塞尔成熟量表（1937）、贝利婴幼儿发展量表（1969）、维克斯勒学前和初小儿童智力量表（1967）等。由于编制智力测验的工作量很大，大多数研究者都是根据本国的基本情况对较好的量表进行修订。我国早在1924年已经有陆志韦修订的《中国比奈-西蒙智力测验》，陆志韦、吴天敏于1936年对该测验进行了第二次修订，1978年吴天敏做了第三次修订，该修订本名为《中国比奈测验》。近年来，各地还有一些学者对其他量表进行了修订。

4.调查法

调查法是从某一总体中按照一定的规则抽取特定的样本，进而通过对样本的分析研究推论总体的情况，主要通过问卷或访谈两种方法进行。问卷法是研究者用统一、严格设计的问卷来收集研究与对象有关的心理特征和行为数据资料的一种研究方法。调查问卷一般由两个部分构成：个人属性变量（有关于个人资料的问题，如性别、年龄)、所要调查的变量(如儿童的情绪观察)。由于学前儿童的文字理解与书写的局限,问卷通常是发放到教师或监护人处,填写结束后回收。目前关于儿童的问卷国内外都已编制了许多,如儿童行为评定量表(CBCL)。访谈法是研究者通过与研究对象进行口头交谈的方式来收集对方有关心理特征和行为资料的一种研究方法。访谈法有利于研究者与被访问的儿童家长、教师或其他人个别交谈,较深入地了解情况。访谈必须有充分的准备,拟定访谈提纲,调查访问人员还应善于向被访问者提出问题。但是访谈的缺点也很明显,就是比较浪费时间,而且被访谈者的报告往往不够精确,可能由于记忆不确切,也可能是受个人偏见以及态度的影响。调查法的优点是能够收集到大量的资料,使用方便,并且效率高;缺点是研究结果难以排除某些主客观因素的干扰,如期望效应等。

5.谈话法

谈话法也是研究学前儿童心理的常用方法。在研究者决定使用这一方法对学前儿童进行研究时,首先应当根据研究的目的和谈话对象的特点拟订谈话的话题和内容;谈话的话题和内容要求是儿童能够回答和乐于回答的,并能从中分析出他的心理活动;跟儿童进行谈话的时候,必须随机应变,随时提出足以了解有关儿童心理状态的具有灵活性而又恰当的问题;谈话应有充分的准备,如实地做记录,以便进行科学的分析。

6.作品分析法

作品分析法是通过分析学前儿童的作品去了解学前儿童的心理的方法,如通过作文、日记、绘画,可以分析儿童思维和言语的发展,也可以分析儿童的兴趣和理想的发展。由于学前儿童在创造活动过程中,往往用语音和表情去辅助或补充作品所未能表达的思想,所以脱离学前儿童的创造过程来分析其作品,难以充分了解其心理活动。对学前儿童作品的分析最好是结合观察和实验进行。

在研究学前儿童心理的过程中,一个完整的、好的研究往往不是单独地采用某一种方法,而是根据研究的需要采取综合的方法;或者以某种方法为主,以其他方法为辅;或者交错运用几种方法。这就要求研究者根据不同的研究目的和课题,以及研究的具体条件,提前设计好使用什么研究方法对学前儿童进行心理研究。当运用常规的研究方法并不适宜时,也可在前人研究方法上进行调整,以期达到研究目的。

本章小结

本章是作为学前儿童心理学理论的基础章节,核心内容总结如下。

1. 重点界定了学前儿童心理学的概念，明确学前儿童心理学研究的对象与研究内容以及学前儿童在心理发展过程中呈现的一般特点。

2. 总结了学前儿童心理学的各理论学派及其代表人物的主要观点：格塞尔主张机体成熟是发展的前提；华生和斯金纳关注环境和教育对心理发展的影响；班杜拉强调观察学习和强化在心理发展中的作用；弗洛伊德和埃里克森深入分析了性本能和早期经验在人格发展中的作用；皮亚杰则认为儿童的认知发展为主客体相互作用的结果，认知结果的建构和再建构是认知发展的本质所在，儿童认知发展取决于认知结构的发展水平；维果茨基提出最近发展区和社会文化理论。通过了解学前儿童的心理发展的有关理论，有助于我们把握学前儿童发展的原因和机制，科学合理地描述、解释和预测儿童的行为，更好地促进其发展。

3. 明确学前儿童心理学的研究任务和原则，以问题为导向，对学前儿童心理学的研究设计和具体研究方法进行了阐述。

思考与练习

1. 学前教育专业的学生为什么要学习学前儿童心理学？

2. 运用观察法研究学前儿童应注意什么问题？观察法有哪些优缺点？日常工作环境中，哪些方法常被用来研究学前儿童心理？

3. 幼儿园小朋友的父母时常反映说："双休日带一个孩子，比上班还累。"而幼儿园教师，带一大群孩子，并不觉得怎么费劲。这是为什么呢？

4. 俗话说"3 岁看大，7 岁看老"，其中蕴含什么样的道理？试根据本章所学理论加以解释说明。

专题探讨

背景资料：近年来，各地坚持发展与质量并重，促进幼儿园保育教育水平不断提高。但一些幼儿园违背幼儿身心发展规律和认知特点，提前教授小学内容、强化知识技能训练，"小学化"倾向较为严重，这不仅剥夺了幼儿童年的快乐，更挫伤了幼儿的学习兴趣，影响他们的身心健康发展。现在的家长，也生怕孩子输在起跑线上，当幼儿还在读幼儿园时，就给幼儿报了各种班，学拼音、学算术。孩子也争气，进小学后，经常拿各种证书、奖状，功课班级第一，还会乐器……在朋友圈里就是"别人家的孩子"。但后来，朋友圈逐渐减少了孩子的踪影。后来了解到，原来，她孩子今年 9 岁，读三年级了。当孩子一、二年级时，大人坐旁边盯着，孩子就能认真学习，所以成绩还算不错，挺优秀。但孩子进入三年级，就有点力不从心的感觉，成绩浮动也开始大起来。孩子本来一直挺顺，现在遇到如此挫折，慢慢开始逆反，各种情绪都出来了，每天为了做作业，搞得全家鸡飞狗跳。父母批评，孩子就各种吵闹，就这样，每天完成课内课外全部作业，要花好几个小时，导致每天都睡得很晚，睡眠严重不足。现在，朋友夫妇感觉到有点束手无措了。其实，这种现象被称为“三年级效应”，即孩子在小学一、二年级的时候非常优秀，但到了三年级后，成绩就不断下滑，甚至出现厌学情绪。

探讨：你认为出现这样的效应主要原因是什么？你赞同幼儿园小学化吗？并试着运用相关理论进行阐述。

第二章 学前儿童心理发展的生理基础

学习目标

- 分析并掌握学前儿童身体发育的特点及其影响因素。
- 掌握学前儿童大脑发育和动作发展的标准指标。
- 能对学前儿童身体和神经系统发育状况以及动作发展情况进行评价。

学习重难点

- 重点：分析并掌握学前儿童身体发育的特点及其影响因素。
- 难点：能对学前儿童身体和神经系统发育状况以及动作发展情况进行评价。

案例破冰

在一次户外活动中，王老师看到有一位大班的孩子因为感到热而随手脱下了外套，他无意中将外套抛向空中玩，很快其他孩子也模仿了起来，不一会儿草坪上就出现了这样一幕：全班的孩子都在尽情地向上抛着自己的衣服。这一情景深深打动了王老师，这不正是孩子以自己感兴趣的方式开展基本动作“投掷”吗？所以，王老师就在她所执教的小班设计了一个健康领域的教学活动“飞翔的衣服”，目标是锻炼孩子们的投掷能力。

但是，在教学活动实施中，王老师碰到了一个很大的问题，孩子们首先要脱掉衣服，才能完成这个游戏，但很多小班的小朋友却不会脱衣服，他们有的不会解扣子；有的好不容易解开了扣子，在脱衣服的过程中却怎么也脱不下来。王老师只好放弃了这个教学活动，带领小朋友玩其他游戏。为什么王老师的教学活动不能进行下去？哪个阶段进行这个游戏比较好？这其实都与儿童身体的生理发展有关，本章内容会给我们带来一定的启示，来帮助我们解答上述问题。

第一节　学前儿童的身体发育

一、学前儿童的身体发展

学前儿童的身体发展主要是指其身体结构、各组织器官机能的生长变化过程。为了更好地理解学前儿童的身体发展，首先要明确两个概念：生长和发育。生长描述的是一种发展过程中的量变，如身高、体重的增加；发育描述的是一种质变，是指各器官组织的分化与成熟。婴儿在身体发展过程中，主要表现出以下特点。

（一）身高和体重增长迅速

在婴儿出生的头两年，身高与体重的生长非常迅速（见图2-1）。一般来说，新出生的婴儿身高约为50厘米；到1岁时，身高达到出生时的1.5倍，约75厘米；到两岁时，达到出生时的1.7倍，约85厘米。婴儿的体重也是随着身高的变化而成倍地增长。在正常情况下，婴儿在出生后5个月时，体重已经是出生时的两倍了，约6.8公斤；到1岁时，体重达到出生时的3倍，约10公斤；到两岁时，达到出生体重的4倍。尽管婴儿的身高、体重在头两年中飞速增长，但是之后生长发育的速度会逐渐放缓，平稳增长直至青春期。

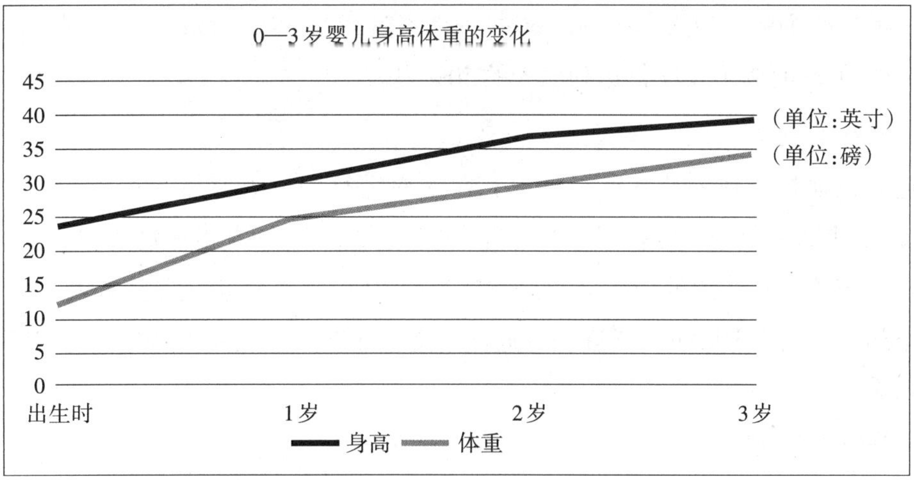

图2-1　0—3岁婴儿身高体重的变化

注：身高/英寸 体重/磅，1英寸=2.54cm；1磅=0.545千克

（二）身体比例的变化

很多时候，我们会觉得婴儿的长相比较奇怪，主要原因就在于婴儿头大身小的不协调比例。婴儿身体在发展的过程中，并不是以相同的速率成长的。婴儿出生时，头部大概占了全身比例的1/4；到2岁时，头部比例已经缩小为全身的1/5；到成年时，头部仅占全身比例的1/8左右，达到被我们称作“黄金比例”的身段。从胎儿期到成年期，身体比例的变化见图2-2。

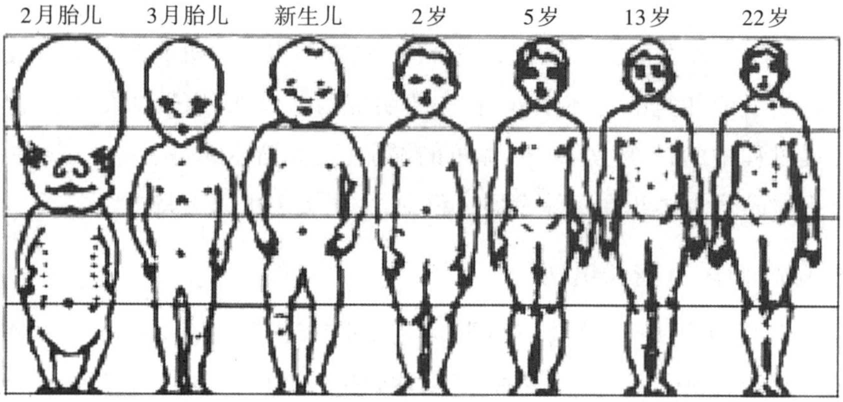

图2-2　从胎儿期到成年期，身体比例的变化

在婴儿身体的发展过程中，主要遵循以下四种基本原则。

1. 头尾原则

头尾原则是指身体的发展表现出一种由上至下的趋势，即从头部和身体的上半部开始，再到四肢。如在出生的前期，头部的发展比身体较低部分的发展更加迅速。婴儿在出生时的头围约为成人头围的60%，到2岁时，就已经接近成人水平，达到成人头围的90%，但此时躯干长度仅达到成人的50%左右。

2. 近远原则

近远原则是指身体的发展是从中心向四周进行的。如躯体生长，在最初的1年内，发展最快的是躯干，之后才是四肢。而在整个婴儿期，婴儿的胳膊和腿的生长都快于手掌和脚的生长。此外，身体的能力是随着身体的成长逐步成熟起来的。因此，身体各个部分的能力发展也同样遵循着近远原则。如婴儿先发展手臂的能力，其次才是手掌的能力。

3. 等级整合原则

婴儿身体的发展是与技能掌握相关的。一般来说，简单的技能会先独立发展起来，在此基础上再整合成更加复杂的技能。因此，如果婴儿要发展抓握的技能，就必然要先让手指灵活起来，学会协调和控制每个手指的运动。

4.系统独立性原则

这是指婴儿的身体发育不是一个同步的过程,不同的身体系统有着不同的发展速率。如在婴儿期,神经系统高速发展,比身体其他部分的发展变化都要快,但是性别特征(生殖系统)的发展却几乎处于停滞状态。婴儿不同身体系统的成长速率见图2-3。

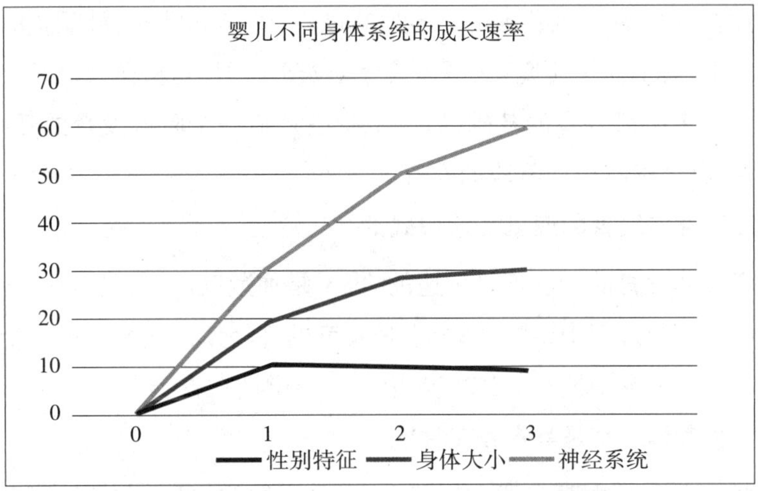

图2-3 婴儿不同身体系统的成长速率

注:横轴为年龄/岁,纵轴为成熟状态百分比的成长速率

(三)身体组织结构的变化

1.脂肪的变化

人们很喜欢婴儿就是因为他们胖胖的样子非常可爱。婴儿在出生前的几周,脂肪就开始迅速增长,这些脂肪可以帮助婴儿在出生后维持恒定的体温,更好地适应外界变化的气温。婴儿身体脂肪在出生后一直处于增长状态,到9个月时达到顶点。从2岁左右开始,婴儿的脂肪将逐渐减少,婴儿开始变得苗条。

2.骨骼的变化

婴儿出生时,骨骼的发育并不成熟,存在许多软骨组织与骨缝隙。这些软骨细胞逐步骨化,骨缝隙闭合便是儿童骨骼发展变化的过程。例如婴儿出生时,头骨由6条缝隙分割,这些骨缝允许头骨随着脑的发育而扩张,直至青春期完全消失,完成头骨的发育。

婴儿的骨骼变化是非常有规律的。骨骼中有一部分叫骨骺的组织,是软骨细胞产生的地方。随着软骨细胞的骨化、骨骼的生长,骨骺会逐渐消失。借助X光片,我们能对骨骺进行观察,可以推算出婴儿骨骼的发展变化情况。

二、学前儿童的身体发育规律以及保育要点

(一)学前儿童身体发育的基本规律

1.学前儿童身体发育是连续性和阶段性的统一

学前儿童发育从幼稚到成熟是个连续的过程,不是间歇式、跳跃式的过程。在这个连续的过程中,为了便于研究,又可将其分为若干阶段,这些阶段之间相互联系。前一个阶段是后一个阶段发育的基础,后一个阶段是前一个阶段发育的延续,如果前面阶段出了问题,就会影响后面阶段的发育。

2.学前儿童身体发育的速度是波浪式的

学前儿童身体发育的速度不是匀速的,也不是加速度的,而是有快有慢,呈波浪式的。在人的生长发育过程中,共有两个生长发育的高峰期。这两个高峰期称为生长发育的突增期。第一个突增期在2岁以前,第二个突增期在青春期。

3.学前儿童身体发育是具有程序性的

0—6岁学前儿童的发育有两个规律,一个是头尾律,另一个是正侧律。头尾律即身体的发育最先从头部开始然后是身体的下半部分,如“头部→颈部→躯干→下肢”;所谓正侧律是指从身体的中部到人体边缘的发展。如人体的躯干比四肢先发育,手臂和腿比手指和脚趾先发育。

4.学前儿童身体各系统的发育是不均衡的,但又是统一协调的

身体各系统的生长发育存在四种模式:一般型、神经系统型、淋巴系统型与生殖系统型的发育。

一般型:包括全身的肌肉、骨骼、主要脏器等。生长模式与身高、体重基本相同,先后出现婴儿期和青春期两次生长突增,其余时间稳步增长。身高、体重是评价学前儿童生长发育最重要的指标。

神经系统型:神经系统包括脑、脊髓、视觉器官等。神经系统是全身各系统的基础,发育最早。其只有一个生长突增期,快速增长阶段主要出现在胎儿期至6岁。头围测量在评价学前儿童(尤其3岁前)神经系统发育方面有重要的意义。

淋巴系统型:淋巴系统遍及全身,可生成淋巴细胞和产生抗体,参与机体的免疫功能,起保护机体的作用。儿童时期机体对疾病的抵抗力较弱,免疫系统的功能较差。淋巴系统在出生后发育得最快,尤其是出生后的第一个10年发育特别迅速,10岁左右达高峰。随着身体器官的成熟和免疫系统功能的加强,淋巴系统在10岁以后又逐渐

萎缩至成人水平。因此，体检时对儿童的淋巴系统状况进行评价，不应以成人标准来衡量。

生殖系统型：生殖系统主要包括外生殖器和内生殖器。由于身体其他系统的发育尚未成熟，出生后第一个十年内，生殖系统外形几乎没有发展，发育最晚。青春期生长突增开始后发育迅速。

可见，各系统的发育是不均衡的，但这种不均衡恰恰是机体整体协调发展的需要。

5.学前儿童身体发育具有个体差异性

尽管每个儿童在发育过程中，都存在上述的发育规律，但由于遗传和环境的不同，每个人在发育的过程中或发育结束时，都存在着胖瘦、高矮、智愚、强弱等方面的差异，没有两个人的发育是完全一样的。

（二）学前儿童身体发育的特点与保育要点

1.学前儿童运动系统的发育特点与保育要点

运动系统由骨、骨骼肌、关节三部分组成，是人们从事运动和劳动的主要器官。其发育特点与保育要点见下表2-1。

表2-1　发育特点与保育要点

	骨骼	骨骼肌	关节
发育特点	骨骼柔软、易变形，但不易骨折；骨骼一方面在发育，使长度不断增加，另一方面在钙化，使骨头坚硬；形成四道生理性弯曲：颈曲（2—3个月）、胸曲（6—7个月）、腰曲（一周岁左右）、骶曲（出生时）	因为肌细胞纤细、间质相对较多，肌腱宽而短，水分多，蛋白质、脂肪及无机盐的比例较低，容易疲劳和损伤；大肌肉群发育早，小肌肉群发育晚（5—6岁）	关节的牢固性差，肘关节容易脱臼；脚弓不结实，易塌陷形成扁平足
保育要点	补充钙、磷、维生素D，多晒太阳，适当运动，不宜提重物，培养良好的坐姿，不宜从高处跳到硬地上等	蛋白质要充足，适当锻炼	不宜用力过猛牵拉幼儿手臂，防止肥胖，走路直立时间不宜过长，鞋子应宽松合适，适当运动

2.学前儿童呼吸系统的特点与保育要点

呼吸系统由呼吸道（包括鼻腔、咽、喉、气管、支气管）和肺（气体交换的场所）组成。

(1)学前儿童呼吸系统的生长发育特点

①呼吸器官娇嫩

鼻腔易感染,还可能感染其他器官;喉腔狭窄,发炎时,通路易被阻塞;声带不够坚韧,易充血、肿胀变厚,造成声音嘶哑;气管及支气管非常容易感染,且发病后症状较重;肺泡数量较少,且容量小。

②呼吸浅而快

学前儿童的胸腔狭窄,呼吸肌发育差,肺活量小,但代谢旺盛,机体需氧量多,所以只能以加快呼吸的频率来代偿。年龄越小,呼吸越快。

(2)学前儿童呼吸系统的保育要点

①学前儿童用口呼吸要戒除。

②学前儿童擤鼻涕的方法要正确,打喷嚏时要遮挡,用手挖鼻孔要禁止。

③不要让学前儿童大声哭喊,而且学前儿童应多喝水。

④室内通风换气,多让学前儿童在户外活动。

⑤加强学前儿童体育锻炼。

3.学前儿童循环系统的发育特点与保育要点

(1)学前儿童循环系统的发育特点

①学前儿童年龄越小,心率越快。

②学前儿童年龄越小,血液所占比例越大,约为体重的9%—12%,成人体重血液占7%—8%。白细胞中中性粒细胞所占比例较小,机体抵抗力较差。

③淋巴系统发育迅速。

(2)学前儿童循环系统的保育要点

①营养要合理,供给蛋白质、铁及维生素丰富的食物,预防贫血。

②注意合理的膳食搭配,减少胆固醇和饱和脂肪酸的摄入量,同时预防动脉硬化要“早”,始于婴儿。

③劳逸结合,适当锻炼;为保证血液循环畅通,衣着要宽松舒适。

④关心学前儿童的起居和活动,预防各种传染病和意外事故。

4.学前儿童消化系统的发育特点和保育要点(见下表2-2)

表2-2　学前儿童消化系统的发育特点和保育要点

	牙齿	消化道	消化腺
发育特点	婴儿吃奶期间开始长出的牙叫作乳牙。乳牙共20颗,一般在6—7个月出牙,2岁左右出齐。6岁左右长出第一恒磨牙(也称六龄齿);12—13岁长出第二恒磨牙;25岁长出第三恒磨牙(智齿,有的人终生不长)。六龄齿长出后开始换牙,换牙顺序与乳牙长出的顺序基本上是一致的	食道短而窄、黏膜薄嫩、管壁弹性大,易损伤;胃容量小、运动能力差、消化液的酸度低、消化酶少,导致蠕动机能差,消化能力较弱。肠管较长、面积较大、通透性强,因此肠的吸收能力较强。蠕动能力较成人弱,易发生便秘和粪中毒;固定性较差,易发生肠套叠和肠扭转	新生儿的唾液腺没发育好,唾液少,口腔比较干燥;3—4个月,唾液的分泌增加;6—7个月唾液的分泌更旺盛,常流口水。学前儿童的肝脏相对比成人小;消化脂肪的能力差;解毒能力不如成人,抵抗感染的能力较差;肝细胞代谢旺盛,再生能力强,患肝炎后恢复较快,不易发生肝硬化;由于肝糖原储备相对较少,饥饿时容易发生低血糖症,甚至出现“低血糖休克”
保育要点	良好的营养和充足的阳光;养成刷牙、漱口的好习惯;避免外伤;不用牙咬果壳等硬东西;多吃粗纤维,多喝水,少吃甜食;养成良好的饮食习惯;养成定时排便的好习惯;预防脱肛		

5.学前儿童泌尿系统的发育特点和保育要点

(1)泌尿系统的发育特点

①肾功能较差,易损失有用物质,也易发生脱水或浮肿。

②膀胱容量小,贮尿功能差,婴儿的大脑皮质发育不完善,对排尿尚无约束能力,学前儿童控制排尿能力是随年龄的增长而逐渐形成的。

③学前儿童尿道短,容易发生上行感染。

(2)泌尿系统的保育要点

①培养学前儿童及时排尿的习惯。

②注意清洁卫生,预防尿路感染。

③充足饮水。

6.学前儿童内分泌系统的发育特点与保育要点

(1)学前儿童内分泌系统的发育特点

①生长激素在睡眠时分泌旺盛,脑垂体分泌的生长激素较多,加速了骨骼的生长发育。

②甲状腺是人体最大的分泌系统。缺碘影响甲状腺的功能,威胁学前儿童的智力发育。

(2)内分泌系统的保育要点

①养成学前儿童良好的睡眠习惯,保证学前儿童睡眠充足。

②膳食中使用加碘食盐,学前儿童补碘应在医生指导下进行。

③不盲目服用营养品,防止性早熟。

7.学前儿童神经系统的发育特点和保育要点

(1)学前儿童神经系统的发育特点

①脑重增加。学前儿童出生时,脑重仅为400克左右,相当于成人脑重的25%—30%(成人脑重约1400克),儿童3岁时达1000克,7岁时可达1280克,相当于成人脑重的90%以上。

②神经纤维增长。新生儿脑细胞的体积小,神经纤维的长度和分支也不发达。儿童两岁之前,脑神经纤维较短,多呈水平方向。两岁以后,出现了向竖直方向延伸的分支。学前儿童神经纤维的分支持续增多、增长,为形成复杂、众多的神经回路提供了物质基础。

③神经纤维逐渐髓鞘化。神经纤维的髓鞘化是脑内部结构成熟的重要标志。新生儿的神经纤维还未髓鞘化(轴突外包的髓鞘没有形成)。随着脑细胞的体积逐渐变大,1岁开始,学前儿童的神经纤维树突分支增多,轴突变长,皮质的沟回也增多和加深了,这时候神经纤维开始了髓鞘化过程。3岁以后,学前儿童神经纤维基本上髓鞘化,这就使学前儿童神经传导更加迅速、准确。

④大脑皮质发育尚未完善,学前儿童的兴奋和抑制过程极不平衡,抑制过程远远弱于兴奋过程,造成学前儿童活动的高度不稳定性、冲动性。因此学前儿童的注意力很难持久,易疲劳。

⑤植物性神经发育不成熟,主要表现为交感神经兴奋性强和副交感神经兴奋性较弱。

总之,早期(6岁前,特别是1岁前)是大脑神经迅速生长发育的关键期,而在这个时期,早期刺激和早期教育非常重要。

(2)神经系统的保育要点

①保证充足的睡眠。学前儿童大脑的生长发育需要充足的睡眠来加以保障,如果睡眠不足,不仅会影响学前儿童脑细胞的新陈代谢,还会使他们的精力和体力不能完全恢复。

②尽早提供适宜的早期教育,对大脑损伤的学前儿童尽早实施康复训练,效果较好。

③注意适当充分的营养。脑细胞的活动需要丰富的养料,但脑细胞本身又缺少储备营养物的能力,因此,每天都应该供给大脑细胞适当充分的营养。学前儿童应多吃蛋白质、维生素、磷化物等含量丰富的食物。

8.学前儿童免疫系统的发育特点和保育要点

(1)学前儿童免疫系统的发育特点

非特异性免疫功能尚未完善;缺乏特异性免疫力,容易得传染病。

(2)学前儿童免疫系统的保育要点

适当锻炼,培养学前儿童良好的睡眠习惯,按计划预防接种。

第二节 学前儿童大脑和神经系统的发育

一、学前儿童脑结构的发展

脑是机体的统帅，是人类生存不可缺少的器官。大脑的发育以及活动是心理活动的物质基础，0—6岁，尤其是0—3岁儿童大脑的发展，直接影响并制约其心理发展的进程。

（一）脑重

脑是优先发育的，出生时新生儿的脑重已经达到成人脑重的25%。第一年脑重增长最快，2.5—3岁时脑重可以发展到成年人脑重的75%。3岁后发展缓慢，6—7岁接近成人水平，脑重占成人脑重的90%，20岁停止增长。儿童大脑重量的增长并不是脑神经细胞的增殖，而是神经结构的复杂化和神经纤维的伸长。儿童与成人脑重以及体重的比较见表2-3。

表2-3 儿童与成人脑重以及体重的相对比较表①

项目	出生	1岁	3岁	6岁
儿童体重（kg）	3.21	10.17	14.31	20.52
占成人体重（%）	5.4	16.95	23.85	34.2
儿童脑重（g）	370	950	1150	1280
占成人脑重（%）	25	59.4	75	90.6

从表中可以看出，与儿童体重增长相对比，儿童脑重增长是十分快速的。通过儿童脑重和成人脑重的对比也可以看出，儿童在6岁时大脑的重量及形态已接近成人，说明学前期是大脑发育的关键期，大脑各叶的分化在6岁时也渐趋成熟。大脑结构生理的日趋成熟，为儿童行为的发育打下良好基础。

（二）头围

头围是反映颅骨增长和脑发育的一个重要指标。头围在出生后第一年增长最快。出

①张家琼、蒋宗珍：《学前儿童心理发展概论》，西南师范大学出版社2018年版，第62页。

生时头围平均34 cm(约达成人头围的60%),1岁时平均46 cm,第二年增长2 cm,第三年增长1—2 cm,3岁时头围平均为48 cm。新生儿的头围如果过小,则其大脑发育会受严重影响,智力发育易出现障碍。新生儿如果头围过大,则表明新生儿患有脑积水或脑畸形等脑部病变,需尽快检查治疗。附中国0—7岁儿童头围参照值对照表(表2-4、2-5)①。

表2-4　中国0—7岁男孩头围参照值对照表(cm)

年龄	-3SD	-2SD	-1SD	中位数	+1SD	+2SD	+3SD
出生	30.9	32.1	33.3	34.5	35.7	36.8	37.9
1个月	33.3	34.5	35.7	36.9	38.2	39.4	40.7
2个月	35.2	36.4	37.6	38.9	40.2	41.5	42.9
3个月	36.7	37.9	39.2	40.5	41.8	43.2	44.6
4个月	38.0	39.2	40.4	41.7	43.1	44.5	45.9
5个月	39.0	40.2	41.5	42.7	44.1	45.5	46.9
6个月	39.8	41.0	42.3	43.6	44.9	46.3	47.7
7个月	40.4	41.7	42.9	44.2	45.5	46.9	48.4
8个月	41.0	42.2	43.5	44.8	46.1	47.5	48.9
9个月	41.5	42.7	44.0	45.3	46.6	48.0	49.4
10个月	41.9	43.1	44.4	45.7	47.0	48.4	49.8
11个月	42.3	43.5	44.8	46.1	47.4	48.8	50.2
12个月	42.6	43.8	45.1	46.4	47.7	49.1	50.5
15个月	43.2	44.5	45.7	47.0	48.4	49.7	51.1
18个月	43.7	45.0	46.3	47.6	48.9	50.2	51.6
21个月	44.2	45.5	46.7	48.0	49.4	50.7	52.1
24个月	44.6	45.9	47.1	48.4	49.8	51.1	52.5
27个月	45.0	46.2	47.5	48.8	50.1	51.4	52.8
30个月	45.3	46.5	47.8	49.1	50.4	51.7	53.1
33个月	45.5	46.8	48.0	49.3	50.6	52.0	53.3
36个月	45.7	47.0	48.3	49.6	50.9	52.2	53.5
42个月	46.2	47.4	48.7	49.9	51.3	52.6	53.9
48个月	46.5	47.8	49.0	50.3	51.6	52.9	54.2
54个月	46.9	48.1	49.4	50.6	51.9	53.2	54.6
60个月	47.2	48.4	49.7	51.0	52.2	53.6	54.9
66个月	47.5	48.7	50.0	51.3	52.5	53.8	55.2
72个月	47.8	49.0	50.2	51.5	52.8	54.1	55.4

注:SD表示标准差

①卫生部妇社司.关于印发《中国7岁以下儿童生长发育参照标准》的通知.[EB/OL].[2009-09-25].

表2-5 中国0—7岁女孩头围参照值对照表(cm)

年龄	-3SD	-2SD	-1SD	中位数	+1SD	+2SD	+3SD
出生	30.4	31.6	32.8	34.0	35.2	36.4	37.5
1个月	32.6	33.8	35.0	36.2	37.4	38.6	39.9
2个月	34.5	35.6	36.8	38.0	39.3	40.5	41.8
3个月	36.0	37.1	38.3	39.5	40.8	42.1	43.4
4个月	37.2	38.3	39.5	40.7	41.9	43.3	44.6
5个月	38.1	39.2	40.4	41.6	42.9	44.3	45.7
6个月	38.9	40.0	41.2	42.4	43.7	45.1	46.5
7个月	39.5	40.7	41.8	43.1	44.4	45.7	47.2
8个月	40.1	41.2	42.4	43.6	44.9	46.3	47.7
9个月	40.5	41.7	42.9	44.1	45.4	46.8	48.2
10个月	40.9	42.1	43.3	44.5	45.8	47.2	48.6
11个月	41.3	42.4	43.6	44.9	46.2	47.5	49.0
12个月	41.5	42.7	43.9	45.1	46.5	47.8	49.3
15个月	42.2	43.4	44.6	45.8	47.2	48.5	50.0
18个月	42.8	43.9	45.1	46.4	47.7	49.1	50.5
21个月	43.2	44.4	45.6	46.9	48.2	49.6	51.0
24个月	43.6	44.8	46.0	47.3	48.6	50.0	51.4
27个月	44.0	45.2	46.4	47.7	49.0	50.3	51.7
30个月	44.3	45.5	46.7	48.0	49.3	50.7	52.1
33个月	44.6	45.8	47.0	48.3	49.6	50.9	52.3
36个月	44.8	46.0	47.3	48.5	49.8	51.2	52.6
42个月	45.3	46.5	47.7	49.0	50.3	51.6	53.0
48个月	45.7	46.9	48.1	49.4	50.6	52.0	53.3
54个月	46.0	47.2	48.4	49.7	51.0	52.3	53.7
60个月	46.3	47.5	48.7	50.0	51.3	52.6	53.9
66个月	46.6	47.8	49.0	50.3	51.5	52.8	54.2
72个月	46.8	48.0	49.2	50.5	51.8	53.1	54.4

注:SD表示标准差

(三)大脑皮质

1.大脑皮质的整体发育

胎儿六七个月时,脑的基本结构就已具备。出生时脑细胞已分化,细胞构筑区和层次分化已基本完成,大多数沟回都已出现,脑岛已被邻近脑叶掩盖,脑内基本感觉运动通路已髓鞘化(白质除外)。此后,婴儿皮质细胞迅速发展,层次扩展,神经元密度下降且相互分化，突触装置日趋复杂化，到2岁时，脑及其各部分的相对大小和比例已基本上类似于成人大脑。白质已基本髓鞘化，与灰质明显分开。其中，大脑的髓鞘化程度是儿童脑细胞成熟状态的一个重要指标。5岁左右的幼儿神经纤维也基本髓鞘化、整个皮质广度的变化与髓鞘化程度密切相关。

2. 大脑单侧化

大脑两半球在功能上存在明显差异，左右两半球在功能上高度专门化，主要表现为：左半球是处理言语，进行抽象逻辑思维的中枢；右半球是处理表象，进行形象思维的中枢。大脑单侧化现象自婴儿期开始显现，在幼儿期明显形成，约在5岁时，大脑两半球机能已经单侧化，左右半球优势已经明显形成。

二、学前儿童脑机能的发展

（一）脑电波的变化

脑电波的变化常作为儿童脑机能发展的一个重要指标。研究证实，5个月的胎儿已显示出脑电活动，胎儿8个月以后则呈现出与新生儿相同的脑电图，脑电活动开始具有连续性和初步的节律性，形成睡眠和觉醒的脑电图。其中，同步节律波α波常作为婴儿脑成熟的标志。新生儿在睡眠或向睡眠过渡时表现出6次/秒的节律波群，而这种波被认为是α波的原型，这表明新生儿皮质神经成分在一定程度上是成熟的。另外，在新生儿皮质投射区中还记录到对各种感觉运动刺激的诱发电反应。其中，最成熟的是运动分析器投射的反应（已与成人相似），而视觉投射区的诱发电位则与成人有很大的区别（常表现为正负波动，被认为是诱发电位早成分的表现）。诱发电位的早成分与信息的接收有关，晚成分与信息的加工有关，这是两种皮质机制。

目前已有的研究表明，儿童脑电波的变化说明儿童的大脑随着年龄的增长而发展。同时还表明，大脑的发展不是等速的。大脑皮质的发展有两个“飞跃时期”：第一个重大转变是由δ波向θ波转变，大脑各部位的这种转变一般在3岁前基本完成；第二次重大转变是由半原始的θ波向代表大脑完全成熟的α波转变。进一步的研究表明，α波与δ波的斗争是从枕叶区开始的，按照枕叶—颞叶—顶叶—额叶的顺序发展着。在4—20岁期间，大脑经历两个加速发展的时期：一是5—6岁时，大脑枕叶区α波与θ波的斗争最为激烈；二是13—14岁时，除额叶外，几乎整个大脑皮层的α波与θ波的斗争基本结束。通过对青少年思维发展的研究发现，5—6岁和13—14岁是青少年思维发展的加速期。由此可见，大脑皮质的成熟水平直接决定了人的心理发展水平。

（二）皮质抑制机能的发展

皮质抑制即中枢抑制或内抑制机能的发展是大脑机能发展的重要标志之一。皮质抑制机能的发展使反射活动更精确、更完善，又可以使脑细胞受到必要的保护，是儿童认识外界事物和调节、控制自身行为的生理前提。

从儿童大脑皮质的兴奋和抑制过程的关系来说，儿童年龄越小，兴奋过程比抑制过程占优势，兴奋就特别容易扩散。3岁以前儿童的内抑制发展很慢，4岁以后，由于神经结构的发展，内抑制开始蓬勃发展起来，皮质对皮下的控制和调节作用逐渐加强。这也是幼儿容易激动的生理上的原因。同时，幼儿的兴奋过程也比以前增强，表现为幼儿的睡眠时间逐渐减少，由新生儿平均每天22小时的睡眠，到3岁的14小时左右，再到7岁的11小时左右，清醒时间相对延长。

三、学前儿童大脑的可塑性和修复性

过去人们一直认为，儿童脑的生长是一个恒定的过程，当其生长达到某一特定水平后就不会再有变化，脑的生长决定了行为的变化。但现在人们发现，儿童大脑的发展在很大程度上受后天环境的影响和制约，儿童后天接受的对其身体以及神经系统实施的刺激影响其大脑相应区域的生长。儿童的大脑具有巨大的可塑性和良好的修复性。

（一）儿童大脑的可塑性

在生命早期，大脑的发展并不单纯是成熟程序的展开，而是生物因素和早期经验两者结合的产物，婴儿脑的大小和功能都受其后天经验的影响和制约。在突触形成处于高峰的时期，婴儿大脑所受到的恰如其分的刺激对这一过程的进行是至关重要的。大量关于动物和人类婴儿的研究结果表明，早期经验剥夺将会导致中枢神经系统发展停滞甚至萎缩，并构成永久性伤害；早期营养不良（如胎儿期营养不良）也会对婴儿脑的生长产生重要影响，使脑细胞发育不正常。

（二）儿童大脑的修复性

对婴儿脑损伤案例进行研究发现，在婴儿早期，大脑具有良好的修复性。一般来讲，脑损伤是难以弥补的，其原因之一就是脑细胞的生长不同于身体其他细胞，一旦完成全部生长就不会再增殖，而大脑可以通过某种类似于学习的过程而获得一定程度的修复。一侧半球受损后，另一侧半球可能会产生替代性功能。例如，5岁以前大脑任何一侧半球的损伤都不会导致永久性的言语功能的丧失，因为语言中枢可以很快地移向另一侧半球，以克服言语障碍。

四、学前儿童大脑的开发措施

（一）刺激感觉器官

充分调动和利用感觉器官，让丰富的感受刺激脑细胞的生长发育，促进脑细胞的树突和轴突的繁茂生长。特别是刚出生婴儿是通过感觉来感知世界的，只有充分对幼儿进行感觉刺激，使脑神经通路不断强化，形成永久的脑神经网络。

具体做法可以参考以下三点：第一，接触丰富多彩的风景，去认识各种事物，如让幼儿多看各种物体的颜色、形状、大小，刺激视神经的发育；第二，用鼻子闻闻花草树木的香气，刺激嗅觉细胞的发育；通过触觉、温觉、冷觉及质地的软硬来促进感觉中枢神经细胞的发育；第三，用声音吸引幼儿来找你，增进幼儿的听觉辨别能力等。

（二）语言能力开发

语言是与人沟通的重要工具，要使婴幼儿能够准确理解语言，使用语言或符号理解事物之间的内在联系，建立概念，发展抽象思维能力，就要较早地开发婴幼儿对语言的感知力和接受力。

具体做法可以参考以下两点：第一，在与婴幼儿交谈中，可以运用生动、新颖、形象的话语，促进其理解、记忆，萌发出形象联想，并调动出自由天真的幻想。第二，在出生后6个月以前让婴幼儿听不同国家的语言，训练婴幼儿对音色的辨别（听觉辨别），让婴幼儿生活在有语言刺激的环境中，让婴幼儿能积极感受语言，使用语言与人交流、分享感受、表达思想。

（二）培养音乐细胞

音乐细胞的培养可促使右脑的活跃、形象思维的联想、创造潜能的开发。长期受音乐感染和熏陶的幼儿会心平气和、情绪稳定而思想活跃、热情活泼、兴趣广泛，并能较好地保持注意力集中，提高学习效果。

具体做法是在日常生活中有目的地定时定点地播放音乐，如早上起床播放欢快的乐曲，让幼儿以愉悦的心情进入一天的游戏活动。长期播放美妙轻柔的音乐，能尽早促进幼儿音乐细胞的产生。

总之，要使大脑生长发育良好应从两方面努力：一是良好的营养、充足的氧气、优越的环境，促使大脑组织的生长，完善大脑结构；二是良好的信息刺激，提高大脑的功能。前者为大脑发育奠定物质基础，后者为大脑功能提供精神食粮，两者结合才能使宝宝的大脑得到充分开发。

第三节 学前儿童动作的发展

一、学前儿童的早期反射活动

（一）新生儿的无条件反射

胎儿期的胎动和新生儿的一些无条件反射活动可以看成是儿童最早产生的第一批动作。主要包括生存反射和原始反射两大类。

1. 生存反射

食物反射。接触儿童的嘴唇，就引起吸吮动作。

防御反射。儿童出生后的头几天就能对温度刺激或痛觉刺激产生泛化性的反应（刺激一处，全身反应）。

定向反射。儿童出生后不久，约在两周左右，就能对强烈的刺激（如强光或大声）产生定向反射（如眼睛转向光源或暂时停止吸吮动作）。

以上几种无条件反射具有生活适应的生物学意义，是重要的生存反射。

2. 原始反射

还有一些无条件反射并无明显的生物学意义，称之为无条件的原始反射，主要有以下几种。

巴宾斯基反射。轻轻地抓或刺激儿童脚心的时候，就引起脚趾向上张开的动作。约在八九个月时这个反射就逐渐消失了。

抓握反射。物体接触手掌的时候就握住不放，甚至可以把物体悬挂起来，又叫达尔文反射。大约到第二个月时，这个反射就消失了。

惊跳反射。当新生儿突然失去支持或受到大声刺激时，常常表现为惊恐状态，如双臂伸开又迅速收回胸前、紧握拳头等，这个反射约在出生后四个月消失，又叫摩罗反射。

游泳反射。托住新生儿的腹部，他就会做出像游泳样的动作。这种反射约在出生四个月以后消失。

行走反射。用两手扶在新生儿的腋下，使其脚心着地，就会做出行走样的动作。这个反射约在出生后两个月消失。

此外，还有其他一些无条件反射，如眨眼反射、瞳孔反射、吞咽反射、打嗝、喷嚏等。无条件反射是遗传下来的，是本能性的，因此，它的适应性非常低，但是它同时又是形成条件反射的自然前提。

（二）儿童早期的条件反射

为了生存和适应环境，新生儿的反射逐渐信号化，形成条件反射。条件反射是有机体在生活实践中学会的反射，是在无条件反射的基础上建立起来的。

近年来有人提出把孩子从小放到水里学游泳，根据之一是以无条件性的游泳反射为基础建立条件反射，学会游泳。新生儿的条件反射可以在日常生活中自然形成，也可在实验室里人为地创造条件建立。前者称为自然条件反射，后者称为人工条件反射。

最早出现的自然条件反射是对喂奶姿势的吸吮反射。新生儿在出生10天左右，只要把他抱起来，他便停止哭喊，把头转来转去寻找奶头，嘴也跟着动起来。这就是对吃奶姿势的食物性条件反射。

最初的人工条件反射出现的时间直接受人为条件的影响。例如，在一个实验室里，用对新生儿的脚底发出触觉振动作为条件刺激物，同时用吹气引起新生儿眨眼的防御性无条件反射，经过124次两者同时的结合，新生儿在出生后第5天即形成条件反射。每当脚底感觉到振动时就眨眼睛。

新生儿的条件反射有以下特点：第一，形成速度慢，条件刺激物和无条件刺激物结合的次数要多，甚至多达几十次、几百次；第二，形成之后不稳定，如不继续练习，则易消退；第三，不易分化，对相似刺激都做同样反应。例如对不同的人喂奶的姿势都做出吃奶的反应。

条件反射的产生是儿童心理产生的标志，标志着作为个体的人的心理、意识的最原始形态。

二、学前儿童大动作的发展

大动作的发展是衡量学前儿童运动能力的指标之一。大动作主要包括抬头、翻身、坐、爬、站立、行走、上下楼梯、跑、跳、攀登、平衡、投掷等。

大动作发展的一般趋势是：0—1岁以移动运动为主：包括躺、翻身、坐、爬、站等。1—2岁由移动向基本运动机能过渡：包括爬、走、滚、踢、扔等。2—3岁以发展基本运动机能为主，向各种动作均衡发展，包括走（不同方向、曲线、倒走）、跑（追逐跑）、跳（原

地跳、向前跳)、投掷等。总之,在整个幼儿期,大肌肉运动能力逐年提高,运动能力发展较快。(见表2-6)

表2-6 儿童全身动作发展顺序[①]

月龄	动作项目名称	月龄	动作项目名称
2.1	稍微抬头	16.5	自蹲自如
2.6	头转动自如	16.9	独走自如
3.7	抬头及肩	19.4	扶物过障碍棒
4.3	翻身一半	20.5	能跑不稳
4.7	扶坐竖直	23.0	双手扶栏上楼
4.8	手肘支床胸离床面	23.2	双手扶栏下楼
5.5	仰卧翻身	23.7	扶双手双脚跳,稍微跳起
5.8	独坐前倾	24.2	扶一手双脚跳,稍微跳起
6.1	扶腋下站	25.4	独自双脚跳,稍微跳起
6.6	独坐片刻	25.7	能跑
7.2	蠕动打转	25.8	扶双手单足站不稳
7.2	扶双手站	25.8	一手扶栏下楼
7.3	俯卧翻身	26.0	独自过障碍棒
7.3	独坐自如	26.2	一手扶栏上楼
8.1	给助力爬	26.7	扶双手双脚跳好
9.3	从卧位坐起	26.9	扶一手单足站不稳
9.4	独自能爬	29.2	扶一手双脚跳好
10.0	扶一手站	29.3	扶双手单足站好
10.1	扶两手走	30.5	独自双脚跳好
11.2	扶物能蹲	30.6	扶双手单脚跳,稍微跳起
11.3	扶一手走	30.9	手臂举起,有抛掷姿势的抛掷
12.4	独站片刻	32.3	扶一手单足站好
15.4	独站自如	34.1	独自单足站不稳
15.6	独走几步	41.2	扶一手单脚跳,稍微跳起

①张家琼、蒋宗珍:《学前儿童心理发展概论》,西南师范大学出版社2018年版,第68-69页。

三、学前儿童精细动作的发展

在日常生活中，我们可以观察到婴幼儿从5个月左右就开始发展出自主随意的抓握动作。比如抓握眼前有吸引力的小玩具。此后，婴幼儿的手部动作将进一步发展和协调起来。可以说精细动作的发展是由这种自主随意的抓握动作开始的，此后随着抓握动作的成熟，婴幼儿开始具备用手操作工具的能力，并逐渐学会了写字、绘画和进食等使用工具的精细动作。

（一）抓握动作的发展

抓握动作是最基本的也是最先发展的手部精细动作之一，抓握动作也是日后工具使用动作发展的基础。抓握动作先是一种不成熟的“全掌抓握”，比如用拇指和四指将蜡笔完全握住，此后在发展过程中，拇指和四指的功能才逐渐区分开来，儿童开始懂得根据任务需要来协调和控制拇指和其他四指的使用，即逐渐发展出一种成熟的“对指抓握”模式。

精细抓握主要是手指捏拿的动作，比如三指捏、二指捏，日常生活中插小棍、串珠等活动都会涉及手指的精细抓握。在学前阶段，随着神经细胞髓鞘化的过程，精细动作也将迎来快速发展，不仅抓握的力度会越来越强，其抓握的准确性和协调性也在进一步提升。这种基本的抓握能力是学前期儿童使用工具的基础。

（二）使用工具动作的发展

学前儿童精细动作发展的重要任务是通过使用工具来帮助自己完成特定的任务。所谓工具，是指那些协助完成各种任务的器械，比如笔、勺子、筷子等。这些使用工具的动作可以分为学习类使用工具的动作，如画画、写字，和生活类使用工具的动作，如用筷子进食。

（三）学习类精细动作的发展

学习类使用工具的动作，无论是绘画还是书写都以灵活掌握手中的笔类工具为前提，握笔动作的发展是学习类精细动作发展的核心。画画、写字都是幼儿期重要的学习活动，这些学习活动不仅涉及握笔动作的发展，还和图形密不可分。一个儿童画一幅画或者写一个字，首先需要有运用手中工具（画笔）的能力，即握笔能力，其次还需要手眼协调的能力，即图形临摹的能力。两者互相结合，才能构成一个完整的绘画动作或者写作动作。

（四）生活类精细动作的发展

生活类精细动作的发展是儿童养成基本生活自理能力的前提。基本的生活自理能力是家庭和社会对儿童提出的早期重要发展任务之一，包括穿衣服、使用工具进食等。生活类精细动作的发展受到社会习俗和文化传统、父母教养方式等环境因素的影响，进而表现出较多的个体差异。

总之，3—6岁是儿童发展的关键期，也是精细动作发展的重要时期，基本的精细动作能力是复杂工具性技能发展的基础。这一时期的精细动作发展迅速，不同的精细动作类型呈现出不同的发展趋势。在促进精细动作发展的过程中，一方面要遵照精细动作发展的普遍规律，同时又要尊重个体的差异性。在不同的年龄阶段，应设置不同的精细动作教育内容，尤其是通过不同类型的动作游戏来提升幼儿的精细动作能力，在日常生活中提供幼儿练习的环境和机会。表2-7是婴幼儿精细动作发展表。

表2-7　婴幼儿精细动作发展表

时间	动作发展	时间	动作发展
1个月	触碰手掌，会握紧拳头	10个月	拇指、食指动作熟练，双手能协调运动
2个月	拨浪鼓在手中能留握片刻	11个月	会打开包积木的纸，会用两个手指捏东西
3个月	两手可握在一起，抓住东西会摇晃	12个月	试把小丸投入小瓶，会全掌握笔留笔道
4个月	会摇动并注视拨浪鼓	15个月	能叠两块积木
5个月	会抓住近处玩具，会伸手够取悬挂物	18个月	尝试自己脱外套，能自己吃饭
6个月	会撕纸，会用整个小手握物	21个月	能叠四块积木
7个月	会把弄直径约0.5cm的小物品，会两手分别抓东西	24个月	会自己穿不系带的鞋
8个月	拇指、无名指能捏住小丸；手拿两块积木，并试图取第三块	30个月	能叠八块积木
9个月	拇指、食指能捏住小丸，会丢掉手里的东西	36个月	会扣纽扣，会折纸，会涂糨糊粘贴

四、学前儿童动作发展的规律

(一)从整体动作到局部的、准确的、专门化的动作(从整体到局部)

例如满月前的儿童受到痛刺激后,边哭喊边全身乱动,但是现在我们手部不小心烫伤时会下意识地甩手。儿童最开始动作的特点是“牵一发而动全身”,现在我们的动作能够更加地分化和专门化。

(二)从上部动作到下部动作(首尾规律)

“三翻六坐七滚八爬”,儿童最先学会抬头,然后俯撑、翻身、坐和爬,最后学会站和走。

(三)从中央部分的动作到边缘动作(近远规律)

靠近头部和躯体的部分先发展,远离身体中心部分动作后发展:儿童动作发展最早出现头和躯干的动作,其次是双臂和腿部的有规律的动作,最后是手的精细动作。

(四)从大肌肉动作到小肌肉动作(大小规律)

儿童先发展的是大肌肉动作,先学会的是手臂和腿部的动作,以后才逐渐学会手和脚的动作。例如孩子先学会走跑跳等基本动作,也是大动作的发展,逐渐发展到小班的时候可以使用勺子吃饭,中班的时候可以使用筷子吃饭。

(五)从无意动作到有意动作(从无意到有意)

无意是指没有目的,不需要意志力努力;有意是指有目的,需要意志去努力。例如人一出生就具备的眨眼、吮吸等动作都属于无意动作;我们学习一支舞蹈或者是一组动作都属于有意动作。

拓展阅读

幼儿为什么容易脱臼

宝宝到点了还不起床,妈妈怕上幼儿园迟到,急急忙忙地过来拉宝宝起床,没想到刚把宝宝的一只手拽出被窝,宝宝就猛然哭闹起来。

带去医院诊断,宝宝是“桡骨小头半脱位”,通俗地说,就是脱臼了。家长们想不明白,自己的动作并不粗暴,怎么就把孩子弄脱臼了呢?这其实跟幼儿关节发育不完善有关。人的肘关节由三个骨头组成:肱骨下端、尺骨鹰嘴和桡骨小头。当肘关节做旋转运动时，桡骨总是围着尺骨转。为了防止桡骨在旋转的时候脱位，尺骨上有一条环状韧带紧紧套着桡骨的"脖子"——桡骨颈。4岁以下的孩子，桡骨小头和桡骨颈的直径基本相同，环状韧带相对松弛，不能结实地稳定桡骨小头。就像一个绳结系在一根圆木上，如果木头一样粗细，绳结就很容易滑下来。因此，当肘关节伸直、前臂内旋时，如果受到纵向牵拉，桡骨小头就会从环状韧带内向下脱出。大人为安全起见，总喜欢拉着孩子走路，殊不知这等于让孩子处在容易发生桡骨小头半脱位的体位。由于是牵拉引起的，临床上又称为"牵拉肘"。

幼儿脱臼具有反复性和习惯性，发生一次后很容易反复发生。关节复位后，家长应多加注意：不要用力牵拉宝宝的胳膊。帮孩子脱衣服时，记得先由健康的一侧脱起；相反，在穿着衣服时，则应由患部的一侧先穿着。

五、学前儿童动作发展对心理发展的意义

动作和动作技能的发展对学前儿童心理发展具有重要意义，对儿童认知发展和良好的社会交往能力的培养都有很大的促进作用。

（一）动作发展是心理发展的源泉或前提

儿童运用已有的动作模式和感知觉对外界刺激做出反应，获得对环境的最初知识。没有动作，儿童心理就无从发展。

（二）动作是心理发展的外部表现

儿童动作的发展反映着心理的发展，通过动作发展的研究，可以了解儿童心理发展的内容和水平。

（三）动作发展促进了空间认知的发展

手的抓握动作和独立行走等动作的发展可以促进儿童间认知的发展。运动经验在空间认知发展中具有重要影响。

（四）动作发展促进了社会交往能力的发展

随着动作能力的发展，儿童与周围人的交往从依赖、被动逐渐向具有主动性转化。动作的发展可以诱导儿童社会交往能力的发展。

六、影响学前儿童动作发展的因素

（一）生理成熟

不论经济条件、文化教育水平如何，全世界各民族的男女儿童基本上都是以同样的顺序发展各种动作。不同的教养方式会影响动作发展速度，同时研究表明环境对动作能力发展也有影响。长期的动作训练会加速动作发展，但是训练可能对某些动作的影响比对其他一些动作大。在成熟的早期、中期、晚期对儿童进行训练都会成功，但有早晚之分，成熟早期是开始学习训练的最佳时期。

（二）环境刺激

环境的支持对运动技能的发展是必不可少的条件。环境为儿童提供了运动的机会以及丰富的刺激，如果婴儿被包裹在襁褓之中，他就失去了练习举头、翻身的机会。研究表明，生活在孤儿院中的儿童，由于他们大多数时间躺在摇篮里，没有玩具，缺乏环境刺激和活动的机会，他们运动能力的发展就大大落后于在正常家庭中抚养的儿童，有的儿童到两岁才学会走路。

（三）学习与训练

学习和训练能有效促进儿童动作的发展。有研究显示，牙买加的母亲经常训练儿童做各种运动，他们认为这样可以帮助儿童长得更强壮、更健康和更可爱。此外，提早利用婴儿的游泳反射和行走反射对婴儿进行游泳和行走训练，已经证明这些训练的确能促进婴儿相关动作的发展。

本章小结

学前期是人一生中的重要时期，在这个时期中，不仅人的身体有明显的发展和变化，最早的心理特征也开始出现，这为我们以后研究幼儿心理和儿童心理提供了基础。本章从学前儿童的身体发育、大脑发育和动作发展三个方面阐述了学前儿童心理发展的生理基础。主要有以下要点。

1. 学前儿童的身体发育遵循头尾原则、近远原则、等级整合原则和系统独立性原则。

2. 学前儿童的身体发育有以下五个规律：身体发育是连续性和阶段性的统一，身体发育速度是波浪式的，身体发育是具有程序性的，身体各系统的发育是不均衡的但又是统一协调的，身体发育具有个体差异性。

3. 学前儿童的大脑具有可塑性和修复性，无论是脑结构还是脑机能都有很大的发展。

4. 学前儿童的动作发展包括大动作发展和精细动作发展，动作发展具有从整体到分化、从上部到下部、从大肌肉到小肌肉、从无意识到有意识的发展规律。

5. 学前儿童动作发展是心理发展的源泉、前提和外部表现，动作发展促进了空间认知和社会交往能力的发展。

思考与练习

1. 幼儿身体发育的基本规律有哪些？

2. 简述学前儿童的动作发展规律。

3. 结合实际，举例说明影响学前儿童动作发展的因素。

4. 结合实际，说一说学前儿童的生理发展对心理发展的意义。

专题探讨

儿童为什么喜欢“破坏”东西？

儿童搞“破坏”是让父母特别头疼的事情之一。如把图画书分家，把面巾纸解体，把妈妈心爱的口红擦断。虽然每个儿童所表现出来的“破坏”状况、程度都不相同，但每一次“破坏”行为的背后，一定都有一个“真相”。

他们喜欢撕纸张、喜欢擦口红，说明他们的手部精细动作——撕、擦的敏感期到来了。儿童的敏感期到来的时候，内心会涌动一股无法抑制的热情，这股热情会促使儿童在环境中找到可以操作的物件。儿童正是在反复探索中满足了小肌肉动作的发展和提高。作为成人，我们要在适当的时候创设适宜的环境促进儿童发展。

探讨：举例说明怎么创设适宜环境。

第三章

学前儿童感知觉的发展

学习目标

- 掌握感知觉的含义及其在学前儿童心理发展中的重要作用。
- 理解并掌握学前儿童感知觉发展的特点。
- 掌握并能运用学前儿童感知觉的培养策略。

学习重难点

- 重点：理解并掌握学前儿童感知觉的含义及其发展特点。
- 难点：掌握并能运用学前儿童感知觉的培养策略。

案例破冰

一次户外活动，我带着幼儿去观察后院的种植区。当我们来到种植区时，孩子们看到很多头上顶着圆球的蔬菜，小阳同学转过头来问我："老师，这是什么呀？"我没有立刻回答他，而是让他摸一摸是什么感觉，他摸了一下告诉我，上边的球球是硬硬的，下面的细条是软软的，而且很光滑。我问他："那现在能确定是什么了吗？"他说不能。我告诉他还可以再闻一闻，他闻了味道后立马高兴地告诉说："老师，是葱！"在这次户外活动中，当小阳同学有疑问时，我没有直接告诉他，而是给予适当的引导，让他通过感知觉加上已有的经验自己去探索。

这一案例反映了感知觉在实际生活中的应用，那么各年龄阶段学前儿童感知觉的发展有什么特点呢？让我们带着这个问题开始本章的学习。

第一节　感知觉概述

一、感知觉概述

(一)感觉的概述

感觉(sensation)是指人脑对直接作用于感觉器官的客观事物的个别属性的反映。客观事物具有许多个别属性,例如,苹果有红的颜色、圆的形状以及甜的味道。红、圆、甜这些都是苹果个别属性在人脑中反映的感觉。感觉包括外部感觉(主要包括视觉、听觉、味觉、嗅觉和肤觉)和内部感觉(主要包括运动觉、平衡觉和机体觉)。

(二)知觉的概述

知觉(perception)指人脑对直接作用于感觉器官的客观事物整体属性的反映,是对感觉信息的组织和解释过程。例如,我们感觉出一个事物红的颜色、圆的形状以及甜的味道等个别属性,经过头脑的加工整合我们认出"这是一个苹果"。知觉以感觉为基础,但不是个别感觉信息的简单总和,是按一定方式来整合个别的感觉信息,形成一定结构,并根据个体的经验来解释由感觉提供的信息[①]。知觉包括空间知觉、时间知觉和运动知觉等。

二、感觉的特性

(一)感受性和感觉阈限

感觉是由刺激物直接作用于某种感官引起的。但是,人的感官只对一定范围内的刺激做出反应。感觉系统对刺激物的感觉能力叫感受性(sensitivity)。感受性的大小可用感觉阈限的大小来度量。感觉阈限(sensory threshold)是刚刚能引起感觉的最小刺激量。每种感觉都有两种类型的感受性和感觉阈限:绝对感受性与绝对感觉阈限,差别感受性与差别感觉阈限。

①彭聃龄:《普通心理学》(第4版),北京师范大学出版社2012年版。

拓展阅读

费希纳与《心理物理学纲要》

费希纳(Fechner, 1801—1887),德国著名的物理学家、心理物理学的创始人。在哲学上,费希纳是一个唯心主义泛灵论者,他认为凡物都有灵魂,心和物是不可分的,心是主要的,物只是心的外观。他同意19世纪荷兰理性主义哲学家斯宾诺莎的身心合一双面论,相信身体和心理是一体之两面,并采用科学方法加以证明,因此他进行了心理物理学研究,企图用实验的方法确定物理刺激变化和感觉变化之间的关系,最后于1860年出版了《心理物理学纲要》,该书标志着心理物理学的诞生,被誉为心理学脱离哲学而成为科学的里程碑。

心理学史家D.舒尔茨写道:"1850年10月22日早晨,心理学史上一个重要日子,费希纳忽然领悟到身心之间的联系法则可以用物理刺激与心理感觉之间的数量关系来说明。"

注:孟庆茂、常建华.实验心理学.北京师范大学出版社2004年版

1.绝对感受性与绝对感觉阈限

刺激只有达到一定强度才能引起人的感觉,我们把刚刚能够引起感觉的最小刺激量称为绝对感觉阈限(absolute sensory threshold),刚刚能够觉察出最小刺激量的能力称为绝对感受性(absolute sensitivity)。绝对感觉阈限不是一个单一的数值,而是统计学上的概念。心理学上把有50%的次数被觉察到的刺激值定为绝对感觉阈限。绝对感受性可以用绝对感觉阈限来衡量,绝对感觉阈限越大,即引起感觉所需要的刺激量越大,感受性就越小。反之,绝对感觉阈限越小,即引起感觉所需要的刺激量越小,感受性就越大。所以,绝对感受性与绝对感觉阈限在数值上成反比,即E=1/R(E代表绝对感受性,R代表绝对感觉阈限)。

2.差别感受性与差别感觉阈限

在刺激物能引起感觉的基础上变化刺激,使刺激增加或减少到能引起一个差别感觉的数量,我们把刚刚能够引起差别感觉的刺激物的最小差异量叫作差别感觉阈限(difference threshold)或最小可觉差(just noticeable difference)。能够觉察到这一最小差异量的感觉能力叫差别感受性。差别感觉阈限和差别感受性在数值上也是成反比的关系。

(二)感觉适应

在生活中,感觉适应是普遍存在的,"久入芝兰之室而不闻其香;久入鲍鱼之肆而

不闻其臭”就是典型的感觉适应现象。由于相同的刺激持续地作用于某一特定感受器而使感受性发生变化的现象叫感觉适应(sensory adaptation)。

适应可以引起感受性的提高,也可以引起感受性的降低,不同感觉适应的表现方式和速度并不相同,例如,视觉适应中的明适应和暗适应。黑暗的室内突然开灯,刚开始会感觉刺眼炫目,什么也看不清楚,几秒之后,便可看清楚室内的人或物,这种现象叫明适应。反之由亮处到黑暗中,开始什么也看不清,过一段时间才能逐渐分辨身边的物体,这是暗适应过程。研究发现,味觉适应较慢,例如,我们需要长时间接受辣味的刺激,才会对辣味的感受性降低,到后来吃辣的食物才会感到不是很辣。此外,实验表明,只要经过三秒,触压觉的感受性就下降到原始值的25%左右,例如,戴着帽子找帽子。感觉适应能力是机体在长期进化过程中形成的,它有助于我们调整自己的行为,适应外界环境的变化。

(三)感觉对比

不同的刺激物作用于同一感受器而使感受性发生变化的现象称为感觉对比(sensory contrast)。感觉的对比分为两类:同时对比和继时对比。不同的刺激物同时作用于同一感受器时产生同时对比(simultaneous contrast)。如两个同样的灰色图形,放在白色的背景上的图形看起来比放在黑色的背景上显得暗。不同刺激物先后作用于同一感受器时产生继时对比(successive contrast)。如只吃苹果时觉得苹果很甜,但吃完糖再吃苹果,苹果就没有那么甜甚至会觉得酸。

(四)感觉后效

刺激对感受器的作用停止以后,感觉现象并不会立刻消失,仍能保留短暂的时间。这种在刺激作用停止以后暂时保留的感觉现象叫感觉后效(sensory aftereffect)。感觉后效在视觉中表现明显,称作后像(after-image)。后像分为两种:正后像和负后像,后像的品质与刺激物相同叫正后像;后像的品质与刺激物相反叫负后像。例如,看到的灯光是亮的,灯灭以后留下视觉形象还是亮的灯,这种后像叫正后像;如果看到灯灭了,眼睛里却留下了一个黑色灯泡的形象,后像的性质与刺激物的性质相反,这种后像叫负后像。

(五)联觉

联觉(Synesthesia)是指一种感官受到刺激后引起另一种感官知觉,而多种感官之间又形成相互作用的心理现象。真正的联觉被认为是先天并且无意识的,不受自身的主观控制,一般表现为一种感官刺激会引起另一种感知。例如,“字位—颜色”联觉，拥有此种联觉的人会在看到数字或字母时产生颜色的感知；“听觉—空间”联觉者会在听到某种声音时产生身体上的触感；还有“声色”联觉、“色味”联觉等[①]。由此可见，对某种刺激的感受性不仅取决于对该感受器的直接刺激，而且还取决于同时受刺激的其他感受器的机能状态。这种不同感觉相互作用的一般规律是较弱刺激能提高另一种感觉的感受性，而较强刺激则使这种感受性降低。

三、知觉的特性

（一）知觉的对象性

人们在认识客观事物时，习惯选择把少数事物当作知觉的对象，把其他事物当作知觉的背景。知觉的这种特性称为知觉的对象性。把知觉对象从背景中区分出来有两个条件，一是对象与背景之间的差别。对象与背景之间的差别越大，对象从背景中区分出来就越容易，反之则越困难。二是注意的选择作用。当注意指向某个事物时，该事物便成为知觉的对象，而其他事物则成为知觉的背景。当注意从一个对象转向另一个对象时，原来的知觉对象就成为背景，知觉对象便发生了新的变化。因此，知觉的对象与背景存在互相依存、互相转化、互相制约的关系。例如，当我们的注意从教师的板书转移到笔记本时，笔记本就成了知觉的对象，而黑板上的文字则是知觉的背景。在苏州园林中，植物学家的知觉对象是各种植物，而建筑则是植物的背景；对于建筑学家，各式的建筑是知觉对象，植物则是建筑物的背景。这些都说明知觉对象受背景的影响与制约。知觉对象和背景的互相转换在两歧图形中表现得更为明显。

（二）知觉的整体性

在知觉过程中，我们并不会把知觉对象不同的属性感知为个别孤立的部分，而是把它们知觉为一个有组织的整体。知觉的这种特性称为知觉的整体性或知觉的组织性。研究者们总结出以下知觉的组织原则。

（1）邻近原则：在时间上或空间上接近的部分容易被知觉为一个整体。

（2）相似性原则：其他条件相同的情况下，相似的部分更容易被知觉为一个整体。

（3）好图形原则：视野中简单的、规则的、对称的部分容易被知觉为一个整体。

（4）连续性原则：具有良好连续的刺激物更容易被知觉为一个整体。

（5）闭合原则：我们会倾向于把每个圆圈上的缺口“补”上，使图形成为一个完整的形状。

（6）共同命运原则：向着相同方向变化的部分容易被看成是一个整体。

①李一城、吴文佳、江牧：《全适性设计中的通感与联觉》，载《包装工程》2018年第6期。

(7)定式原则:定式是心理活动的准备状态,先前知觉的组织形式会对紧接着的知觉产生相同的影响。

(8)经验原则:过去经验也是影响知觉整体化的重要因素。

(三)知觉的理解性

人们在知觉过程中会根据自己过去的经验对知觉对象加以解释,使其具有一定的意义,知觉的这种特性称为知觉的理解性。知觉的理解性有助于我们从背景中区分出知觉对象,形成知觉的整体性,便于快速地解释和理解。在言语知觉中,知觉的理解性是很明显的。R.M. Warren和R. P. Warren(1970)向被试呈现下列句子。

It was found that the*eel was on the axle. (* eel 被听成 wheel)

It was found that the*eel was on the shoe. (* eel 被听成 heel)

It was found that the*eel was on the orange. (* eel 被听成 peel)

It was found that the*eel was on the table. (* eel 被听成 meal)

在每个句子中,“*”都表示一个音素被非言语的声音所代替。结果发现,上述4个句子关键词都是相同的,但被试根据上下文理解却分别听到wheel(车轮),heel(脚后跟),peel(果皮)和meal(膳食)。被试对“*词”的识别通常不是立即完成的,而是根据对随后各个词的知觉而实现的。可见,知觉过程是无休止地在我们真正知觉到的与我们想要知觉到的差异之间做修正的过程[①]。

(四)知觉的恒常性

当知觉对象的物理特性在一定范围内发生变化的时候,知觉形象并不会因此发生相应的变化,而是在相当程度上保持稳定,知觉的这种特性被称为知觉的恒常性。知觉的恒常性现象在视知觉中表现得很普遍,主要有大小恒常性、形状恒常性、明度恒常性、颜色恒常性等。比如,我们无论从哪个方向看门,都知道门是长方形的,这就是形状知觉的恒常性。知觉的恒常性是过去经验作用的结果。当然,知觉恒常性也受到各种因素的影响,其中视觉线索起着重要的作用(如周围环境中的参照物、方位、照明条件等信息)。如果消除环境中的视觉线索,恒常性就会受到破坏。

①黄希庭、郑涌:《心理学导论》(第三版),人民教育出版社2015年版。

第二节 学前儿童感觉的发生与发展

一、视觉的发展

妊娠第7周眼睛形成，第10周出现视神经，第12周出现眼睑，大约从25周起胎儿的视网膜发育完全，第28周眼睑打开。胎儿在四个月时对光线十分敏感，并且可感受到光的刺激，如果一束强光照在母亲腹部时，睁开眼睛的胎儿就会转脸避开光线，胎心率也会随着光照而发生变化。研究发现，新生儿出生几小时就会注视母亲的面庞。但由于刚出生的婴儿晶状体的变形能力还没有发展以及大脑的视觉构造还有待完善，新生儿的眼睛聚焦能力以及他们的眼睛视敏度是极低的，即使父母的脸很靠近，在新生儿的眼中父母的脸部也是极其模糊不清的。尽管视线模糊不清，但新生儿也会积极感知外界，他们会通过扫视和追踪移动物体的方法了解周围环境。如果在新生儿头上部的位置放置一个红球做垂直方向的移动，新生儿就会观察到，并会用眼睛追随红球，但由于视觉系统并不完善，他们最初的眼睛运动缓慢且不准确，随着视线更加清晰，他们对外界的感知能力越来越强，而感知觉的发展也强化了婴儿的视觉能力。研究发现，对光的视觉集中是新生儿视觉反应的明显表现，也是视觉发展的前提。日常生活中，父母可以观察新生儿有无视觉探索的现象，或是否能够用眼睛追随移动的物体来判断其视觉发育是否正常。

婴儿的视力在出生后发展极其迅速，大约6个月到1岁期间便能达到正常人的视力范围。研究表明，2—4个月的婴儿颜色视觉已经发展得较好，不但能够根据明度辨别颜色，而且能够根据色调辨别颜色。4个月的婴儿已经出现“视觉偏好”现象，他们更倾向于喜欢带颜色的物体，或者明亮鲜艳的颜色，不喜欢看暗淡的颜色。4个月时，颜色视觉的基本功能已接近成人。幼儿在3岁时能认清基本颜色，但不能很好地区别各种颜色的色调，如蓝和天蓝、红和粉红等。区别各种色调细微差别的能力4岁时才逐渐发展起来，主要依靠生活经验和教育来提升其颜色辨别能力。

二、听觉的发展

心理学研究发现，孕期3—4个月的时候胎儿的听觉系统已经建立，研究者认为胎儿已经能够听到母体内的声音，比如，母体心脏跳动的声音、有节奏的呼吸声等。胎儿的听觉感受器在6个月就已经基本发育成熟，6个月以上的胎儿对诸如汽车喇叭之类的大声响会做出翻身、踢腿等动作反应。到28周，胎儿的听觉已经发育得很好，对于声音的刺激会有喜欢或讨厌的反应，其中胎儿最喜欢、最熟悉的声音是母亲的心跳。如果把母亲心跳的声音录下来，经过扩大，当新生儿烦躁不安或大哭时播放给他听，新生儿很快就会安静下来。孕期8个月的时候，胎儿能听出音调的强弱高低，能够分辨出父母的声音。新生儿从一出生即有声音的定向力。刚出生三天的婴儿，就会将眼睛和头部转向发出较大声音的大致方向，对声音的反应也为新生儿探索周围的环境提供了支持。幼儿的听觉敏感性随年龄的增长而不断提高，12—13岁之前儿童的听觉敏感性是一直在增长的。成年以后，听力逐渐降低，一般年老时，高频声音的听觉能力会逐渐丧失。

婴幼儿听觉存在显著的个体差异，个体差异有随着年龄增长而减小的趋势，但经过训练可以有效提高听力。家长或教师应有意识地通过音乐和语言来培养孩子的听觉能力，也可以设计一些游戏训练婴幼儿的听觉能力。

三、触觉的发展

触觉是婴儿探索外界的重要基础，对于婴儿的情感发展和身体发展有着至关重要的作用。研究发现温柔的触摸和拥抱不仅会促进婴儿大脑释放一种化学止痛物质，而且可以促进婴儿对周围环境的积极探索①。触觉是儿童早期认知发展的关键途径。对于新生儿和婴儿，口腔是主要的触觉器官，口腔探索是认识事物的重要手段，之后手成了主要的触觉器官。孩子在学会用手探索这个世界之前，口腔在一定时期内扮演着主要的探索工具。婴儿在半岁以前，探索性的嘴咬现象特别频繁，他们经常把拿在手里的东西放进嘴里，以此认识物体，获得心理的满足。3个月的婴儿在吸吮时，对熟悉的物体吸吮的速度逐渐降低，出现“习惯化”的现象，可是换了新的食物后，他的吸吮频率马上发生变化，出现“去习惯化”的现象。这种事实表明，婴儿已经有了口腔触觉的探索活动，且口腔触觉有了辨别力。随着年龄的增长，婴儿手的触觉探索活动开始发展起来，口腔的触觉探索逐渐退居次要地位，但是，在相当长的时间内，幼儿口腔触觉探索对于手的探索活动仍然具有重要的辅助作用。手是幼儿通过触觉探索外界的主要途径。婴儿刚出生时，有本能的抓握反射，表明刚出生的婴儿已经有了触觉的存在。

①[美]劳拉·E.贝克:《儿童发展》，邵文实译，江苏教育出版社2014年版。

之后先天的抓握反射随着儿童的生长发育会逐渐消失，接下来会出现手的无意识性抚摸，这是一种无意识的触觉活动，也是一种早期的触觉探索。4—5个月时，眼手协调动作的出现是幼儿认知发展的重要里程碑，也是手的真正触觉探索的开始。当幼儿学会了眼手协调之后，他逐渐会用手去抓握、摆弄物体，把东西握在手里摇动、挤弄或者把它丢开。对于3岁以后的幼儿，手的探索依然是他们认识世界的一种主要方式，伴随手的操作，幼儿能够对事物进行思考和判断。在幼儿期，手眼协调和小肌肉的控制也在迅速改善中，这使得他们越来越熟练地使用双手，可以说幼儿期的后半段是手掌、手指和末端细致部分开始发展的时期[①]。婴幼儿手部动作的发展大致经历了四个阶段，分别是本能抓握、手眼协调、动作逐渐灵活和精细动作的发展。我们知道手指运动对日后在日常生活中自理能力的发展影响深远，这集中体现在穿衣行为和饮食活动等方面。生活中应主动引导幼儿进行手部的操作活动，也可以通过设计游戏来促进幼儿手的触觉发展。

① 王艳玲、裴元庆、毛志新：《学前心理学》，北京师范大学出版社2017年版。

第三节 学前儿童知觉的发生与发展

一、空间知觉

(一)形状知觉

形状知觉是人们对物体形状特性的认识,包括物体的轮廓和各部位的组合关系。形状知觉是人类和动物共同具有的知觉能力,它是视觉、触觉、动觉协同活动的结果。许多研究证明,人出生不久就能知觉到物体的形状,很小的孩子就已经能分辨不同的形状。罗伯特·范兹(Robert Fantz,1963)在婴儿形状知觉和视觉偏好方面设计了许多经典实验。他专门设计了“注视箱”,让婴儿躺在小床上,眼睛可以看到挂在头顶上方的物体。观察者通过小屋顶部的窥测孔,记录婴儿注视不同物体所花的时间。该实验假定,看相同的两个物体要花同样长的时间,看不同的物体所花的时间就不同。范兹(1963)曾以8周的婴儿为实验对象,比较他们注视三角形和靶心图所用的时间。他发现婴儿对两个三角形注视的时间相同,而对三角形和靶心图注视的时间不同。说明婴儿能区别两种不同的形状。范兹还发现,4—6个月的婴儿注视复杂图形(如人脸)的时间比注视简单图形或不规则图形的时间要长。格林堡(Greenberg)也曾做过类似的实验,以6—11周的婴儿为对象,给婴儿出示三类图(圆点图、方格图和线条图),且复杂程度都不同,结果发现不同年龄的儿童对复杂程度不同的图形,注视的时间也不同。年龄小的儿童倾向于注视中等复杂程度的图形,而年龄大的儿童则倾向于注视比较复杂的图形[①]。

(二)大小知觉

大小知觉是大脑对物体的长度、面积、体积在量方面变化的反映。它是靠视觉、触摸觉和动觉的协同活动实现的,其中视知觉起主导作用。大小知觉在婴儿出生一周之后,就已经开始出现了。大小恒常性是指在一定范围内,个体对物体大小的知觉不完全随距离变化而变化,也不随视网膜上视像大小的变化,其知觉映象仍按实际大小知

① 王艳玲、裴元庆、毛志新:《学前心理学》,北京师范大学出版社2017年版。

觉的特征。研究者提出,知觉大小恒常性可能是与生俱来的。研究人员让婴儿对一个离眼睛距离不断变化的小立方体习惯化,然后让小立方体与一个新的大立方体一起呈现,但出现的距离不同,以便它们投射到视网膜上的大小是相同的,结果发现多名参与实验的婴儿都会更长时间地注视新的大立方体,说明他们已经具有了大小恒常性的知觉。此外,幼儿对图形大小判断的正确性会受到图形本身的形状的影响,对于圆形、正方形和等边三角形的大小,幼儿比较容易判断,但对于椭圆、菱形等形状的大小判断有些困难。

(三)深度知觉

深度知觉(depth perception)是判断物体与物体,或物体与我们之间距离的能力。吉布森(Gibson)和沃克(Walk)于1961年设计的“视崖”实验是研究幼儿深度知觉的经典实验。“视崖”是一种测查儿童深度知觉的有效装置。视崖装置如下:透明的玻璃的一半覆盖在桌子上,另一半延伸到外面可以直接看到地面,桌面(浅滩)是用红白格图案组成的结实桌面,另一半(深渊)虽然是地板,但是是同样的图案。在浅滩和深渊的中间是一块0.3米宽的中间板。实验时,每个孩子都被放在视崖的中间板上,先让母亲在深渊的一侧呼唤自己的孩子,然后再在浅滩的一侧呼唤自己的孩子,结果发现大多数儿童只爬到浅滩,而对深渊的一侧流露出恐惧。该实验说明儿童具有深度知觉。深度知觉的发展受经验的影响比较大,婴幼儿的深度知觉随着经验的丰富逐渐发展。研究者提出,爬行经验和独立运动对于幼儿深度知觉的发展有着重要意义,幼儿会通过运动积累经验,于是逐渐在爬行和运动中学会变换姿势和状态来避免危险,在此过程中逐渐获得深度知觉。

(四)方位知觉

方位知觉是人们对自身或客体在空间的方向和位置关系的知觉。婴幼儿方位知觉的发展主要表现在对上下、前后、左右方位的辨识。H.H.Clark(1973)认为,由于重力和生物结构的影响,人类逐渐形成了“上下”“左右”“前后”等空间概念。邱斌(2008)提出上下、前后、左右、内外、东南西北是汉语的主要方位词。在幼儿时期,帮助孩子认识理解空间关系,以及引导孩子合理掌握空间方位词语,有助于促进孩子空间认知的更好发展。张仁俊等人的研究发现,两岁的孩子已经可以理解“上、下、里”等简单的空间关系词汇;4岁左右的儿童已基本掌握了“上、下、里”等空间关系;幼儿在5岁左右,已经可以顺利地明白“中、外、前、后”等空间方位;6岁的儿童对于“左、右”等方位词开始逐渐地建构认知图式。王向荣(2000)调查了安徽省一所幼儿园0—5岁儿童不同年龄组对空间方位词的习得情况。研究发现,1.8岁的儿童在说话的时候,开始出现了方位词“上”;当孩子两岁以后,儿童能够迅速掌握表示上方概念的空间词汇,而且在交流的过程中使用频率越来越高;3岁以后,幼儿开始用“上”作修饰语;4岁半左右,幼儿就已经开始用“上”这个方位词,表达某种时间或者顺序上的含义。

二、时间知觉

时间知觉是个体对客观现象延续性和顺序性的感知。由于时间的抽象性,人们需要借助中介来知觉时间的变化,人们可以通过自然现象的变化如日出日落、潮汐变化、季节变化等来感知时间,或者根据自身的生理变化来感知时间,也可以借助钟表等来判断时间。但对于儿童而言,感知到时间的变化要经历比较长的时间。幼儿时间知觉的发展水平比较低,幼儿初期儿童已经初步具备一些时间概念,但是这些抽象概念往往与他们具体的生活活动相联系,如“早晨”,是指每天起床的时候,“下午”是指家人接自己回家的时候。他们对于一些相对性的时间概念,如“昨天”“今天”和“明天”,难以正确掌握。幼儿中期儿童可以辨别“昨天”“今天”和“明天”等时间概念,但对较远的时间,如“前天”“后天”还不能了解。幼儿晚期儿童能够辨别“昨天”“今天”和“明天”等时间观念,并对较远的时间也开始了解,但对更短或更远的时间观念仍难以分清,随着年龄的增长,幼儿的时间知觉渐趋正确。

第四节 学前儿童感知觉能力的培养

一、学前儿童感知觉能力的培养

感知觉在儿童认知活动中占据着重要的特殊地位，它是儿童认识客观世界的第一步，是了解世界一切知识的最初源泉。如我们所见，在儿童认识周边环境时，除了用眼睛看、用耳朵听，在幼儿中还会更多地出现用手触摸、用鼻子闻，甚至用舌头品尝等感知觉行为。也就是说，这些源于外界环境的直接刺激带给了儿童对客观世界的初次体验和感受，它是儿童进入知识宝库的第一道“大门”。外界多样的刺激可以带给儿童丰富的感知体验，感知觉程度越完整、准确，儿童所获得的信息量就越多[①]。

丰富的环境刺激和及时回应儿童的互动，对于促进儿童早期感知觉的发展十分重要。在儿童感知觉发展的关键期，缺乏丰富刺激的儿童，其生理和心理发展可能会低于正常水平。例如，早期多变的视觉经验会促进大脑视觉中枢的发展。研究发现，刚刚出生就生长在丰富刺激环境中的动物，比那些被孤立在单一环境中的个体的大脑要更大。可见，给予儿童温暖的、丰富刺激的看护环境，可以促进他们感知觉的发展，从而影响他们大脑的发育。感知觉能力的提高可以通过活动来培养，父母和教师应该在日常活动中主动引导儿童说出自己的感受，帮助他们正确表达这种体验。教师可以给儿童布置一些课外的感觉活动作业，让他们认识到自己在感觉中具有主动性。父母也要在日常生活中善于启发儿童思考、记忆他们的感受，帮助儿童形成感觉联系。但需要注意的是，对于孩子的培养与引导不能过度，过度的或者超出婴幼儿接受能力范围的刺激，会造成与刺激剥夺一样的结果。

二、学前儿童观察能力的培养

观察，是有目的、有计划的知觉活动，是知觉的一种高级形式，同时也是儿童智力活动的基础、完成学习任务的必备能力。观察除了运用眼、耳、鼻、舌、手等感官外，还包含着积极的思维活动，是有思维参加的高级的知觉过程。

---

①杨玲、董璟：《基于感知觉理论的儿童活动场地铺装设计探讨》，载《装饰》2013年第11期。

(一)培养观察兴趣

生活是丰富多彩的,我们生活的世界每时每刻都在发生变化,吸引着幼儿的眼球。教师要善于观察幼儿,及时发现幼儿感兴趣的事物,抓住时机引导幼儿主动观察并尝试表达观察的结果。久而久之,幼儿的观察、思维、语言、表达等各种能力就会得到发展与提高。幼儿对动态、色彩鲜艳、新颖、有声音的物体比较感兴趣,教师可以根据幼儿的兴趣点,布置幼儿园的区角以供幼儿观察。也可以在科学区提供一些生活中常用但幼儿比较少关注的物体,如用新的塑料管折出许多有趣的动物、植物造型,以引起幼儿的观察兴趣。兴趣是最好的老师。儿童一旦对一件事物产生了兴趣,就会主动地投入注意力观察研究。因此培养幼儿的观察能力,要从培养他们的观察兴趣入手。父母和教师要善于发现孩子的兴趣点,提供孩子丰富的环境刺激,让孩子多去尝试不同类型的活动,引导他们参与观察,不断提升他们的观察意识。

(二)提高观察质量

加强示范,引导幼儿掌握观察方法是提高幼儿观察质量的有效方法。教师要结合具体的观察对象,教给幼儿不同观察方法的要领。在教观察方法方面,教师要分阶段、分层次、有重点地对各种观察法进行示范和引导:针对3—4岁幼儿,侧重自然观察法和重点观察法;针对4—5岁幼儿,侧重直接观察法、长期观察法和全面观察法;针对5—6岁幼儿,侧重定期观察法和间接观察法。其次,教师还可以通过给孩子布置明确的观察任务的方式,让孩子知道要观察什么,知道观察的目的和任务,让孩子的观察更有选择性和针对性①。最后,家长和老师在儿童的日常活动中,要善于引导儿童去发现事物之间的异同和特点,让观察方式更有逻辑和规律,这样可以促进儿童自己去发现知识,而且也可以使他们的知识掌握得更牢固。

(三)引导儿童思考

爱因斯坦曾说过:“学会独立思考和独立判断比获得知识更重要。”据此应在儿童有了观察意识和观察策略之后,还要让儿童明白思考的重要性,并积极鼓励他们在经过观察之后进行思考。当孩子没有思考习惯时,我们要主动向他们提出问题,引起思考。当孩子观察后提出问题时,我们要耐心认真地与孩子互动。通过这种锻炼方式,不仅能提高儿童的观察能力,而且对于儿童掌握科学文化知识和提升思维能力都有着重要作用。我们要根据幼儿观察能力的这些特点和发展趋势,耐心细致地加以正确引

---

①卢素玉:《儿童观察力培养缺失现象分析与应对策略》,载《教育评论》2015年第1期。

导，使他们在不断学习和成长过程中提高对事物观察的能力，同时锻炼他们分析问题和解决问题的能力，促进儿童观察能力的提升，为儿童学好科学文化知识奠定基础。

本章小结

本章主要讨论了学前儿童感知觉发展的相关问题。重点讲述了与学前儿童感知觉教育相关的关键概念、重要理论和基本观点。核心内容总结如下。

1.知觉整体性是知觉的重要特征，现有研究总结出知觉整体性的组织原则主要有：邻近原则、相似性原则、好图形原则、连续性原则、闭合原则、共同命运原则、定式原则和经验原则。

2.学前儿童感觉的发展主要包括视觉的发展、听觉的发展和触觉的发展。知觉的发展主要包括空间知觉和时间知觉。

3.观察作为感知觉水平的最高级，其能力的培养重点在于：首先培养观察兴趣，其次提高观察质量，最后引导儿童思考。

思考与实训

1.结合篇首案例中的实际问题，运用本章的所学知识，尝试回答学前儿童感知觉的发展规律及表现。

2.如何根据学前儿童感知觉的发展规律组织教学活动？

3.联系实际，设计一个培养学前儿童感知觉的方案。

专题探讨

当今父母对孩子教育不仅仅是从零开始，而是从“负”开始。在肚子里，还没有年龄的小胎儿就开始接受胎教，甚至还有专门的胎教机构。出生之后，又开始面临各种各样的早教机构的选择。部分家长认为，早教机构通过各种游戏的方式能够使幼儿的身体大动作、精细动作及视听触味嗅等各种感觉获得更好的发展，为幼儿进一步探索、认知、社会性发展、适应性生活打好基础。还有相当一部分家长认为中国新生的早教行业目前普遍存在缺乏管理规范、教学水平参差不齐、收费标准千差万别、培训人员鱼龙混杂的情况，不愿意送自己的孩子进入早教机构。

面对令人眼花缭乱的早教课程，家长们也是愁肠百结。不让孩子参加早教培训，怕孩子“输在起跑线上”；让孩子去参加早教培训机构，又怕早教机构名不符实，拔苗助长，反倒影响了孩子的成长。

探讨：你如何看待这种现象？请谈谈你的看法？

第四章
学前儿童注意的发展

学习目标

- 掌握学前儿童注意发展的基本特点。
- 理解并掌握学前儿童注意能力培养的方法。
- 结合实际情况分析学前儿童活动中的注意行为以及促进学前儿童注意发展的策略。

学习重难点

- 重点:掌握学前儿童注意发展的基本特点以及学前儿童注意能力培养的方法。
- 难点:结合实际情况分析学前儿童活动中的注意行为以及促进学前儿童注意发展的策略。

案例破冰

今天是周一,小二班的很多幼儿入园以后都无精打采。第一节是数学课,为了增加活动的生动性,让幼儿易于理解,孙老师准备了很多五颜六色的木块,摆在了桌子上。玩具一放在桌子上,原本安静的课堂立马开始有了骚动,乐乐高兴地喊道:“孙老师,我也有这个木块,每天晚上我都会用它搭房子,那房子可高了。”于是幼儿们开始热烈地讨论搭房子的事情。孙老师见状,马上开始维持活动纪律,好不容易孩子们安静下来了,孙老师继续组织活动。活动拓展环节,孙老师让幼儿自己操作教具练习刚才学习的内容,这下可乱了套,有的孩子拿着木块互相打闹,有的孩子直接拿积木玩起了搭房子,孙老师开始制止孩子们的行为,可是他们根本不理会,孙老师很生气也很困惑:周一的活动怎么组织起来这么困难？孩子们为什么总是分心呢？怎么样才能吸引孩子的注意力？

什么是注意？学前儿童注意有哪些特点，学前儿童的注意受哪些因素的干扰？这些问题就是本章的主要学习内容。

第一节 注意概述

一、注意的概念

注意往往是和视觉联系在一起的，称为视觉注意。在儿童成长的过程中，注意品质随着生理的成熟而有所发展，不仅体现在注意时间量上的增加，也体现在注意活动效率上的提高[①]。

(一)注意的基本特征

注意是心理活动对一定对象的指向和集中，注意的指向性和集中性是心理活动质量的保证。

注意的指向性是指人在清醒的每一瞬间，心理活动都指向某个对象，而离开其他对象。

注意的集中性是指心理活动在指向某事物的同时，就会对这个事物全神贯注，把精神都集中到这个事物上，使人的活动得以进行下去并使活动得以完成。

(二)注意与心理过程

注意不是一种独立的心理过程，它总是与人的其他心理活动相伴随而进行的。注意像是一道“阀门”，吸收适当刺激，排除无关刺激进入感觉通道。总之，注意作为一种心理状态和功能，是感知觉、记忆、思维等心理过程和学习活动不可缺少的心理状态。除了先天条件反射外，儿童的任何感觉都是由注意所引发的。

二、注意的外部表现

人在集中注意于某个对象时，常常伴随有特定的生理变化和外部表现。注意最显著的外部表现有以下三种。

(一)适应性运动

幼儿在集中注意力的时候，感觉器官指向刺激物，如“侧耳倾听”“屏息凝视”等。

①王双宏、黄胜:《学前儿童发展心理学》，西南交通大学出版社2018年版。

（二）无关运动的停止

幼儿在听老师讲引人入胜的故事时，会一动不动。甚至本来站着的幼儿会一直站着听老师讲故事。

（三）呼吸运动的变化

集中注意力的时候，呼吸轻微缓慢，一般吸短呼长。高度集中注意力的时候，会“大气不敢出”，“屏息凝气”。此外，很多孩子在注意力集中的时候，面部表情紧张，如锁眉咬牙；另外还可能出现心跳加速、四肢紧张、双拳紧握等情况①。

三、注意的分类

根据有无目的和是否需要意志努力，注意可以分为：不随意注意、随意注意和随意后注意。

（一）不随意注意（无意注意）

不随意注意指事先没有目的，也不需要意志努力的注意，是注意的一种初级表现形式，也称为无意注意。例如，幼儿正在专心致志地听老师讲故事，突然“哗啦”一声，风把教室的门吹开了。这时，包括教师在内，大家都会不由自主地循声望去。这种注意就是无意注意。无意注意是被动的，是对环境变化的应答性反应。

引起无意注意的原因可以分为两类。

1. 刺激物的物理特性（客观因素）

刺激物本身的特点及刺激物的强度、刺激物之间的对比关系、刺激物的活动和变化、刺激物的新异性等都能产生无意注意。

2. 个体本身的状态（主观因素）

凡是符合人的需要、兴趣，或与个人的知识经验密切相连，能激起人的某种情感的事物都容易引起人的无意注意。无意注意和人的身心状态有关。人在心境良好、精力旺盛时容易产生注意。

（二）随意注意（有意注意）

随意注意指的是有预定目的，需要一定意志努力的注意，是注意的一种积极、主动的形式，也称为有意注意。例如，一个幼儿正在绘画，听到别人说去玩游戏时，仍能不

---

①刘吉祥、刘慕霞：《学前儿童发展心理学》（第四版），湖南大学出版社2016年版。

受干扰并坚持把画画完，这就是有意注意。有意注意是积极、主动的，与无意注意有着质的不同。

引起和保持有意注意的条件主要有以下几个。

1.对活动目的和任务的理解

有意注意是有预定目的的注意，因而对于活动的目的、任务的重大意义认识得越清楚，理解得越深刻，完成任务的愿望就越强烈，与完成任务有关的一切事物也就越能引起人们的注意。

2.对活动的间接兴趣

直接兴趣是对活动本身产生的兴趣，是引起无意注意的主要原因；而间接兴趣是对活动的目的与结构所产生的兴趣，是保持有意注意的重要支柱，间接兴趣越强烈越稳定，有意注意就越集中越持久。

3.合理的组织

有些智力活动是需要动手操作的，如果缺少实际操作的配合，集中注意就会变得比较困难，把智力活动与实际活动密切地结合起来，将有助于维持幼儿持久的注意。

4.意志努力

人们在有意注意时，可能会遇到一些外界刺激的干扰和人的主观状态的干扰，要克服干扰，除了需要预先采取措施，去除一切可能妨碍工作和学习的因素，创造良好的工作和学习条件外，还要以坚强的意志同干扰做斗争。

（三）随意后注意

随意后注意是有预定目的，几乎不需要意志努力的注意，它是在有意注意的基础上产生的，兼有无意注意和有意注意的优点，既有自觉目的又不太需要意志努力，因此它是一种更为高级的注意形态。它产生与形成的根本条件在于熟练。

研究表明，在众多的实践项目中，以上三种注意紧密联系，协同合作。任何活动都不可能单纯依赖一种注意形式来完成。我们一方面要利用刺激物新颖、多变、刺激性强烈等特点来引起幼儿的无意注意；另一方面还要激发幼儿的有意注意，因为单纯依靠无意注意不能使活动持久深入地进行，也不利于幼儿良好意志品质的培养。长时间单纯依靠有意注意，幼儿会产生精神上的紧张和疲劳，如果给他们的任务单调枯燥，更难保持长时间的注意，所以在活动中应是两种注意交替运用，相互转换，使幼儿既能积极主动地进行活动，又不致引起精神紧张和疲劳。

教师应根据幼儿的年龄特点安排教学和游戏活动，在活动中教师要正确运用语调的抑扬顿挫、语气的停顿、姿态表情的变化，适当运用直观教具，演示操作表演活动，引起和保持幼儿的无意注意。教师还要用简明易懂的语言使幼儿明确活动的任务、目的，了解活动可以得到的结果，并且随时激励他们专心于当前所从事的活动，引起和保持幼儿的有意注意，从而增强活动的效果。

第二节　注意的发展特点

一、新生儿注意的发展

（一）原始的注意行为

新生儿有一种无条件反射，这种无条件定向反射可以说是最原始的初级的注意，即定向性注意。

（二）新生儿的选择性注意

新生儿对外界事物已有选择性注意，且其选择性带有规律性倾向，这些倾向主要表现在视觉方面，也称为视觉偏好。

二、婴儿注意的发展

婴儿一出生就有注意，即先天的无条件定向反射，是无意注意的最初形态。物体的运动、声音的大小、节奏和声调的变化，都会吸引和维持新生儿的注意。婴儿期无意注意占注意的主导地位，有意注意才刚刚萌芽。1—3岁幼儿注意的发展表现出以下特征。

（一）注意的发展与"客体恒常性"

皮亚杰（Jean Piaget，1896—1980）的"客体恒常性"概念指的是，当物体不在我们的视线感知范围内，我们也能够认识到它是客观存在的。根据皮亚杰的说法，"客体恒常性"是随着儿童的智力发展逐渐形成并在后天的生活学习中逐步确定的[①]。皮亚杰的认知发展阶段理论，将儿童从出生到1岁半的注意发展，分为以下六个阶段。

第一阶段（0—2个月）：儿童能看见一个客体，但是当客体移出他的视野时他不去追踪。

第二阶段（2—4个月）：客体移动时，儿童能够跟踪，甚至客体到了屏幕后面时，他也继续追踪，他会把视线移向屏幕边缘，预期在那里可以看到客体出现。如果客体恢

①张德芬、林泳海：《对皮亚杰客体永久性的探讨》，载《心理学探新》1988年第4期。

复原状，他会认为是另外的客体。如果客体向反方向移动，他不会辨认客体，因此，他把一个先前在移动，后来又停止的客体，看成是两个不同的客体跟踪它，而继续看着右边，希望当它在通常的位置停止时能够抓住它。即使客体处于他的左边而不是右边，他也熟视无睹。

第三阶段（4—6个月）：儿童能拾起一个物体，除非这个物体被一块布盖着。但是他还不能理解一个被掩盖的物体仍然存在。当掩盖物被拿开后，物体不见了，他感到惊讶。他能够把物体位置和运动协调起来。如果一个移动着的客体停止了，他会停止跟踪并处于静止状态，同样，他能跟随着一个移动的客体，不论它向哪个方向移动。

第四阶段（6—12个月）：儿童能够寻找在一块布下面的客体。但是如果布下面的客体被移动到对面，他仍然看着那块被放回原处的布的下方，然而他知道物体可以从一处移到另一处，也知道放在一起的两个相同的客体不是同一个客体。

第五阶段（12—13个月）：儿童能够找到先后藏在两个位置的同一个客体，但是只有当他看见藏的动作才能找到，如果他没有看到藏的动作就找不到。

第六阶段（13—18个月）：儿童能找到不论在什么情况下藏起来的客体。他已经掌握了一个规律，两个客体不能同时处于同一位置，除非一个藏在另一个里面。

拓展阅读

客体恒常性

皮亚杰首先在出生不久的婴儿面前摆放了一只玩具小象，婴儿很感兴趣，用手触碰它。在孩子玩得高兴时，把小象用白纸挡住，观察婴儿的反应。然后在年龄稍大些的儿童面前摆放玩具，让孩子知道玩具的存在。随后他用一块布把玩具遮挡起来，观察孩子的反应。刚出生不久的婴儿发现玩具不见了，并没有掀开白纸去寻找小象；年龄稍大的孩子已经知道了玩具在布的后面，于是便很快穿过布找到了玩具。

皮亚杰的客体恒常性实验证明了感知运动阶段的儿童大约在9至12个月的时候获得了客体恒常性，即知道某人或某物虽然现在看不见但仍然是存在的。

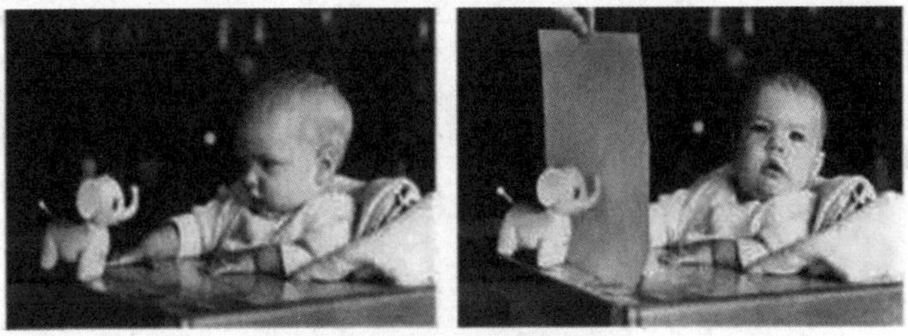

图4-1 获得客体恒常性前

图4-2 获得客体恒常性后

(二)注意的发展与表象的发生

1.5—2岁,儿童的表象开始发生。从此,儿童的注意开始受表象的影响。当眼前的事物和已有表象出现矛盾或存在较大差距时,婴儿会产生最大的注意。卡根(Kagan,1971)对2岁婴儿进行实验研究后发现,一半以上的婴儿在看见幻灯片中一个女人把自己的头拿在手里时,表现出明显的心率减速,产生了最大的注意。

(三)注意的发展与语言的作用

1岁以后,婴儿能说出具有最初概括性意义的真正的词,标志着言语的初步形成。这时婴儿能够说出单音重叠句,能够以词代句、以音代物,对成人的言语指令出现相应的反应。这一时期的婴儿听到成人说出某个物体的名称时,便会相应地注意那个物体,而不管其物理程度如何,是否是新刺激,是否能满足机体的需要。这使得婴儿能够逐步集中注意看书、看图片、听儿歌、听故事、看电影、看电视等。

(四)注意时间逐渐增长,注意的事物逐渐增多

3岁前儿童的注意时间是非常短暂的,引起儿童注意的事物也是有限的,但是随着儿童活动范围的扩大,接触事物的增加,儿童在活动中注意的时间也有所延长,最多能集中注意20—30分钟,对自己喜欢的电视片基本上能坚持看完,周围生活中出现的各种事物都能引起儿童的明显关注。

总之，婴儿的注意起初是无意注意。注意的持久性较低，时间较短，很快就由一个事物转移到另一个事物，到婴儿末期，在成人要求下，儿童可以做一些力所能及的事，有意注意开始萌芽。

三、幼儿注意的发展

3—6岁幼儿注意的特点是无意注意占优势地位，有意注意逐渐发展。这一时期幼儿心理活动和行为的不随意性占优势。幼儿如何控制自己的心理活动和行为的能力是相关的。

（一）幼儿无意注意的发展

幼儿的无意注意发展得最迅速。鲜明、生动的刺激物、刺激物的突然出现、刺激物显著的变化以及与他们经验相关的符合他们兴趣的事物，都能引起他们的无意注意。但由于各年龄儿童生理、心理发展以及所处环境、教育方面的差异，他们的注意也表现出不同的特点：小班幼儿的无意注意明显占优势，中班幼儿的无意注意进一步发展，大班幼儿的无意注意高度发展且相当稳定。

（二）幼儿有意注意的发展

到了幼儿期，幼儿的有意注意逐渐形成和发展起来。主要特点如下。

1.幼儿的有意注意受大脑发育水平的局限

有意注意是由脑的高级部位，特别是额叶控制的，额叶的发展比脑的其他部位慢，要到7岁的时候才能达到成熟水平。因此，幼儿有意注意尚处于初步形成时期。在幼儿期，幼儿的额叶有了一定的发展，这就为有意注意的发展提供了生理条件。

2.幼儿的有意注意是在外界环境，特别是成人的要求下发展的

幼儿的有意注意需要成人的引导。成人的作用在于两个方面：一是帮助幼儿明确注意的目的和任务，产生注意的动机。二是用语言组织幼儿的有意注意，如“小朋友注意看，什么东西漂起来了”等。

3.幼儿逐渐学习一些注意的方法

幼儿逐渐学习一些注意的方法。例如，幼儿掌握言语之后，常常一边做事，一边自言自语：“我得先找一个长方形做围墙”“可别忘了给小猫咪画胡子”，在这种情况下，幼儿已经能自觉运用语言使注意集中在与当前任务有关的事物上。

4.幼儿的有意注意是在特定的活动中实现的

幼儿无法像成人一样“只看不动”,应该让注意对象成为幼儿的直接行动对象。总的来说,幼儿的有意注意尚处于初步形成时期,其发展水平较低。因而,在幼儿园教育教学中,不仅要充分利用幼儿的无意注意,同时也要努力培养他们的有意注意。

四、学前儿童注意品质的发展

在教育影响下,幼儿的注意品质是随着年龄的增长而不断发展的。它主要表现为注意的稳定性不断提高,注意的广度不断扩大,注意的分配能力不断增强和注意的转移能力不断发展。

(一)注意的选择性

幼儿对事物的认识具有一定的选择性,表现为对某一类自己喜欢的刺激注意得多,对另一类不喜欢的刺激注意得少。幼儿的注意选择性随年龄的增长而不断发展。幼儿注意的选择性在很大程度上是幼儿的兴趣和情绪引起的,幼儿在选择某一注意的对象时主要是因为对其感兴趣。在同一情境或者同一活动中,每个幼儿的注意对象是不同的。

(二)注意的稳定性

注意的稳定性是指注意集中于同一对象或同一活动中所能持续的时间的长短。不同年龄的幼儿,注意的稳定性是不一样的。幼儿注意的稳定性与注意对象的特点及幼儿自身的状态有密切关系。由于幼儿注意的稳定性较差,因此教师在组织幼儿活动时应注意保持幼儿注意的稳定性。

(三)注意的分配

注意的分配是指在同一时间内把注意集中到两种或几种不同的事物或活动上。幼儿注意的分配能力是在各种活动中逐渐发展起来的。

(四)注意的广度

注意的广度也称为注意的范围,是指在同一时间内能清楚地把握对象的数量。注意广度与数量成正比。注意广度有一定的生理制约性,还与注意对象的特点以及人的知识经验有关。

（五）注意策略的使用

幼儿期已经开始使用注意策略。在一项研究中，让3—5岁的儿童在幼儿园的院子里寻找一件“丢失”的物品。结果发现，年龄较大的5岁幼儿能够有计划地把院子里的角落都找一遍，而年龄较小的幼儿则毫无计划地东找西找①。

①王艳玲、裴元庆、毛志新：《学前心理学》，北京师范大学出版社2017年版。

第三节　学前儿童的注意分散与防治

一、学前儿童注意分散的原因

（一）无关刺激过多

幼儿期注意发展的特征是无意注意占优势。幼儿容易被新异的、多变的或强烈的刺激物所吸引，加之注意的稳定性较低，容易受无关刺激的影响。例如活动室的布置过于繁杂，环境过于喧闹，甚至教师的服饰过于奇异，都可能影响幼儿的注意，使他们不能把注意集中于应该注意的对象上。实验表明，让幼儿自己选择游戏时，一般以提供四五种不同的游戏为宜。提出太多的游戏，幼儿既难选择，也难集中注意力把游戏玩好。

（二）疲劳

幼儿神经系统的机能还未充分发展，长时间处于紧张状态或从事单调活动，便会发生疲劳，出现“保护性抑制”，起初表现为无精打采，随之注意力开始涣散。所以幼儿的教学活动要注意动静搭配，时间不能过长，内容与方法要力求生动多变，能引起儿童兴趣，从而防止疲劳和注意涣散。

缺乏科学的生活规律也是造成疲劳的重要原因。有的家长不重视幼儿的作息制度，晚上让幼儿花费很长时间看电视，或让孩子和成人一样晚睡，导致幼儿睡眠不足，容易产生疲劳感。许多幼儿双休日回家后，父母为他们安排过多的活动，如游公园、逛商店、访亲友等，破坏了原来的生活规律，幼儿得不到充分休息，且过分兴奋，都会使幼儿产生疲劳感，引起幼儿注意的涣散。正像一些调查所表明的那样，幼儿在星期一情绪最难稳定，注意常常涣散，这对学习活动极为不利。

（三）目的要求不明确

有时教师对幼儿提的要求不具体，或者活动的目的不能为幼儿理解，也是引起幼儿注意涣散的原因。幼儿在活动中常常因为不明确应该干什么，左顾右盼，注意力转移，影响其积极从事相应活动。

（四）注意不善于转移

幼儿注意的转移品质还没有充分发展，因而不善于依照要求主动调动自己的注意。例如，幼儿听完一个有趣的故事，可能长久地受到某些生动的内容情节的影响，注意难以迅速地转移到新的活动上去，因而从事新的活动时，往往还“惦记”着前一活动而出现注意分散现象。

（五）无意注意和有意注意没有并用

教师只组织幼儿一种注意形式，也能引起注意分散。例如只用新异刺激来引起幼儿的无意注意，当新异刺激失去新异性时，幼儿便不再注意。如果只调动有意注意，让儿童长时间地主动集中注意，也容易引起疲劳，结果注意更易分散①。

二、学前儿童注意分散的防治

（一）幼儿园方面

对于幼儿园教师来说，防止儿童注意分散，要从以下方面考虑。

（1）排除无关刺激的干扰。

（2）根据幼儿的兴趣和需要组织教育活动。

（3）灵活地交互运用无意注意和有意注意。

（二）家长方面

对家长来说，要防止儿童注意分散，需要从以下方面考虑。

（1）制定并严格遵守合理的作息制度。

（2）适当控制幼儿的玩具和图书的数量。

（3）不要反复向幼儿提要求。

（4）要求、鼓励孩子做事到底，有始有终。

三、审慎处理幼儿多动现象

在学前期，我们经常感到有一些幼儿特别好动，注意力容易分散，结果不仅影响自己的学习，甚至破坏全班的秩序。这些多动的幼儿，常常因为周围细小的动静而注意力不能集中。他们玩积木、画图、听故事时，即使感到有兴趣，也只能短时间集中注意。

①钱峰、汪乃铭：《学前心理学》，复旦大学出版社2012年版。

他们参加规则游戏时，往往不注意听教师讲解游戏规则，所以游戏开始后，并不知道怎样玩，有时甚至妨碍游戏的进行。在语言、科学等领域的学习活动中，注意分散的现象就更加明显。他们往往不能按照要求专心参加各种活动，专心听讲的时间很短暂，难以维持自己的注意。他们有时两眼盯着教师，貌似注意，实际上在开小差，根本没有听，而当大家回答问题时，他们也会举起手来，但让他们回答时，便茫然不知怎样回答。这种儿童只有当教师严格要求和不断督促时，才能把注意力集中得稍久一些。

研究表明，这些幼儿智力水平往往并不低下，只是由于注意分散，集中困难，以致严重影响学习成绩和以后的发展。父母和教师对于这种多动的儿童十分担心，甚至轻率地断定为多动症患者，这是非常不恰当的。多动症也称轻微脑功能失调，这是一种行为障碍，主要特征是活动过多，注意力不集中，容易激动，行为冲动，情绪不稳定。

一个儿童是否患有多动症，仅凭经验是难以正确断定的。对于一个多动的幼儿，必须根据生活史、临床观察、神经系统检查、心理测验等进行综合分析才能确定。因此，我们不能轻易地把学前儿童的好动当作多动症来对待。

作为一个教师，首先要从自己的教育和教学工作方面来进行检查，以便确定儿童注意分散的原因，切不可把注意力容易分散的儿童轻率地视作多动症患者而加以指责和推卸责任。这样不仅不能使幼儿改正其行为的缺点，而且使儿童因从小贴上“多动症”的标签而影响他们以后心理的健康发展。教师既要审慎处理多动的幼儿，更要重视幼儿注意分散的现象，分析和确定其原因，积极改善自己的教育和教学工作。同时要积极培养幼儿良好的注意习惯，促进幼儿注意的发展①。

拓展阅读

注意力缺陷和多动障碍(多动症)

多动症又称注意力缺陷多动症(ADHD)，或脑功能轻微失调综合征，是一种常见的儿童行为异常疾病。这类患儿的智力正常或基本正常，但学习、行为以及情绪方面有缺陷，主要表现为注意力不集中，注意短暂，活动过多，情绪易冲动，学习成绩普遍较差，在家庭以及学校均难与人相处，日常生活中常常使家长和教师感到没有办法。多动症的患病率国外报道在5%—10%之间，国内调查在10%以上，男孩多于女孩，早产儿及剖宫产儿患多动症的概率较高，大约在6%以上。

---

①苏渊：《儿童注意缺陷多动障碍综合征》，载《中国实用儿科杂志》2001年第10期。

多动症多呈慢性过程，症状持续多年，甚至终身存在。其注意力特征主要有：

(1)常常无法注意细节，在功课上、工作上或是其他活动中会粗心犯错。

(2)做事或活动很难维持专注力。

(3)别人跟他说话时，经常表现出没有在听的样子。

(4)常常很难依照指示完成事情，无法完成功课、家务或工作(不是因为相反的行为或是无法了解指示)。

(5)经常对组织性的工作或规划活动感到困难。

(6)经常逃避或厌恶需要花费心思的活动或工作。

(7)常常忘东忘西(如书本或工作需要的东西)。

(8)很容易被干扰。

(9)常常忘记每天规定要做的事情。

第四节 学前儿童注意力的培养

一、营造安静、简单的环境

幼儿注意的稳定性差，容易被新颖的刺激所吸引，这是学前儿童普遍表现出的特点。教师与家长要根据这一特点，营造安静、整洁的环境，减少外界刺激对幼儿的干扰，更好地保持幼儿的注意。比如家里的物品摆放要整齐有序，幼儿的玩具要放在指定位置。幼儿园要设置专门的区角：积木区、图书区、花卉区、绘画区等，在游戏结束时注意引导幼儿将玩具放回原地。

二、激发幼儿对活动的兴趣与需要

兴趣与需要是学前儿童进行活动的内在推动力，同时也是直接影响学前儿童注意力的情绪系统。兴趣是最好的老师，要培养幼儿的注意力，需要从幼儿的兴趣与需要出发。为了激发幼儿对某一活动的兴趣，教师要注意活动的内容应适合幼儿的年龄特征、心理发展水平，要与幼儿的经验相联系。教学中使用的教具要新颖，使幼儿拥有进行活动的经验准备和能力准备。

三、培养幼儿的自我约束能力

自我约束能力差是导致幼儿注意力分散的一个重要原因。幼儿年龄越小自我约束能力就越差，小班幼儿注意的稳定性一般是3—5分钟，中班幼儿注意的稳定性大约是10分钟，大班幼儿注意的稳定性是15分钟左右。教师要注意运用听说读写等多种感官刺激来训练幼儿的自我约束能力，从而提高幼儿的注意力。

四、明确活动的目的与要求

在活动中目的与要求越明确，学前儿童对活动的目的与意义理解得越深刻，学前儿童完成任务的愿望越强烈，其注意就越持久。教师在上课前明确活动的目的与要求就是要发展幼儿的有意注意，而幼儿期注意是以无意注意为主，因此在活动中教师要把两种注意的特点结合起来，以此实现有意注意与无意注意的转换并用。同时教师也要注意外界刺激对幼儿的干扰，随着活动的深入，教师要向幼儿提出要求与问题，发展幼儿的有意注意，而有意注意需要意志努力，很容易引起大脑疲劳，注意力同样不能持久。因此，在活动中要注意实现有意注意与无意注意的转换。

五、有规律的生活

幼儿生活作息要有规律，要科学，让幼儿的生活有张有弛，动静交替。如果某一活动持续时间过长，使得神经细胞产生疲劳，容易导致大脑皮层的兴奋性降低，从而进入抑制状态，不利于幼儿良好注意力的养成。幼儿园在安排幼儿的作息时，要注意让幼儿有充足的睡眠、固定的起居饮食和玩耍时间，睡觉前有固定的讲故事时间，有专门上课的时间。在家中，家长要帮助幼儿养成良好的作息习惯，要注意从小培养幼儿良好的学习和生活习惯，纠正幼儿任性、自私的行为[①]。

拓展阅读

如何培养幼儿的注意力[②]

游戏1：猜扑克

做法：取三张不同的牌（去掉花牌）随意排列于桌上，如从左到右依次是黑桃7、方块8、梅花6。选取一张要孩子记住的牌，如梅花6，让孩子盯住这张牌，然后把三张牌倒扣在桌子上，由家长随意更换三张牌的位置。最后让孩子报出梅花6在哪里，如果猜对了，就算胜出。家长和孩子可依次轮换做游戏。

提示：随着能力的提高，家长可以增加难度，如增加牌的数量，变换牌的位置的次数，提高变换牌位置的速度，可有效锻炼孩子的注意力和快速反应能力。

游戏2：抢背电话号码

做法：一本电话号码本，就可以成为游戏工具。家长让孩子看一两秒钟电话号码本，让他记住某人的号码。然后移开电话号码本，让他背出来。家长和孩子还可以轮换着背，比比看谁厉害。

---

①王艳玲、裴元庆、毛志新：《学前心理学》，北京师范大学出版社2017年版。

②李蓓：《如何培养幼儿的注意力》，载《山东教育》2016年第35期。

提示:随着孩子记忆号码的水平不断提高,可适当增加难度,如让孩子记两个或三个人的号码等。

游戏3:玩乒乓球抗干扰

做法:让孩子把球放在球拍上,绕桌子行走一圈,要求乒乓球不能掉下来。你在旁边进行捣乱,但不能碰到他的身体。一会儿拍手跺脚,一会儿大喊大叫,还一边说:“掉了! 掉了!”孩子为了不输给你,就不得不保持镇定和注意力集中。

本章小结

本章主要介绍了学前儿童心理发展过程中注意的发展,梳理了学前儿童注意的发展特点、注意的分散与防治、如何培养儿童的注意力等内容。核心内容总结如下。

1.注意的基本特征是指向性和集中性,注意不是一个独立的心理过程,它与人的其他心理活动相伴随。注意分为不随意注意、随意注意和随意后注意。

2.学前儿童注意的发展特点是无意注意占优势地位,有意注意逐渐发展。

3.学前儿童注意分散的影响因素是多方面的,可以从幼儿园和家长方面进行防治;对于幼儿的多动现象也要审慎处理。

4.培养学前儿童的注意力的途径有:营造安静、简单的环境,激发幼儿对活动的兴趣与需要,培养幼儿的自我约束能力,明确活动的目的与要求,有规律地生活。

思考与实训

1.注意力对学前儿童发展有何影响?

2.简述学前儿童注意发展的一般特点。

3.简述学前儿童注意分散的影响因素和防治方法。

4.如何培养学前儿童的注意力?

5.结合实际,说一说学前儿童注意力培养的重要性。

专题探讨

谁的小眼睛没有找到我

在一次讲故事的活动中,李老师将表示故事情节的贴绒画贴在黑板上,以便于幼儿理解故事情节。大部分幼儿的眼睛都好奇地看着李老师贴出来的贴绒画,但黄勇小朋友的眼睛不仅不看黑板上的图画,而且不停地东张西望,小声说话。李老师看到这种情况后，用温和的语气对全班小朋友说："谁的小眼睛没有找到我呀?"大家都不知道李老师说的是谁，此时东张西望的黄勇察觉到李老师说的就是他，于是马上将注意力集中到了黑板上的图画上。

探讨：黄勇出现了什么问题？李老师是怎么解决的呢？你还有什么更好的办法吗？

第五章

学前儿童记忆的发展

学习目标

- 识记学前儿童记忆发展的基本概念。
- 理解学前儿童记忆发展的基本特点。
- 掌握促进学前儿童记忆发展的策略。

学习重难点

- 学习重点：识记学前儿童记忆发展的基本概念，理解学前儿童记忆发展的基本特点。
- 学习难点：掌握促进学前儿童记忆发展的策略。

案例破冰

朵朵三岁半了，妈妈为了培养她对国学的兴趣，就在家里对她进行早期经典诵读训练。朵朵进步很快，没多久就能够背诵很多唐诗宋词了，爸爸妈妈都夸她聪明、记性好。妈妈也经常要求朵朵在朋友面前表演背诵，朋友都对朵朵伸出大拇指。后来妈妈外出学习了两个月，回来之后再检查，那些诗词歌赋朵朵基本都忘记了，但对于半年前去“世界之窗”喂孔雀的情景，小朵朵的印象却十分深刻。这是为什么呢？

案例中，朵朵能记得半年前喂孔雀的场景却不记得两个月前背过的诗词是为什么呢？什么是记忆？学前儿童的记忆有哪些特点？这些问题就是本章的主要学习内容。

第一节 记忆概述

一、记忆的概念

记忆是人脑对过去经验的保持和再现的过程。信息加工理论认为记忆是一个人对信息加工的过程，是人脑对输入信息进行编码、储存和提取的过程。信息编码相当于识记，信息储存相当于保持，对信息的提取相当于再认或回忆。记忆的加工过程类似于计算机的信息加工过程。记忆作为基本的心理活动过程，对保证人的正常学习、工作和生活起着极其重要的作用。

二、记忆的分类

（一）根据记忆的内容分类

1.形象记忆

形象记忆是以感知过的事物为内容的记忆。形象记忆通常以感知过的事物的表象的形式存在，所以也称“表象记忆”。它是直接对客观事物的形状、大小、颜色、声音、气味、味道、软硬、温冷等具体形象的记忆，具有直观形象的特点。形象记忆可以按照感觉分析器的不同划分，分为视觉、听觉、触觉、味觉和嗅觉等。个体形象记忆发展水平与社会经验相联系，音乐家擅长听觉形象记忆，而画家擅长视觉形象记忆，尤其是颜色视觉形象记忆。形象记忆的发展占主要地位，其中最主要的是视觉表象。形象记忆的发展具有明显的年龄特征，如1岁前的形象记忆主要以动作记忆、情绪记忆为主；幼儿记忆中形象记忆占主要地位，其中视觉表象是最主要的形象记忆。

2.动作记忆

动作记忆是以做过的动作或运动为内容的记忆，也称运动记忆。动作记忆是动作技能形成的基础。这种记忆最显著的特点是形成过程较慢，也就是说“记”的过程比较长，但记住后容易保持、恢复，不易遗忘。儿童最早出现的记忆是动作记忆，如对喂奶姿势的食物性条件反射即属于动作记忆。儿童各种动作的习得以及掌握各种生活技能和行为习惯以适应社会，都依靠动作记忆。

3.情绪记忆

情绪记忆是以体验过的情绪、情感为内容的记忆。人在各种活动中总伴随着不同的情绪体验，个体对这些情绪、情感以及态度体验都会在头脑中留下深刻印象。在回忆过程中，只要相应的事物出现或者有关的表象出现，相应的情绪和情感会随之而来。情绪记忆具有鲜明、生动、深刻、情境性等特点。相对于其他内容的记忆，情绪记忆保持的时间要长久得多，它是人的道德感、理智感、美感等社会性情感发展的基础。情绪记忆在个体成长过程中出现较早，如新生儿已经明显地出现了惧怕情绪的记忆。

4.逻辑记忆

逻辑记忆是以概念、原理为内容的记忆，因为记忆内容都是以词语逻辑的形式表现出来的，所以也称为词语逻辑记忆，其内容有别于事物的具体形象，又称为抽象记忆。逻辑记忆反映的是客观事物的本质和规律的定义、公式等，内容具有高度的概括性、深刻的理解性、严密的逻辑性，正是这三个特性，可以将记忆的内容大大简化和压缩，又可将各种记忆内容进行合理的编码，所以逻辑记忆在各种记忆中占有主导地位，也是人类特有的记忆形式。这种记忆是在儿童掌握语言过程中逐渐发展起来的，因而也是发展最晚的记忆。

（二）根据信息保持的时间长短分类

1.感觉记忆

感觉记忆是指当客观刺激停止作用后，感觉信息在一个极短的时间内被保存下来。由于它按输入刺激的原样，以感觉痕迹的形式在人脑中被短暂地留存，所以又称为瞬时记忆或感觉登记。感觉记忆是记忆系统的开始阶段，信息存储的时间为0.25—4秒。例如，当人们在观看电影时，虽然呈现的是一幅幅静止的图像，但是我们却可以将这些图像看成是连续运动的，这就是感觉记忆存在的结果。视觉信息的保持时间在1—2秒之内，听觉信息的保持时间在4秒以内，其余大部分信息将消失，只有那些受到注意的信息才能进入短时记忆。

2.短时记忆

短时记忆是指外界刺激以极短的时间一次呈现后，保持时间在1分钟以内的记忆。感觉记忆的信息一旦受到注意，便能进入短时记忆，短时记忆是感觉记忆和长时记忆的中间阶段，所以也称为操作记忆或工作记忆。例如，当我们从电话本上查到一个电话号码，立刻就能够根据记忆去拨号，但通话结束后，再问这个号码就不记得了。短时记忆中存储信息的容量是有限的，一般为(7±2)个组块。所谓组块就是熟悉而具有意义的加工单元,组块的大小是不确定的,一个组块可以是一个字母,也可以是一个单词,组块的大小与个体的知识经验有关。

短时记忆的信息来源有两个:一是感觉记忆中的信息受到注意而进入短时记忆;二是为了解决当前的问题而从长时记忆中提取出来,暂时存放在短时记忆中的信息。短时记忆的信息如果得不到复述就会随时间的推移而自动消退;如果得到复述,不管是机械复述还是精细复述,都可以进入长时记忆系统。

3. 长时记忆

长时记忆是指信息经过充分的和有一定深度的加工后,在头脑中长时间保留下来的记忆。长时记忆的保持时间在1分钟以上甚至终身。与短时记忆相比,长时记忆的容量是非常大的,几乎是没有容量限制的。长时记忆信息的来源大部分是加工短时记忆的内容,也有由于印象深刻一次形成的。感觉记忆、短时记忆、长时记忆三者可以看作记忆信息的三个不同水平的加工。

阿特金森和谢夫林(Atkinson &.Shiffrin,1968)提出了三级记忆模型[①],很好地说明了三个记忆系统的关系(如下图5-1所示)。

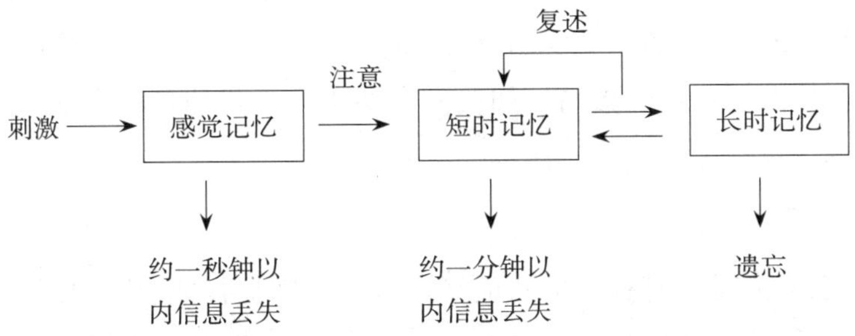

图5-1　人类记忆的三级加工模型

感觉记忆、短时记忆和长时记忆之间有着十分密切的联系。外部信息先输入到感觉记忆,感觉记忆丰富,可分为图像记忆、声像记忆等。感觉记忆的部分信息会重新编码进入短时记忆,信息编码的形式可以是听觉的、口语的或书面语言的,短时记忆的信息也会很快消失。短时记忆被看作是一个缓冲器,也可以被看作是信息进入长时记忆的加工器。长时记忆是一个真正的信息库,信息的编码形式可以是听觉、视觉、口语或书面语等。长时记忆中的信息贮存是永久的,但有时会因为信息的干扰、消退或强度降低等而不能将信息提取出来。在这个模型中,信息从一个阶段转到另一个阶段是受人的意识或无意识所控制的。复述是完成信息转换的关键,简单的复述是不能起到作

①Atkinson, R. C., & Shiffrin, R. M. (1968). Human memory: A proposed system and its control processes. *Psychology of learning and motivation*, *2*, 89–195.

用的，只有精确的复述才能将复述材料进行组织，并与其他信息联系起来；在更深层次上进行加工，信息才能从短时记忆转入长时记忆。

（三）根据意识参与程度的分类

1.外显记忆

外显记忆是指个体在意识的控制下，过去经验对当前作业产生的有意识的影响。它对行为的影响是个体能够意识到的，因此也称为受意识控制的记忆。也就是说你需要意识的参与才能回忆起当前所需要的知识或者信息。如老师在课堂上要求学生背诵昨天学过的古诗，这就需要外显记忆的参与。

2.内隐记忆

内隐记忆是指个体在不需要意识参与的条件下，过去经验对当前作业产生的无意识影响。它对行为的影响是个体意识不到的，所以也称为自动的无意识记忆。

（四）根据信息加工处理的方式分类

1.陈述性记忆

陈述性记忆是指对有关的事实和事件的记忆。它可以通过语言传授而一次性获得，它的提取往往需要意识的参与。如我们在课堂上学习的各种课本知识和日常生活常识都属于这类记忆。

2.程序性记忆

程序性记忆是指对如何做事情的记忆。包括对知觉技能、认知技能和运动技能的记忆。这种类型的记忆往往需要通过多次尝试才能逐渐获得，在利用这些记忆时往往不需要意识的参与。如在学习骑自行车之前，我们可能需要多次练习，掌握要领，一旦学会，在以后的骑行中既不需要回忆每个动作要领，也不需要意识的参与。

三、记忆的过程

记忆是一个完整、统一而又复杂的认知过程，一般包括识记、保持、回忆或再认三个环节。从信息加工的角度而言，记忆包括编码、存储、提取三个心理过程。

（一）识记

识记是人们识别并记住事物的特点及其联系的过程，从而积累知识经验。人们想识记任何事物，都必须先与它接触，认识、辨别清楚，然后才能将它记住。

(二)保持

保持是经历过的事物在头脑中储存和巩固的过程,也就是知识经验于识记后和恢复前,以暂时神经联系痕迹的形式留存于头脑中。保持不仅是巩固识记所必需的,而且也是实现再认和回忆的重要保证。记忆的保持随着时间的推移在保持的量和质上都可能发生变化。记忆保持的量会减少,出现遗忘的现象,也可能会增加;而记忆保持的质变则体现在记忆的内容上。

遗忘是指对识记过的材料不能再认或回忆,或者表现为错误的再认或回忆。保持和遗忘是两个相反的过程。遗忘有多种情况:识记的材料保持不好,能再认不能回忆叫不完全遗忘;不能再认和回忆叫完全遗忘;一时想不起来,但过后还能恢复的记忆叫暂时性遗忘;对识记材料永远不能再认叫永久性遗忘。

遗忘在记忆的不同阶段都会发生。遗忘的进程是不均衡的,有先快后慢的特点。艾宾浩斯最早研究了遗忘的发展进程,他以自己为被试,利用无意义音节作为研究材料,利用自然科学的方法对遗忘现象进行了研究,发现了遗忘的规律,并根据研究的结果绘制了“艾宾浩斯遗忘曲线”(如图5-2)。

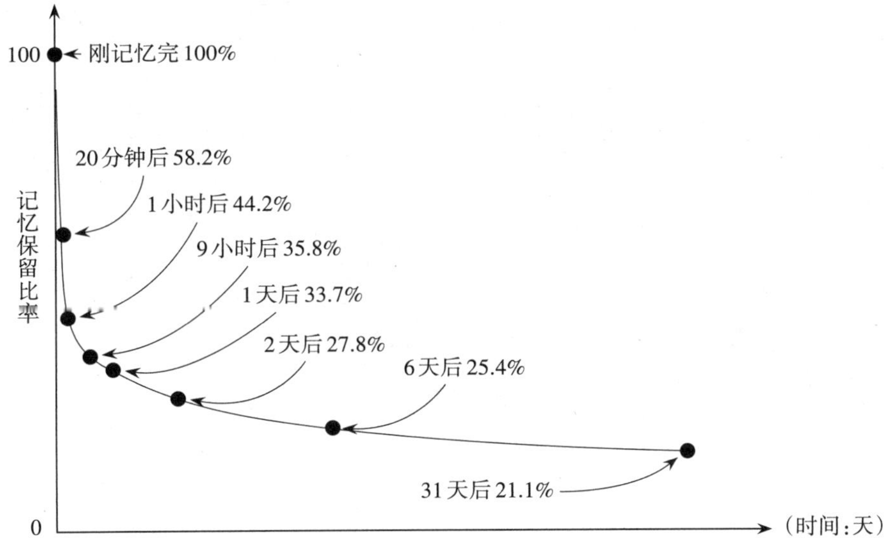

图5-2　艾宾浩斯遗忘曲线

从图中可以看出,遗忘在学习之后立即开始,遗忘的进程最初进展得很快,以后逐渐缓慢,到了一定的时间,几乎不再遗忘了,即遗忘的速度是“先快后慢”,这就是人们常说的遗忘规律。在这条曲线中,体现了记忆保持量的变化情况,所以也被称为保持曲线。在艾宾浩斯之后,许多心理学家用无意义材料和有意义材料对遗忘的过程进行了研究,结果都证明艾宾浩斯遗忘曲线基本上是正确的。

（三）回忆

回忆是人脑对过去经验的提取过程。它是识记、保持的结果，是记忆的最终目的。回忆有两种水平：再认和再现。再认是指过去经历过的事物再度出现时能够识别辨认，是一种低水平的回忆过程，因为只有当经历过的事物在眼前时，才能再认。再现是指经历过的事物不在眼前，但能在脑中出现，并加以确认的过程。从信息加工的观点看再现就是信息的输出或提取过程。再现是记忆系统的一个非常重要的环节。

再认和再现是过去经验的恢复，是记忆中提取信息的两种不同水平和形式，它们之间没有本质的区别，只是保持程度上的不同。能再现的一定能再认，能再认的不一定能再现。

第二节　记忆的发展特点

一、胎儿的听觉记忆

在“听觉”部分曾谈到，有研究发现，如果把记录母亲的心脏跳动的声音放给儿童听，儿童会停止哭泣。研究者的解释说，这是因为儿童感到他们又回到了熟悉的胎内环境里。由此可知，胎儿已经有了听觉记忆。关于七八个月胎儿音乐听觉的研究，也得出类似结论。可见，胎儿末期，听觉记忆确已出现。

二、新生儿记忆的表现

（一）建立条件反射

母亲喂孩子时往往先把他抱成某种姿势，然后再开始喂。不用多久（一个月左右），儿童便对这种喂奶的姿势形成了条件反射：每当被抱成这种姿势时，奶头还未触及嘴唇就已开始了吸吮动作。这种情况表明，儿童已经“记住”了喂奶的“信号”——姿势。新生儿记忆的主要表现之一是对条件刺激物形成某种稳定的行为反应，即建立条件反射。

经典实验

巴甫洛夫的经典实验：狗的条件反射实验

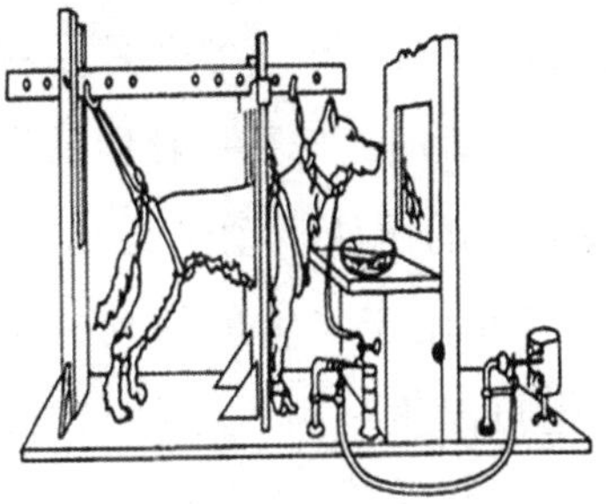

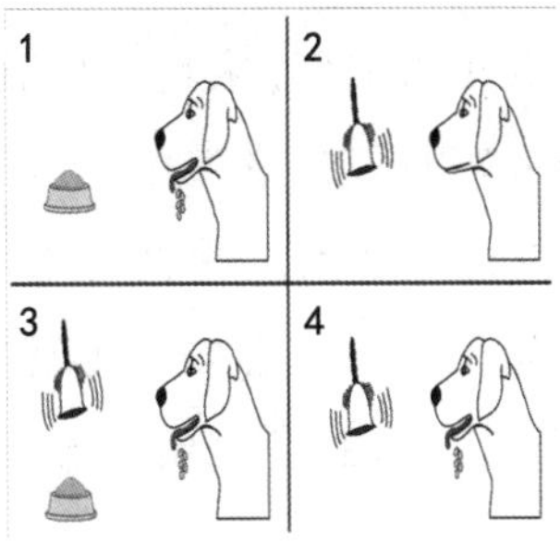

巴甫洛夫的条件反射理论实验是心理学中最著名的实验之一。巴氏在实验中先摇铃再给狗以食物，狗得到食物会分泌唾液。如此反复。反复次数少时，狗听到摇铃会产生一点唾液；经过30次重复后，单独的声音刺激可以使其产生很多唾液。在这里，食物是非条件刺激——即已有的一种反应诱因；分泌唾液是非条件反应——对非条件刺激的非条件反应。铃声是条件刺激——一种被动引起的非条件刺激的反应。巴氏实验中，食物和铃声之间的联系重复，最终导致狗将食物和铃声联系起来，并在听到铃声时分泌唾液，这种由铃声一种刺激引起的唾液分泌的反应叫作条件反射。比如一只听到铃声就分泌唾液的狗在一段时间内既没有得到食物也没有听到铃声，那么这种条件反射可以和以前保持一样强烈，当然这“一段时间”不能太长。如果在三天内只有铃声没有食物或只有食物没有铃声，那么原来存在于铃声和食物间的联系将消退。消退是指条件刺激多次重复而不伴随无条件刺激的出现，条件反射逐渐减弱直至消失的过程[①]。

（二）对熟悉的事物产生“习惯化”

新生儿记忆的另一表现是对熟悉的事物产生“习惯化”：一个新异刺激出现时，人（包括新生儿）都会产生定向反射——注意它一段时间。如果同样的刺激反复出现，对它注意的时间就会逐渐减少甚至完全消失。随着刺激物出现频率的增加而对它的注意时间逐渐减少甚至消失的现象，称之为“习惯化。

习惯化可以作为一种方法和指标来了解新生儿的感知能力——看他能否发现刺激物的差别；也可以用来调查其记忆能力——看他能否辨别刺激物的熟悉程度。许多研究表明，即使出生几天的孩子，也能对多次出现的图形产生“习惯化”，似乎因“熟悉”而丧失了兴趣。

三、婴儿的记忆

胎儿及新生儿的记忆，从其恢复形式看都属于“再认”。6个月左右，儿童开始“认生”，只愿意亲近妈妈及经常接触的人，陌生人走近时，孩子一般会感到不安。如何从记忆的角度看待这种现象？这表明儿童存在明显的再认活动。婴儿末期，“再现”的形式开始萌芽。为什么再认会先于再现发生？这是由于二者的活动机制不同。再认依靠的是感知，回忆依靠的是表象。感知是儿童自出生以后就已经具有或开始发展的，

①陈琦、刘儒德：《当代教育心理学》，北京师范大学出版社1997年版。

而表象则在1岁半至两岁才开始形成。另外，感知的刺激是在眼前的，立即可以引起记忆痕迹的恢复；而表象的活动，还有待儿童在头脑中进行搜索。

四、学前儿童记忆的发展趋势

（一）记忆保持时间的延长

儿童记忆保持的时间长度可以从再认和再现的潜伏期来看。再认和再现的潜伏期都随着年龄的增长而增长。儿童记忆保持时间的久暂受很多因素的影响，影响儿童记忆保持的主要因素如下。

1. 儿童对记忆对象的感知程度

在生活中我们有这样的体会，只有把记忆对象感知得很清楚，才能留下深刻的印象，而印象深刻的东西才能保持长久。儿童随着年龄增长各种分析器的结构和机能逐渐成熟。儿童通过积极从事各种活动，提高了各分析器的分析综合能力，感知的选择性、持续性、精确性都不断提高，这为头脑中留下深刻的印象创造了条件。

2. 儿童的知识经验和对识记材料的理解程度

凡是容易和已知的知识相联系的内容就比较容易记住。儿童在生活实践中接触的事物越来越多，知识经验也越来越丰富，这就有利于在记忆对象之间建立各种联系，使回忆容易实现。理解的东西往往容易记住，儿童知道了所记东西的意义，就便于把它同已有的知识经验联系起来并入自己的知识结构，这样有利于长期保持。

3. 儿童的情绪状态

一名3岁左右的幼儿对“小鸭子游泳”这首诗相当熟悉，要他再现时，首先想到的就是“小鸭子摇啊摇，扑通一声跳下河”。为什么这些词更容易记住？诗句中“摇啊摇”“扑通一声”等措辞，引起儿童情绪上的反应是愉快的，所以保持得特别长久，而那些与情绪态度无联系的、印象不深的材料则不易记住。儿童，特别是年幼的儿童很容易记住那些富有情绪色彩（愉快或不愉快）的事情。大多数成人之所以能回忆起自己四五岁的往事，就是因为那些往事大都带有情绪色彩。

4. 对被记忆对象的兴趣

有人说兴趣是记忆力的促进剂。确实，儿童对感兴趣的事物，记忆力就能被很好地发挥出来。儿童有强烈的好奇心和旺盛的求知欲，他们对什么事都要问个为什么，特别对感兴趣的东西，能集中注意力去想它，以形成比较鲜明的深刻印象，并且喜欢盘根问底，弄个水落石出。相反，他们对不感兴趣的事就漠不关心。

(二)记忆容量的增加

1.记忆广度

记忆广度是指在单位时间内能够记忆的材料的数量。这个数量是有一定限度的。一般人类的记忆广度为7±2个信息单位。儿童记忆广度的增加受生理发育的局限。儿童大脑皮质的不成熟,使他在极短的时间来不及对更大的信息量进行加工,因而不能达到成人的记忆广度。记忆广度对记忆容量有一定的影响,但记忆容量的大小不决定于记忆广度的大小,而决定于把识记材料组织加工,并使之系统化的能力。因为每个信息单位内部的容量是不同的,加工能力强的,单位容量就大。

2.记忆范围

记忆范围的扩大是指记忆材料种类的增多、内容的丰富。随着儿童动作的发展和外界交往范围的扩大以及活动的多样化,记忆范围也随之扩大。

(三)记忆内容的变化

儿童记忆的内容也有随着年龄而变化的客观趋势。

1.运动记忆出现得最早

对喂奶姿势的条件反射就是属于这种记忆。有关运动技能和行为习惯的记忆,可以说是非理性地处理和存储信息,是自动化的学习,更多由皮下系统支配。因此,习惯系统比理解的记忆系统更早形成,而且较不容易消退,在遗忘相当久之后,还较容易恢复。

2.儿童的情绪记忆

情绪记忆出现得也比较早。婴幼儿对带有感情色彩的东西,容易识记和保持。情绪记忆与皮下结构,特别是丘脑有密切关系。因此,虽然儿童的大脑皮质还没有发育成熟,情绪记忆已较早发展。

3.在儿童的记忆中,形象记忆占主要地位

婴儿认识奶瓶、认识母亲等都是形象记忆的表现。1岁前的形象记忆和动作记忆、情绪记忆存在紧密联系。幼儿的形象记忆是依靠表象进行的,其中起主要作用的是视觉表象。

4.儿童语词记忆的发展最晚

这种记忆是随着儿童掌握语言的过程逐渐发展起来的。语词记忆的发展,要求大脑皮质活动机能的发展,特别是语言中枢的发展作为生理基础。从儿童这几种记忆发生发展的顺序来看,最早出现的是运动记忆(出生后2周左右),然后是情绪记忆(6个

月左右)，再后是形象记忆(6—12个月左右)，最晚出现的是语词记忆(1岁左右)。儿童这几种记忆的发展，并不是用一种记忆简单代替另一种记忆，而是一个相当复杂的相互作用的过程。

(四)记忆的意识性与记忆策略的形成

1. 记忆意识性的发展

随着年龄的增长，儿童记忆意识性开始逐渐萌芽、发展。有意记忆的出现意味着记忆意识性的萌芽，而元记忆的发展则意味着记忆意识性发展到了一个新的阶段。元记忆的发展是指儿童对自己的记忆过程的认识或意识的发展，它包括以下几个方面。

(1)明确记忆任务，包括认识到记忆的必要性和了解需要记忆的内容。

(2)估计到完成任务过程中的困难，努力去完成任务，并选择记忆方法。

(3)能够检查自己的记忆过程，评价自己的记忆水平。

2. 记忆策略的形成

记忆策略是学习者采用的接收信息、提取信息的方式，它直接影响着记忆的效果。儿童常见的记忆策略如下。

(1)反复背诵或自我复述

年龄较大的幼儿，在识记过程中反复背诵以避免遗忘。有时，边识记边自言自语地说出记忆材料的名称或内容。比如，为了记住图片，每当看到一张图片时，随即说出图片的名称。

(2)使记忆材料系统化

幼儿中期以后，能够在记忆过程中自动对记忆材料加以整理分类，例如，边识记边把图片分类，并自言自语地说："苹果是水果，梨也是水果，萝卜是蔬菜。"幼儿也会把新词和某种事物或情绪联系起来，等等。

(3)间接的意义识记

年龄较大的幼儿能对材料进行精心思考，找出材料组成的规律，以帮助记忆。

五、学前儿童记忆发展的特点

儿童的记忆和其他心理过程一样，是随着年龄的增长而逐渐发展的。

(一)无意记忆占优势,有意记忆逐渐发展

1.无意记忆占优势

(1)无意记忆的效果优于有意记忆

3岁以前的儿童基本上只有无意记忆,他们不会进行有意记忆。在整个幼儿期,无意记忆的效果都优于有意记忆。

(2)无意记忆效果随着年龄增长而提高

给小、中、大三个班的幼儿讲同一个故事,事先不要求记忆,过了一段时间以后,进行检查。结果发现,年龄越大的幼儿无意记忆的效果越好。由于记忆加工能力的提高,幼儿无意记忆继续有所发展。

(3)无意记忆是积极认知活动的副产物

幼儿的无意记忆,不是由于幼儿直接接受记忆任务和完成记忆任务而产生的,而是幼儿在完成感知和思维任务过程中附带产生的结果,是一种副产物。事实证明,幼儿的认知活动越是积极,其无意记忆效果越好。

幼儿无意记忆的效果依赖以下因素。

①客观事物的性质

直观、形象、具体、鲜明的事物,以其突出的物理特点,容易引起幼儿的集中注意,也容易被幼儿在无意中记住。

②客观事物与幼儿主体的关系

对幼儿生活具有重要意义的事物,符合幼儿兴趣的事物,能激起幼儿愉快、不愉快或惊奇等强烈情绪体验的事物,都比较容易成为幼儿注意和感知的对象,也容易成为无意记忆的内容。比如,感人的道德故事比空洞的道德说教容易使幼儿记住。

③幼儿认识活动的主要对象或活动所追求的事物

由于活动中辨别的主要对象不同,对图形的无意记忆效果也不同。如果使记忆对象成为儿童活动任务中的注意对象,幼儿在活动过程中始终不能离开对该对象的认知,那么,对这种对象进行无意记忆的效果就较好。

④活动中感官参加的数量

多种感官参加的无意记忆效果较好。同一年龄班的幼儿分为两组进行实验,学习同一首歌,第一次,甲组边看图片边听歌词,乙组不用图片,只听歌词。第二次,两组交换识记方法,学另一首儿歌。结果,通过视听两个通道识记时,儿童平均得分为76.7,而单纯通过听觉识记的平均成绩仅为43.6分。这说明多种感官参加有助于提高无意记忆的效果。

⑤活动动机

活动动机不同,无意记忆的效果也不同。比如,儿童在竞赛性游戏中积极性较高,无意记忆的效果往往较好。

2.有意记忆逐渐发展

有意记忆的发展,是幼儿记忆发展中最重要的质的飞跃,幼儿有意记忆的发展有以下特点。

(1)儿童的有意记忆是在成人的教育下逐渐产生的

成人在日常生活和组织幼儿进行各种活动时,经常向他们提出记忆的任务。在讲故事前,预先向幼儿提出复述故事的要求,背诵儿歌时,要求他们尽快记住这一切,都是促使有意记忆发展的手段。

(2)有意记忆的效果依赖于对记忆任务的意识和活动动机

幼儿能意识到记忆的具体任务会影响幼儿有意记忆的效果。比如,幼儿在玩"开商店"游戏时,担任"顾客"的角色,"顾客"必须记住应购物品的各种名称,角色本身使幼儿意识到这种识记任务,因而也就努力去识记,记忆效果就会有所提高。

(3)幼儿有意再现的发展先于有意记忆

相关研究表明,儿童达到有意再现或追忆较高行为类型的年龄略早于有意记忆。在不同的活动条件下,儿童有意记忆和有意再现的水平有所不同。

(二)记忆的理解和组织程度逐渐提高

1.机械记忆用得多,意义记忆效果好

(1)机械记忆用得多

可能出于两个原因:一是幼儿大脑皮质的反应性较强,感知一些不理解的事物也能够留下痕迹;二是幼儿对事物理解能力较差,对许多记忆材料不理解,不会进行加工,只能死记硬背,进行机械记忆。

(2)意义记忆的效果优于机械记忆

许多研究证明,幼儿对理解了的材料,记忆效果较好。在日常生活中,幼儿对儿歌的记忆比不理解的诗歌效果好。曾有研究者对幼儿记忆常见物体和不熟悉的无意义图形的效果进行比较,结果发现幼儿记忆常见物体的效果明显优于不熟悉的无意义的图形。另外,幼儿对理解了的内容记忆保持的时间也较长。其主要原因如下。

第一,意义记忆是通过对材料的理解而进行的。理解使记忆的材料和过去头脑中已有的知识经验联系起来,把新材料纳入已有的知识经验系统中。

第二，机械记忆只能把事物作为单个的孤立的小单位来记忆，意义记忆使记忆材料互相联系，从而把孤立的小单位联系起来，形成较大的单位或系统。

2.学前儿童的机械记忆和意义记忆都在不断发展

在整个幼儿期，无论是机械记忆还是意义记忆，其效果都随着年龄的增长而有所提高。年龄较小的幼儿意义记忆的效果比机械记忆要高得多，而随着年龄增长，两种记忆效果的差距逐渐缩小，意义记忆的优越性似乎降低了。这种现象并不表明机械记忆的发展越来越迅速，而是由于年龄增长后，意义记忆和机械记忆效果的差异减少，机械记忆中加入了越来越多的理解成分，机械记忆中的理解成分使机械记忆的效果有所提高。

（三）形象记忆占优势，语词记忆逐渐发展

1.学前儿童形象记忆的效果优于语词记忆

形象记忆是根据具体的形象来记忆各种材料。在儿童言语发展之前，其记忆内容只有事物的形象，即只有形象记忆。在儿童言语发生后，直到整个幼儿期，形象记忆仍然占主要地位。

2.形象记忆和语词记忆都随着年龄的增长而发展

幼儿期形象记忆和语词记忆都在发展。从研究中可以看到，3—4岁幼儿无论是形象记忆还是语词记忆，其水平都相对较低。两种记忆都随年龄的增长而增长。

3.形象记忆和语词记忆的差别逐渐缩小

随着年龄的增长，形象和语词都不是单独在儿童的头脑中起作用，而是彼此有越来越密切的相互联系。一方面，幼儿对熟悉的物体能够叫出其名称，那么物体的形象和相应的语词就紧密联系在一起。另一方面，幼儿所熟悉的语词，也必然建立在具体形象的基础上，语词和物体的形象是不可分割的。

第三节 学前儿童记忆力的培养

怎样培养学前儿童的记忆,是家长和教师普遍关注的问题。记忆力是智力发展水平的一个重要标准。针对学前儿童的身心发展特点,培养学前儿童记忆时应遵循客观性原则、发展性原则和教育性原则等。人们的记忆存在着极大的个体差异,主要体现在记忆的敏捷性、记忆的持久性、记忆的准确性和记忆的准备性等四个方面的品质上。培养学前儿童的记忆,主要在于培养记忆的品质。

一、记忆敏捷性的培养

记忆的敏捷性是指识记速度快慢方面的特征。人在记忆的敏捷性方面存在着明显的差别。记忆的敏捷性与人的暂时神经联系形成的速度有关:暂时联系形成得快,记忆就敏捷;暂时联系形成得慢,记忆就迟钝。每个人都希望自己的记忆具有敏捷性,这样就可以在单位时间里获得相对多的知识。提高记忆的敏捷性要求在平时要加强锻炼,在记忆时要专心致志并且要充分和已有的知识经验相联系。家长和幼儿园教师要做到以下三点。

(一)锻炼学前儿童记忆的意识

家长和幼儿园教师在平时要有意识地加强学前儿童记忆力的锻炼,通过锻炼才可以使学前儿童的记忆敏捷起来。

(二)训练学前儿童的注意力

学前儿童的无意注意已经相当发达。凡是鲜明、生动、直观、形象、活动、多变的事物以及与他们的经验有关、符合他们兴趣的事物,都能引起他们的无意注意。学前儿童的有意注意受大脑发育水平的局限,他们的大脑尚处于初步形成时期,要到7岁左右才达到成熟水平。

注意力是贯穿于人的一切活动中的一个复杂而重要的影响因素。离开了对识记材料的注意,是不会有记忆的。记忆时需要集中注意力。学前儿童记忆力的培养和注意力特别是与有意注意的训练密切相关。在学前儿童的记忆过程中,成人可以利用语言组织学前儿童的有意注意,引导或帮助他们明确记忆的目的和任务,产生有意记忆的动机。例如,成人可以通过让学前儿童寻找两种材料(或两种以上材料)之间的不同(或相同)之处,达到训练注意力和记忆力的目的。

(三)引导学前儿童运用已有知识经验

引导学前儿童运用已有知识经验,以此来获得新的知识,就是在已有的条件反射基础上建立新的条件反射,这样记忆就会逐渐敏捷起来。奥苏伯尔的有意义学习理论就说明了这一点。学前儿童的意义记忆随着年龄的增长逐渐发展而且意义记忆的效果不断提高。引导学前儿童在已有知识经验联系的基础上,通过对材料的理解而进行记忆,有利于提高记忆的敏捷性。

二、记忆持久性的培养

记忆的持久性是指记忆内容保持时间长短方面的特征。有的人能记忆的内容长久地保持在头脑中,而有的人则会很快地把记忆的内容遗忘。有研究认为,记忆的持久性与人的暂时神经联系的牢固性有关:暂时神经联系形成得越牢固,则记忆内容保持得越长久;暂时神经联系形成得越不牢固,则记忆内容保持得越短暂。记忆的持久性与记忆的敏捷性之间呈正相关。一般而言,记得快的人,保持的时间较长;但也不尽然,有的人记得快,但是保持的时间却短暂。

只有加深对记忆内容的理解以及合理地安排复习,同时灵活性地运用知识,才能牢固地掌握所学到的知识,使记忆获得持久性。学前儿童记忆持久性的培养措施如下。

(一)运用直观教具

针对学前儿童的记忆以形象记忆为主的特点,恰当地运用实物、标本、模型、图画等直观教具进行教学,提供具体形象、生动鲜明的物体,使儿童对要记忆的内容有更直观的观察和理解,可以提高记忆能力。这是适合学前儿童身心发展特点的、比较有效的培养记忆力的措施。

例如,在学习比较抽象的数的加减运算时,教师利用教具进行演示、讲解,学前儿童就能理解知识,如果同时还可以动手操作的话,学前儿童就可以很快、很长久地掌握知识。学习儿歌时,运用图片、幻灯片、动画或实物等教具向学前儿童解释歌词,就会帮助其记忆歌曲内容,以达到教学的目的。在认识纸时,让学前儿童用手把纸放进水里看纸吸水,把纸放在火上烧一烧,用手撕一撕纸,通过实验,幼儿记住了纸的性质。

在学习“苹果”时，通过看、摸、闻、尝，了解苹果的颜色、形状、味道。最后让他们画苹果，则加深了其对知识的感知，以便更好地保持。

（二）激发兴趣和积极情绪

学前儿童的记忆以无意记忆为主，凡是直观、形象、有趣味、能激发学前儿童兴趣和强烈情绪的事物，都容易被学前儿童记忆。

例如，为学前儿童提供一些色彩鲜明、形象具体、富有感染力的记忆材料，或者做一些不同形状的小卡片（如各类汉字卡片）、能活动的计数器、玩具和实物等，使材料本身能吸引他们的注意力。把需要学前儿童记忆的事物放置在能引起他们兴趣和情绪反应的情境或游戏中，则可以使其牢固识记。对一些杂乱无章的材料，可采用歌诀记忆法，形成一种节奏顺序，也可以提高记忆效果。

（三）明确记忆目的

有意记忆的发生和发展是儿童记忆发展过程中最重要的质变。根据学前儿童有意记忆逐渐发展的特点，在日常生活和各种有组织的活动中，通过布置作业，明确记忆任务等引导学前儿童有意识、有目的地去记忆。例如，教师教给儿童三角形后，除了让幼儿在幼儿园寻找三角形的东西外，还让他们回家找一找什么物体是三角形的，或者依据所学的三角形知识用积木组合小动物或者建筑物，这样既加深了他们对三角形的认识，也运用了所学知识。又如，在听故事、外出参观、饭后散步时，父母可以给儿童提出记忆任务，如果没有具体要求，他们是不会有意识地主动进行记忆的。

（四）组织有效的复习

组织有效的复习，使条件反射不断强化、巩固，这样就可以使记忆获得持久性。通过合理分配复习的时间，采取多样化的、多种感官参与的复习方法等都可以有效地使记忆的保持相对长久。针对学前儿童的心理特点，让多种感官参与复习活动，强化学过的知识，能获得最好的记忆效果。

三、记忆准确性的培养

记忆的准确性是指对记忆内容的识记、保持和再现的精确程度方面的特征。人们的记忆在准确性方面存在差异。准确性是记忆的重要品质，如果缺乏记忆的准确性，敏捷性、持久性就失去了意义。记忆的准确性与人的暂时神经联系的正确性有关：暂时神经联系越正确，记忆的准确性就越好；暂时神经联系越不正确，记忆准确性就越差。记忆的准确性依赖于对事物是非的辨别能力。学前儿童记忆准确性的培养首先要进行认真正确的识记,保证记忆的准确性。同时,对于正确识记的事物,要通过及时有效地复习强化巩固。如果有模糊的识记内容,要及时纠正,这样才能有效地保证记忆的准确性。可以通过认识事物的相同和不同之处,锻炼辨别能力,提高记忆的准确性。

四、记忆准备性的培养

记忆的准备性是指从记忆中提取所需知识的速度快慢方面的特征。它取决于记忆内容的组织性、系统性和熟练化程度等因素。记忆的准备性与大脑皮层神经过程的灵活性有关:由兴奋转入抑制或由抑制转入兴奋都比较容易、比较灵活,那么记忆的准备性的水平就高:反之,记忆的准备性的水平就低。记忆如果没有准备性,就失去了存在的价值。所以,记忆的准备性是判断记忆品质的最重要的标准。

记忆的准备性并不是天生就有的,而是后天培养、锻炼的结果。要使学前儿童的记忆具有良好的准备性,重要的在于确保记忆具有持久性、准确性和系统性。记忆的准备性是在记忆的过程中形成的,所以,特别要强调的是,从记忆一开始就要认真正确,不能马马虎虎。成人要积极引导学前儿童有意识地记忆那些有意义的事物,最好在记忆时就建立起与已有知识经验的联系,使记忆内容条理化、系统化。另外,可以通过各种方法锻炼学前儿童信息提取的技巧和能力。幼儿园教师可以通过顺序训练法、自由回忆训练法和广度训练法等方法锻炼学前儿童的再认或回忆技巧。例如,让学前儿童按顺序识记一些图片,再遮住图片,然后逐个把图片显露出来,每显露出一个图片,让儿童回忆出下面紧接着的图片是什么,也可以让学前儿童听一些记忆材料,听完后立即让他们复述出来。

需要强调的是,游戏是学前儿童的主要活动,游戏是他们认识世界的主要途径。学前儿童记忆可以在各种各样的游戏中得到锻炼和培养。家长和教师要把知识融于游戏之中,使学前儿童在游戏中学习,在游戏中记忆。记忆的四种品质是有机联系、缺一不可的。检验学前儿童的记忆力的好坏,不能单看某一方面的品质,而必须用四个方面的品质进行全面地衡量。不同的个体的记忆品质有很大的差异,但后天都可培养、锻炼,可通过各种方法锻炼记忆的能力与技巧。记忆的各种品质在不同儿童身上有不同的组合。有的人记得快忘得慢,并且记得准确;有的人记得慢忘得也慢;有的人记得快忘得也快;有的人记得慢又忘得快。家长和教师应根据学前儿童的不同情况,采取不同的方法,帮助他们克服自己的缺点,以提高他们的记忆能力。①

①王双宏、黄胜:《学前儿童发展心理学》,西南交通大学出版社2018年版。

本章小结

本章主要介绍了学前儿童心理发展过程中记忆的发展，梳理了学前儿童记忆的发展特点以及如何培养儿童的记忆力等内容。

1. 记忆的三级加工之间具有密切的联系，记忆的过程是识记、保持和回忆。

2. 学前儿童记忆的发展趋势是记忆保持时间的延长、记忆容量的增加、记忆内容的变化、记忆的意识性与记忆策略的形成。

3. 学前儿童记忆发展的特点是无意识记忆占优势，有意识记忆逐渐发展；记忆的理解和组织程度逐渐提高；形象记忆占优势，语词记忆逐渐发展。

4. 培养学前儿童的注意力的途径有记忆敏捷性的培养、记忆持久性的培养、记忆准确性的培养和记忆准备性的培养。

思考与实训

1. 记忆力对学前儿童发展有何影响？

2. 简述学前儿童记忆发展的一般特点。

3. 如何培养学前儿童的记忆力？

4. 结合实际，说一说学前儿童记忆力培养的重要性。

专题探讨

我们经常发现这样一种现象：教师花大力气教幼儿记住某首儿歌，有时候孩子们不能完全记牢，但他们偶尔听到的某个童谣或看到的某个电视广告，只需要一两次就能熟记于心。请结合幼儿记忆的这一现象，分析影响幼儿无意识记忆的因素有哪些。

第六章

学前儿童想象的发展

学习目标

- 了解学前儿童想象发展的基本理论。
- 掌握学前儿童想象能力的特点。
- 掌握并会运用学前儿童想象能力发展的策略。

学习重难点

- 学习重点:了解学前儿童想象发展的基本理论和特点。
- 学习难点:掌握并会运用学前儿童想象能力发展的策略。

案例破冰

有一次,四岁半的菲菲正在家里画画,奶奶在一旁兴致勃勃地指导,菲菲先画了绿色的树,然后画上绿色的花和草,当她在草地上画了绿色的小鸡时,奶奶眉头紧皱并说道:“哦,画的是小鸡在公园玩啊,天气怎么样呢?出太阳了吧,宝宝画个太阳公公吧!”菲菲接着用绿彩笔画了个太阳,奶奶连忙叫道:“不对,不对,太阳应该是红色的啊,还有小鸡,本来是黄色的,花朵是五颜六色的,你怎么都画成绿色了呢?”菲菲扬起小脸说道:“我戴上绿眼镜,看到的都是绿色了。”奶奶若有所思地点了点头。

生活中,很多时候我们也像案例中的奶奶一样,经常站在自己的角度去看待事物,而儿童却是在想象中,在多彩的体验中慢慢建构起成长感的。那么,什么是想象?想象在儿童的心理发展中有何作用?儿童想象有什么特点以及如何在活动中发展学前儿童的想象?

第一节 想象概述

一、想象的概念

想象是对头脑中已有的表象进行加工改造,形成新形象的过程。想象是以感知过的事物形象为基础,即以记忆表象为原材料进行加工而形成的。

表象是过去感知过的事物形象在头脑中再现的过程。记忆和想象都是表象的过程。表象一方面具有形象性,另一方面又具有概括性。它是我们认识这个世界的一个重要环节,是从对事物的感性认识上升到理性认识的桥梁和纽带。表象属于认识的初级阶段,即感性认识阶段。而想象与思维有密切的联系,属于认知的高级阶段,即理性认识阶段。记忆是想象的基础,想象的发生离不开记忆。[①]

二、想象的特点

Ligon通过对这些学前儿童想象力的研究,将学前儿童的想象力发展分为三个阶段,而且想象力不断得到提高[②]。Cacciari等让6岁和10岁的儿童画出一些不存在的动物和房子,发现儿童具有想象出新的动物和房子的能力,但是儿童的创造性想象活动明显受到熟悉概念的影响。年龄较小儿童和年龄较大儿童相比,更少跨越概念范围进行想象,如将有生命的动物特征加在假象中的房屋上。这一研究发现说明了儿童的想象也在很大程度上受到知识经验的影响[③]。

(一)形象性

想象是在感知的基础上,改造旧的表象创造新形象的心理过程。它在人们大脑中呈现出的是直观的形象,而不是词或者符号。想象中出现的形象是新的,是在已有表象的基础上进行加工改造的结果,而不是表象的简单再现。例如,当我们读王维的诗

①王艳玲、裴元庆、毛志新:《学前心理学》,北京师范大学出版社2017年版。

②Ligon, E. M. (1939). *Their future is now: The growth and development of Charistian personality.* New York, NY: The Macmillan Company.

③Cacciari, C., Levorato, M.C., & Cicogna, P. (1997). *Creative thought: An investigation of conceptual structures and processes.* Washington, DC: American Psychological Association.

句“大漠孤烟直，长河落日圆”时，大脑中出现的是一幅边陲大漠壮阔雄奇的景象。虽然这样的场景我们并没有亲自见到过，但是我们大脑中存储的有沙漠、落日、狼烟等表象，人脑就对这些表象进行加工组合，从而形成一幅这样的画面。

（二）新颖性

想象的新颖性表现在想象不仅可以创造出人们未曾感知过的客观事物的形象，还可以创造出现实中根本不存在的形象。例如，作家在科幻作品中描写的外星人。尽管这类形象离奇古怪，有时甚至是荒诞无稽的，但它们仍来自现实中，来自人脑对记忆表象的加工。想象的形象在现实生活中都能找到原型，同其他心理活动一样，都是对客观现实的反映。例如，东方人描写的鬼怪形象一般都接近于东方人，西方人描写的鬼怪形象都接近于西方人。

三、想象的分类

根据想象时有无目的性和自觉性，想象可以分为无意想象和有意想象。

（一）无意想象

无意想象是一种没有目的的、自觉的想象。它是人们在某种刺激的作用下，不由自主地想象某种事物形象的过程。如幼儿看到天上白云的形状，一会儿想象它是一匹飞奔的“骏马”；一会儿想象它是一座会动的山。无意想象是最简单和初级形式的想象。

梦，是无意想象的一个极端的例子。梦是一种无意想象，是人在睡眠状态下的一种无目的的、不由自主的奇异现象。从梦境的内容上看，它是过去经验的奇特组合。按照巴甫洛夫的解释，梦是人在睡眠中，大脑皮质产生的一种弥漫性抑制，由于抑制发展的不平衡，皮层的某些部位出现活跃状态，暂时神经联系以意想不到的方式重新组合而产生的各种形象，就出现了梦。

拓展阅读

幼儿的梦

梦完全不受意识支配，皮亚杰称之为“无意识的象征”。

1.梦的生理基础

梦发生在快速眼动睡眠阶段。生理学研究说明，睡眠有两种功能，一是休息功能，大脑皮质的神经细胞进入保护性抑制，使我们得到休息；二是处理已有信息的功能，梦是属于头脑中已有信息的加工活动。

2.梦最早发生的年龄

皮亚杰在研究中明确观察到儿童最早的梦是在一岁零九个月至两岁之间。这时儿童开始说梦话，睡醒后会说出梦境。

3.梦与游戏

梦和游戏有相似之处，都是想象性地运用象征的活动。皮亚杰指出：象征活动中有一种是主体意识到的，有一种是主体意识不到的。①

(二)有意想象

有意想象是个体在预定目的、意图和任务的影响下有意识地进行的想象。人们在现实生活中，为实现某个目标、完成某项任务所进行的想象都属于有意想象。这种想象活动具有一定的预见性和方向性。例如，文学家在头脑中构思的人物形象都属于有意想象的结果。

按照有意想象内容的新颖性、独立性和创造性的程度的不同，可以把有意想象分为再造想象和创造想象。

1.再造想象

再造想象是根据言语的描述或图形的示意，在头脑中形成相应的新形象的过程。例如，建筑工人看着设计图纸，头脑中就能浮现出将要建成的大楼的模样；小朋友听老师讲《龟兔赛跑》的故事，仿佛看到了沉稳而踏实的小乌龟和灵活而骄傲的小兔子赛跑的情景，这些都属于再造想象。再造想象的新形象不是想象者自己创造出来的，而是再现他人描述的形象，但是再造想象并不是别人想象的简单再现，而是依据自己以往的经验再造出来的。因此，再造想象会受到个体知识、经验、兴趣、爱好、能力等方面的影响。正如鲁迅对《红楼梦》的读者有过这样的评价："经学家看见《易》，道学家看见淫，才子看见缠绵，革命家看见排满，流言家看见宫闱秘事……"

2.创造想象

创造想象是根据已有形象在头脑中独立创造新形象的过程。例如，科学家提出新构想、发明家革新工艺、文学家进行文学创作等活动所进行的想象，都属于创造想象。创造想象具有首创性、独立性和新颖性的特点。创造想象所形成的新形象是现实生活

①陈帼眉：《学前心理学》，人民教育出版社2003年版。

中没有的或是从来没有见过的,所以它比再造想象要复杂和困难。创造想象要对已有的感性材料进行深入分析、综合,根据实践的需要,在头脑里进行创造性构思。

创造想象是一切创造活动、科学发明与发现的必要条件。正如爱因斯坦所说:“想象力比知识更重要,因为知识是有限的,而想象力概括着世界上的一切并推动着世界进步。想象才是知识进化的源泉。”

第二节　想象的发展特点

一、无意想象占主导地位，有意想象逐渐发展

（一）想象无预定目的，由外界刺激直接引起

如3—4岁的幼儿看见小玩具车或者是小凳子，就开着“车”当司机，嘴里还“嘀嘀……嘟嘟……下车了”说个不停。幼儿画画也是如此，如看见糖果就要画糖果，其他的小朋友也跟着画。

（二）想象的主题不稳定，内容零散

应该说在幼儿期，由于生理和心理发展得不成熟，孩子们在很多方面都表现出不稳定的现象。如在游戏中，幼儿正在当“老师”，忽然看见别的小朋友在给娃娃打针，他也跑去当“医生”，加入打针的行列。在绘画活动中表现得更明显，一会儿画人，一会儿画树，一会儿又去画小虫、小花等，当说他画得不像树时，他立刻说“这是火箭”，显现出一串串无系统的自由联想。

（三）以想象过程为满足

由于幼儿的想象主要是无意想象，所以幼儿的想象一般没有什么目的，更多的是从想象的过程中得到满足。如小朋友讲故事时，看起来有声有色，既抑扬顿挫，又有表情，还有动作。听故事的小朋友也相当投入，听得津津有味，但成人却不知道他在讲什么，完全没有来龙去脉和情节。孩子们就这样在讲和听的过程中进行想象，感到满足。

有意想象在幼儿期开始萌芽，幼儿晚期有了比较明显的表现。在大班幼儿的活动中出现了更多有目的、有主题的想象，但这种有意想象的水平还很低，并且受条件的左右。如在游戏状态下，4岁左右的幼儿有意想象的水平都较高，而在实验条件下，有意想象的水平就很低。在教育的作用下，有意想象逐渐发展起来，并且逐渐占主导地位。

二、再造想象占主导地位，创造想象开始发展

幼儿期主要以再造想象为主，创造想象在再造想象的基础上逐渐发展起来。幼儿

再造想象的特点是，想象依赖于成人的语言描述；想象常常随着外界情境的变化而变化；实际行动是幼儿想象的必要条件。2岁是幼儿想象发展的最初阶段，这时期幼儿想象的过程进行缓慢，依赖于成人的语言提示和感知动作的辅助；想象在幼儿3—4岁时迅速发展，这时以再造想象为线索，在幼儿的绘画、音乐、游戏等活动中都出现了再造想象的成分；4—5岁的幼儿在再造想象的过程中，逐渐开始独立地而不是根据成人的语言描述去进行想象，想象的内容已有独立创造的萌芽。5—6岁的幼儿的创造想象已经有相当明显的发展，想象内容开始有了较多的新颖性，如幼儿开始想象“摘下月亮挂在屋里照亮”等。

幼儿期是创造想象开始发生的时期，这个时期的创造想象主要有以下特点：第一，最初的创造想象是无意的自由联想，这种最初级的创造，严格说来，还只是创造想象的萌芽或雏形。第二，幼儿创造想象的形象与原型只是稍有不同，是一种典型的不完全模仿，如原型是3个圆圈，幼儿“创造”出5个圆圈。第三，想象情节逐渐丰富，从原型发散出来的数量和种类增加。幼儿创造想象的发展大致经历三个阶段：(1)3岁左右幼儿想象的创造性还很低，基本上是以重现生活中某些经验的再造想象为主。(2)4岁左右的幼儿，随着知识经验的丰富以及语言和抽象概括能力的提高，幼儿的想象便有了一些创造性成分，如在看图说话时，加入本来没有的人物、情节，使整个故事更加生动、丰满；能用图形组合出许多别人意想不到的物品，比如用一个椭圆形以及两个小长三角形组成企鹅、两个三角形组成蝴蝶等。(3)幼儿5岁时想象内容丰富，新颖性增加，独立性发展到较高水平，且力求符合客观现实，能更多地运用创造想象进行一些创造性的游戏和活动。

三、想象内容由贫乏、零碎向丰富、完整发展

进入幼儿期，儿童的想象内容较之婴儿期更为丰富，但从发展上来说，还是很贫乏。他们用以想象的形象基本就是日常生活中和他最接近的人和事物，如爸爸、妈妈、汽车、娃娃、小猫等。数目很少，而且形象比较零碎、不完整，彼此之间缺乏联系。5—6岁时，幼儿随着知识经验的积累，想象内容逐渐丰富。这表现为幼儿不仅更细致、具体地反映他最接近的事物，而且展开了幻想的翅膀。在游戏、画画时，他们也能逐渐考虑角色、形象的完整性以及各形象之间的相互关系，能把各有关形象及形象的各主要特征联系起来。想象内容逐渐变得丰富、完整和系统。总体而言，幼儿的想象水平仍然是比较低的。

四、容易把现实与想象混淆，有夸大与虚构的现象

幼儿在言谈中常常有虚构的成分，对事物的某些特征和情节往往加以夸大。如幼儿画画时，常把衣服扣子或他喜欢的东西画得很大。再如，当幼儿听到小伙伴津津有味地讲述自己去游乐场玩得特别高兴时，他既羡慕又想象着游乐场有多好玩，就会说"我妈妈也带我去了"。这并非说谎，而是幼儿将想象与现实混淆，是幼儿心理水平低，发展还不成熟的表现。一旦有这种情况发生，成人要耐心了解，弄清真相。如果真是由于想象与现实的混淆，成人应该耐心地指导儿童，帮助他们分清想象与现实。

随着知识经验的增加以及认识能力的逐渐提高，到了幼儿中后期，儿童已经能够分清真的和假的、向往的和真实的，逐步开始运用合乎现实的逻辑。

（一）想象脱离现实

幼儿想象脱离现实的情况，主要表现为想象具有夸张性。学前儿童特别喜欢听童话故事，因为童话故事中有很多夸张的成分，什么大人国、小人国、长鼻子公主，还有那些能长到天上去的豌豆，只有拇指大小的姑娘，都让孩子着迷不已，不吃饭不睡觉也要听故事。

儿童在自己讲述事情时，也往往用夸张的说法："我爸爸买的西瓜可大了，有这么大，这么大，一百人都吃不完！"边说还边张开双臂比画着，直到手臂完全张开。至于这些说法是否符合实际，他们是不太关心的。学前儿童想象的夸张性还体现在绘画活动中，儿童感兴趣的东西，往往在其意识中占主要地位。对小鸡有兴趣，有可能把小鸡画得有三个小朋友那么大；画人时，人体某个部分表现得特别夸张，比如妈妈本来是长头发，有点卷，会被孩子画成长到膝盖的长卷发；爸爸头发有些稀疏，被孩子画成了一片"盐碱地"，寸草不生。

（二）想象与现实混淆

学前儿童常常把想象的事情当成是真实的。尤其是小班儿童，这种情况比较多。主要表现在三个方面：第一，把渴望得到的东西说成是已经得到。如有孩子告诉老师："我爸爸从香港给我买了一辆赛车！"经老师了解，原来是孩子的爸爸准备赴港，说好给孩子带一辆玩具赛车，但还没有动身。第二，把希望发生的事当成是已经发生的事来描述。如某位小朋友听小伙伴描述去香港迪士尼乐园游玩的事，很开心。于是这位小朋友也有了去迪斯尼的愿望。把"玩"的过程想象了一下（根据别人的描述而想象），然后跟别的小伙伴说他自己去迪斯尼的经历。第三，在参加游戏或欣赏文艺作品时，往往身临其境，与角色产生同样的情感反应。如儿童看动画片《猫和老鼠》，总是为老鼠

的逃脱而欢悦。中、大班儿童想象与现实混淆的情况已减少。孩子们听到一些事情后，常问："这是真的吗？"有些大班儿童甚至不喜欢听童话故事，希望老师"讲个真的！"说明他们已经意识到想象的东西与真实情况是有区别的。

整个学前期，儿童的想象是以无意想象为主，有意想象开始发展；以再造想象为主，创造性想象开始发展；同时想象还会和现实混淆。学前儿童想象活跃，富于幻想，而且很大胆。因此有人认为学前时期是想象发展最快的时期，此时期的儿童甚至比成人更善于想象，这是不正确的。因为，想象水平直接取决于表象的数量和质量以及分析综合能力的发展程度。而学前儿童的知识经验和语言水平都远不如成人，且表现的丰富性和准确性都比成人差，思维发展水平也不如成人，所以儿童想象的有意性、协调性、丰富性和创造性都不会超过成人。但是，学前期是想象非常活跃的时期，应该重视学前儿童想象力的发展，这是促进他们智力发展的一个重要方面。[①]

①王双宏、黄胜：《学前儿童发展心理学》，西南交通大学出版社2018年版。

第三节　学前儿童想象能力的培养

一、丰富幼儿的感性知识，积累想象的素材

孩子生活内容越丰富，头脑中存储的各类事物的形象越多，想象的素材就越多。婴幼儿时期想象的特点是由再造想象到创造想象，以再造想象为主导。所以，要促进幼儿想象力的发展，可以有计划地经常带幼儿到社区、动物园、乡村、博物馆、科技馆进行参观、旅游等活动，启发他们认识各种事物，还可以充分利用图书与互联网，进一步开阔幼儿的视野。

二、保护幼儿的好奇心，培养想象的主动性

心理学研究表明，幼儿的好奇心与创造力的发展是成正比的。因此父母需要培养幼儿主动想象的意愿与能力。无论孩子的想象有多离奇，父母都要保护其想象的欲望，鼓励孩子大胆想象，并适时地进行引导。

三、开展各种游戏活动，创设想象的情境

游戏是幼儿的基本活动，而在各种游戏中角色游戏与构造游戏最能激发幼儿的想象。玩具和游戏材料是引起幼儿想象的物质基础。因此，我们要多为幼儿提供玩具与游戏材料，让他们在游戏中加工、制造、想象，从而激发想象的发展。我们应根据孩子不同的年龄特征和兴趣爱好提供合适的玩具。玩具不必太复杂，否则会限制幼儿的想象，也可以为孩子提供半成品的材料，让幼儿在制作过程中加工、创造、想象。

四、充分利用文学、艺术等形式，激发幼儿的想象力

充满想象的童话和神话故事最能引起幼儿的遐想，所以要有目的地去选择能够激活幼儿想象的文学作品，还可以采用续编故事、排图讲述等形式来激发孩子，提高幼儿的想象力。另外，音乐和美术活动也是发展孩子想象力的有效途径，让孩子在体验艺

术美感的同时培养他们丰富的想象力。值得注意的是，在幼儿按照自己的想象进行音乐或美术活动时，教师不要干涉，更不要替代，要让孩子按照自己的意愿自由地发挥，让幼儿充分享受独立创造的快乐。

五、鼓励大胆想象，营造宽松的心理氛围

要给幼儿想象充分自由，培养他们敢想、多想的创新精神。我们在日常生活、教学活动和游戏活动中必须注意给幼儿以想象的充分自由，鼓励幼儿积极动脑，自由畅想，并且当幼儿的想象出现了新颖性、独创性时，就要给予鼓励和表扬。

六、教给幼儿表达想象形象的技能技巧

幼儿有丰富的想象，如果不具有相应的表达想象的技能技巧，新形象就只能停留在头脑中，而不能转化为实实在在的东西，这势必会影响到幼儿的自由想象，妨碍幼儿想象力、创造力的发展。因此，让幼儿掌握一定的技能技巧，也是发展想象力所不可缺少的。幼儿表达想象的技能技巧包括绘画技能、音乐表演技能、建筑结构技能、进行创造性游戏的技能等。

拓展阅读

别剪掉天鹅的翅膀

在美国内华达州，一位母亲认为自己的女儿上幼儿园后认识了字母“O”，失去了以前对“O”说成苹果、太阳、足球、鸟蛋之类的圆形东西的想象力，便把劳拉三世幼儿园告上了法庭，并且胜诉了。因为，陪审团被这位母亲在辩护时讲的一个故事感动了。

这位母亲曾到某个国家旅行，在一家公园里见到了两只天鹅，一只天鹅被剪去了左边的翅膀，一只天鹅的翅膀完好无损。被剪去翅膀的天鹅被放在较大的一片水塘里，翅膀完好的天鹅被放养在较小的水塘里。她非常不解，管理员告诉她，这样能防止她们逃跑。因为，剪去一边翅膀的天鹅无法保持平衡，飞起来后会掉下来；在小池塘的天鹅虽没有被剪去翅膀，但起飞时会因为没有必需的滑翔路程，而只能老实地待在水里。她听后既震惊又感到悲哀，为天鹅悲哀。她为女儿打官司，就是因为她感到女儿变成了劳拉三世幼儿园里的一

只天鹅。他们剪掉了女儿的一只“翅膀”,一只幻想的“翅膀”,早早地把她投进了那片小水塘。

想象与童心相伴,多数人在长大后,想象力也就随风飘逝,而剥夺这份与生俱来的财富的,恰恰是不恰当的教育,是缺乏想象力的教师。在教师善意的管束下,孩子的想象力就像被剪去了翅膀的小鸟,被束缚住了……

本章小结

本章主要介绍了学前儿童心理发展过程中想象的发展,梳理了学前儿童想象的发展特点、如何培养儿童的想象力等内容。

1. 想象的特点是形象性和新颖,想象分为无意想象和有意想象。

2. 学前儿童想象的发展特点是无意想象占主导位置,有意想象逐渐发展;再造想象占主导地位,创造想象开始发展;想象内容由贫乏、零碎向丰富完整发展;容易把现实和想象混淆,有夸大和虚构的现象。

3. 培养学前儿童的想象力的途径有:丰富幼儿的感性知识,积累想象的素材;保护幼儿的好奇心,培养想象的主动性;开展各种游戏活动,创设想象的情境;充分利用文学、艺术等形式,激发幼儿的想象力;鼓励大胆想象,营造宽松的心理氛围;教给幼儿表达想象的技能技巧。

思考与实训

1. 想象力对学前儿童发展有何影响?
2. 简述学前儿童想象发展的一般特点。
3. 如何培养学前儿童的想象力?
4. 结合实际,说一说学前儿童想象力培养的重要性。

专题探讨

阿里巴巴

菲菲两岁半了,走起路来,两只稚气的小手向两边翘着,小胸脯一挺一挺的。她来托儿所的时候,爱背一个米黄色的小书包,月牙形的,四周缀着白色的花边,阳光下一闪一闪。

“阿里巴巴,阿里巴巴是个快乐的青年。”

阿姨让她唱歌的时候,她就这样唱。头儿歪着,小手比画着,红扑扑的双腮上还有两个小酒窝。

"阿姨,我会讲故事。"中午睡醒之后,她就给小朋友讲起故事来。她坐在中间,四五个小朋友围着她,眼睛一眨一眨地看着她。"讲呀,我们等着呢!"

"从前有座山,山上有座庙。"

"然后呢?"

"然后……"她想了想:"庙里有个老爷爷。"

"然后呢?"

"老爷爷喂着个小猴。"一说到小猴,她立刻兴奋了,长长的睫毛频频地眨动着,胖胖的小手笨拙地学着小猴的动作。

"讲得好,讲得好,"阿姨表扬她,她自己竟"噢噢"地起着哄,带头鼓起掌来。

"然后呢?"小朋友又催她往下讲,她想了想说:"小猴见到一只大公鸡,大公鸡咕咕——!叫得可好听呢!"

接着小朋友都学着公鸡叫起来。讲完故事,菲菲就从小书包里取出画笔和纸,一个人走到屋角,坐在咖啡色的小凳子上,伏在小桌上画起画来。胖胖的小手攥着笔,口中唱着"阿里巴巴",画一只很大很大的手。

"菲菲,画的什么呀?"

阿姨问她,她也不抬头,只是自语说:"这是我爸爸的大手,可有劲了,一下就把大灰狼打死了。"

"这又是什么呀?"

"这是我爸爸的腿,你看多粗呀,上边还有毛毛呢!"说着就画了很多毛毛。

"你爸爸喜欢你吗?"

"喜欢。"

她说着就放下画笔,双手把那张纸举起来,看着自己画的那长着毛毛的腿,努着小嘴一下一下地亲起来,还发出响亮的"啧啧"声。

下午四点半,小朋友先后被接走了。她还坐在那里,唱着"阿里巴巴",画着爸爸的头和四肢,每画完一样,都捧起来亲一阵子。年轻的妈妈来了,她被接走了。她天天唱着"阿里巴巴",但托儿所的阿姨从来没有见过她的爸爸,只是见到,她妈妈的双眼是潮湿的……

探讨:菲菲出现了什么问题?应该怎么解决呢?

第七章

学前儿童思维的发展

学习目标

- 了解思维的含义及在学前儿童心理发展中的作用。
- 理解并掌握学前儿童思维发展的特点。
- 掌握并学会运用学前儿童思维培养策略。

学习重难点

- 重点：理解并掌握学前儿童思维发展的特点。
- 难点：掌握并学会运用学前儿童思维培养策略。

案例破冰

中班的丽丽很喜欢玩橡皮泥，但是她在玩橡皮泥时往往没有计划性。她把橡皮泥搓成团就说是包子，搓成长条就说是油条，把橡皮泥压扁就说是饼干……

有一次妈妈问丽丽3加2等于几？丽丽摇头说不知道，但是当妈妈递给她三颗糖果，然后再给她两颗糖果，丽丽就立马知道妈妈一共给了她五颗糖果。

案例中的丽丽处于思维发展的什么阶段呢？这个阶段的思维主要有哪些特征和表现呢？针对这一阶段的思维特点，教师该如何实施教育呢？这就是我们本章要探讨的问题。

第一节　思维概述

一、思维的概念

思维是人脑对客观事物的本质及其规律的间接反映。思维是个体接收信息、储存信息、加工信息以及输出信息的活动过程，是一种高级的认识活动。它是在感觉、知觉和记忆的基础上产生的，但是思维要比它们更复杂。感觉、知觉是人脑对客观事物的直接反映，而思维则是间接的反映，它反映的是客观事物的本质及其规律的联系。例如：我们知道水和温度之间的关系，水加热到100度就会沸腾，而把水的温度降低到零摄氏度就会结冰。这些都是人脑对客观事物的本质及其规律的认识。

二、思维的特性

（一）间接性

思维的间接性是指不是直接通过感觉器官，而是通过其他媒介来认识客观事物。例如，医生通过看体检报告来对病人的身体状况进行诊断。

（二）概括性

思维的概括性主要表现在两方面，一是思维反映的是同一类事物共同的、本质的属性；二是思维还可以反映事物的内部联系和规律。例如，古人通过“蚂蚁搬家”“蛇过道”得出“蚂蚁搬家蛇过道，大雨不久要来到”的结论。这种现象体现的是概括性，体现的是发现事物的内部规律和联系。

三、思维的分类

（一）根据思维的内容可分为直观动作思维、具体形象思维、抽象逻辑思维

直观动作思维是指在思维过程中要以具体、实际动作作为支柱而进行的思维，这种思维所要解决的任务目标一般总是直观的、具体的。例如，修理工在修理电器时一

边操作一边思考,体现的是直观动作思维。具体形象思维是指在思维过程中借助于表象而进行的思维。例如,幼儿通过掰手指数数。抽象逻辑思维是指在思维过程中以概念、判断、推理的形式来反映事物本质属性和内在规律的思维。例如,学生在学习有关的动物知识时,能够通过鹦鹉是卵生的,鸽子也是卵生的,鹦鹉和鸽子属于鸟类,推理出鸟类是卵生动物,体现的是抽象逻辑思维。

(二)根据思维的逻辑性可分为直觉思维和分析思维

直觉思维是未经逐步分析就迅速对问题答案做出合理的猜测、设想或突然领悟的思维。例如,在进行文学创作时突然灵感涌现体现的是直觉思维,因为灵感涌现没有经过分析。分析思维是经过逐步分析后,对问题解决做出明确结论的思维。例如警察在破案时通过找线索、取证、对证等一步步分析最终锁定和找出犯罪嫌疑人,体现的是分析思维。

(三)根据思维的指向性可分为聚合思维和发散思维

聚合思维也称为集中思维、求同思维,是指人们解决问题时,思路集中到一个方向,从而形成唯一的、确定的答案。如在数学解题中经常让学生找出最佳答案这体现的就是聚合思维。发散思维也称为求异思维,是指人们解决问题时,思路向各种可能的方向扩散,从而求得多种答案。这一过程是从给予的信息中产生多种信息的过程,因为发散思维使思考者不拘泥于一个途径、一个方法。例如让学生思考废弃的纸箱的多种用途体现的就是发散思维。

(四)根据思维的创新性程度可分为常规思维和创造性思维

常规思维也称为再造性思维,是指人们运用已获得的知识经验,按现成的方案和程序,用惯用的方法、固定的模式来解决问题的思维方式。例如学生用同样的数学公式去解相似的数学题目。创造性思维是以新颖、独特的方式来解决问题的思维方式。例如司马光砸缸的故事体现的就是用新的方式解决问题,体现了创造性思维。

第二节 学前儿童思维的规律与特点

一、学前儿童思维发展的一般规律

儿童的思维发生在感知、记忆等过程之后，与言语真正的发生时间相同，即2岁左右。2岁前是思维发生的准备期。最初出现的词语概括是儿童思维发生的标志。学前早期以直觉行动思维为主，学前中期以具体形象思维为主，学前末期开始出现抽象逻辑思维的萌芽。

（一）直觉行动思维

直觉行动思维又称为直观行动思维，是指依靠感知和动作来进行的思维。直觉行动思维是最低水平的思维，这种思维在2—3岁幼儿身上体现最为突出，在3—4岁幼儿身上也常有体现。直觉行动思维离不开幼儿自身对物体的感知，离不开幼儿自身的动作。例如，婴儿躺在摇篮里，盯着挂在摇篮上的铃铛，偶尔用脚触碰到铃铛，铃铛就会发出响声，那么婴儿下次看到铃铛并想让铃铛发出响声时，他就会抬脚去触碰铃铛。

1.直观性与动作性

该时期的幼儿，动作是其思维的起点，是解决问题的手段。幼儿借助动作接触具体事物，借助动作对外界形成认识。因为幼儿思考和解决问题的行为还没有分开来，因此他不能预见和计划自己的行动。简而言之，这个时期的幼儿不是先想好了再行动，而是边想边做的。例如，幼儿作画常常事先没有目的，即先做后想，或者边画边想，只有画出来之后才知道画的是什么。

2.间接性和概括性

直觉行动思维的概括性首先表现在动作之中，例如，幼儿用同样的动作摆弄同一物品会产生同样的结果，这就在幼儿脑中形成了固定的联系，之后遇到类似的情景也会运用同样的方法。在感知方面，幼儿常以事物的外部相似点为依据进行知觉判断。

虽然直觉行动思维可以在刺激物的复杂关系和反应动作之间形成联系，具有一定的概括性，但是由于缺乏词的中介，幼儿对外部世界的反应只是简单运动性和直觉性的，而不是概念的。因此，它只是一种“动作的思维”。

（二）具体形象思维

具体形象思维又称为表象思维，是指依靠事物的形象和表象来进行的思维。表象即人们在头脑中出现的关于外部事物的形象。它介于直觉行动思维和抽象逻辑思维之间，是幼儿期典型的思维方式。幼儿随着动作的熟练，一些试误性的无效动作逐渐被压缩、省略，而由经验来代替。一些实际动作就可以由表象来代替，通过在头脑中搜索表象，来采取相应动作。这时期的幼儿不是通过动作来思考，而是通过表象思考。从某种意义上来说，具体形象思维是真正的思维的产生，真正由"动作的思维"转为"脑的思维"。

1. 具体性与形象性

（1）具体性

幼儿在思考时要借助具体的事物，他们能掌握代表实际东西的概念，却不易掌握抽象概念。例如幼儿能掌握"手机""电脑"等概念，但却难掌握"电子产品"这个概念。

（2）形象性

幼儿思维的形象性表现在依靠事物在头脑中的形象进行思维，例如幼儿对"儿子"一词的理解，他们认为年龄较小的才是"儿子"，却难以理解爸爸、叔叔也是爷爷的"儿子"。

2. 思维动作的内隐性

在直觉行动思维时期，幼儿采用"尝试错误"的方法，用"动作"解决问题和进行经验的积累，这种思维过程是"外显"的。具体形象思维时期，幼儿不再依靠一次又一次的实际尝试，而开始依靠关于行动条件和行动方式的表象进行思维。思维的过程从"外显"转为了"内隐"。

3. 自我中心性

该时期的幼儿缺乏观点采择能力，只从自己的观点看待世界，难以认识他人的观点。

经典研究介绍

"三山实验"

皮亚杰设计的"三山实验"是证明自我中心思维的一个典型实验。实验材料是一个包括三座高低、大小和颜色不同的三座假山模型，实验首先要求儿童从模型的四个角度观察这三座山，然后要求儿童面对模型而坐，并且放一个玩具娃娃在山的另一边，要求儿童从四张图片中指出哪一张是玩具娃娃看到的

"山"。结果发现幼童无法完成这个任务。他们只能从自己的角度来描述"三山"的形状。

该时期幼儿自我中心的特点还伴随着其他一些表现。

(1)思维的不可逆性

思维的可逆性是指在头脑中进行的思维运算活动,有两种:一种是反演可逆性,认识到改变了的形状或方位还可以改变回原状或原位。如把胶泥球变成香肠形状,幼儿会认为,香肠变大,大于球状了,却认识不到香肠再变回球状,两者就一般大了。另一种是互反可逆性,即两个运算互为逆运算,如$A=B$,则反运算为$B=A$;$A>B$,则反运算为$B<A$。幼儿难以完成这种运算,他们尚缺乏对这种事物之间变化关系的可逆运算能力。

(2)拟人性(泛灵论)

该阶段的幼儿常常由己推人,认为世间万物都是和自己一样有生命、有情感、有灵性的,常常把人的动机和意识推广到无生命的事物上。如冬天到了,下雪了,有的幼儿看着屋外的小树就会担心小树冷不冷。

(3)经验性

幼儿的思维是根据自己的生活经验来进行的。比如幼儿想孵化小鸡,他们就会自己坐在鸡蛋上进行孵化。

(三)抽象逻辑思维

抽象逻辑思维是指以抽象的概念、判断、推理的形式来反映客观事物的本质特征和内在联系的思维。学前儿童晚期时,出现了抽象逻辑思维的萌芽。随着抽象逻辑思维的萌芽,幼儿开始逐渐"去自我中心化"。幼儿开始学会站在不同的角度思考问题,开始获得守恒概念,开始理解事物的相对性。

守恒性是皮亚杰理论中的重要概念,是衡量儿童运算水平的标志之一。守恒是个体对概念本质的认识能力或概念的稳定性。具体指的是物体的某种本质特征,如物体的重量、体积、长度等不因其他非本质特征的变化而变化。研究表明,儿童最先掌握的是数目守恒(6—7岁),接着是物质守恒和长度守恒(7—8岁),面积和重量守恒(9—10岁),最后是体积守恒(12岁)。

总的来说,三种思维的发展顺序是固定的、不可逆的,前一种是后一种的基础和条件,后一种则是前一种的突破。三种思维在一定条件下相互独立、相互联系、相互配合、相互补充。幼儿阶段占主要优势地位的是具体形象思维,当遇到简单又熟悉的问题时,能够运用抽象逻辑思维,当遇到比较复杂的问题时,又不得不求助于直觉运动思维。

经典研究

皮亚杰守恒实验

【材料准备】

纽扣、木棒、杯子、橡皮泥、水。

【内容与步骤】

1.数量守恒实验:向儿童呈现两排一模一样的纽扣,在儿童回答两排纽扣的数量是一样的之后,将其中的一排纽扣间的距离拉开或压缩,问儿童两排的纽扣数量是否相同。

2.长度守恒实验:在儿童面前并排呈现两根长度一样的木棒,在儿童回答两根木棒长度相等后,把其中一根向右(或向左)移动一段距离,问儿童两根木棒的长度是否相等。

3.液体守恒实验:向儿童呈现两个一模一样的杯子,把两个杯子装上相同数量的液体。在儿童认为两个杯子装有相同数量的液体后,将一个杯子中的液体倒入一个又高又细的杯子里,并问儿童"这个杯子(较高的一个)里的水与这个杯子(比较矮的杯子)的水一样多吗?为什么?"

4.重量守恒实验:先把两个大小、形状、重量相同的橡皮泥捏成球,给儿童看,在儿童认为两个泥球一样重后,把其中一个做成薄饼状或香肠状,问儿童:大小、重量是否相同?

【结果与评估】

1.数量守恒:在主试将其中的一排纽扣间的距离拉开或压缩后,如果儿童回答两排的纽扣数不相同,说明儿童还没有达到数量守恒;如果回答相同,则说明已达到数量守恒。

2.长度守恒:在主试把其中一根木棒向右(或向左)移动一段距离后,如果儿童回答两根木棒的长度不相等,说明儿童还没形成长度守恒;如果回答两根木棒长度相等,则说明长度守恒已形成。

3.液体守恒:在主试将一个杯子中的液体倒入一个又高又细的杯子里后,如果儿童回答两个杯子的液体不一样多,说明儿童还没形成液体守恒;如果回答两个杯子里的液体一样多,则说明儿童已形成液体守恒。

4.重量守恒:在主试把其中一个泥球做成薄饼状后,如果儿童回答两个泥球不一样大或不一样重,说明儿童还没形成重量守恒;如果回答两个泥球一样大或一样重,则说明儿童形成了重量守恒。[①]

---

① 沈雪梅:《学前儿童心理发展分析与指导》,复旦大学出版社2014年版,第52-53页。

二、学前儿童思维发展的特点

(一)学前儿童掌握概念的特点

儿童对概念的掌握受其概括能力发展水平的制约。一般认为,儿童概括能力的发展可以分为三种水平:动作水平的概括、形象水平的概括和本质水平的概括,它们分别与三种思维方式相对应。儿童的概括能力主要属于形象水平,后期开始向本质抽象水平发展,这决定了他们掌握概念的基本特点。

1.以掌握具体实物概念为主,向掌握抽象概念发展

儿童最初掌握的概念大多是日常生活中所接触的各类事物的名称,如玩具、人称、动物、植物、生活用品等。因为这类概念的内涵往往可以被感性材料清楚地揭示出来,例如,“桌子”这个概念的本质属性与其形状、用途等可以感知或体验到的特征之间,有着比较直接的联系。儿童概括出桌子外部特征和功能,也就基本掌握了这一概念的内涵,所以儿童掌握实物概念比较容易。

然而并不是,概念越具体,即概括的水平越低,儿童就越容易掌握。有学者专门研究了儿童对不同等级的概念的掌握情况,并根据抽象水平,将儿童获得的概念分为上级概念、基本概念、下级概念三个层次。研究发现,儿童最先掌握的是基本概念,从此出发,上行或下行到掌握上级概念或下级概念。例如,“树”是基本概念,“植物”是上级概念,“柳树”“松树”是下级概念;“鱼”是基本概念,它的上级概念是“动物”下级概念是“鲤鱼”“草鱼”等。儿童先掌握的是“树”“鱼”之类的基本概念。然后才是更抽象或更具体些的上、下级概念。以具体形象思维为基本特点的儿童较难掌握抽象水平更高些的上级概念,这容易理解。

儿童先掌握基本概念主要原因可能有两个。第一,儿童掌握概念不是通过讲解其定义的方式进行的,而是通过接触、认识它的各种变式(即生活中各种不同的实例),同时学习表示它的词而逐渐获得该概念。接触的变式越多,越容易掌握。儿童能接触到的基本概念的变式远远多于下级概念的变式。如“树”的变式可以是杨、柳、松、槐、桐等种类繁多。而“杨树”作为树的一种,可提供的变式显然要少得多。第二,虽然下级概念所包含的信息很具体、很形象,儿童可以通过直接感知获得大量与概念有关的信息,但信息量大却会加重认知的负担,使贮存变得困难。对事物的概括作用可以相对减轻认知的负担,但概括程度越高也就越抽象。对于儿童掌握概念来说,需要在信息的数量和抽象概括水平之间找到一个均衡点,这就是基本的、适当的概括。而基本概念的概括性质和程度是比较适当的:既保留着一定的形象信息(树有高高的树干,绿色的树冠；桌子上面是一个平面，下面是椅腿等），又保持着适当的信息量，不至于使认知负担过重，因此儿童优先掌握的是基本概念。

儿童晚期，开始能够掌握一些生活中常遇到的抽象概念，比如某些关于道德品质特征的概念。儿童对这类概念的掌握也离不开事物的形象和具体活动的支持。比如，他们对“勇敢”的理解是“打针不哭”“摔倒了也不怕疼，自己爬起来”，对“团结”的理解是“不打人、不抢玩具、大家一起好好玩”，即对于抽象程度很高的词，儿童往往也只能在具体形象的水平上掌握。

2. 概念的内涵往往不精确，外延也不恰当

每个概念都有一定的内涵和外延，内涵即含义，是指概念所反映的事物的本质特征。每种事物都有各种不同的特征。有的特征是可有可无的，它的有无并不能影响这种事物之所以成为这种事物。有的特征则是必备的，这类特征就是事物的本质特征，例如，“动物”这个概念的内涵（本质特征）就是指一种生物，这种生物有神经、有感觉、能进食、能运动。概念的外延，则是指概念所反映的具体事物，即适用范围。“动物”这一概念的外延（实例）就是指各种各样的动物，如鸟、兽、昆虫、鱼等。

由于儿童基本是通过实例的方式获得概念的，而成人又常常有意无意地从各种实例中选择一些儿童常见的，并对某一概念具有代表意义的“典型实例”重点向儿童介绍，同时与概念名称（词）相结合。这种做法固然有利于儿童较快地获得概念，同时也可能起到一种消极的定势作用：使概念的范围局限于典型实例，造成其内涵和外延的不准确。例如，成人带儿童去动物园，常常一边看猴子、老虎、孔雀、大象，一边告诉儿童这些都是动物；“动物园”这个名称和儿童在其中所见的各种动物实例自然发生着结合。以至于当想到“动物”这个概念的含义时，相当多的儿童回答“是动物园里的狮子、老虎、熊猫……”如果成人告诉儿童蝴蝶、蚯蚓、蚂蚁也是动物，不少儿童就会觉得奇怪，如果再告诉他们，人也是动物，那就更难以理解了。有的儿童这样争辩：“人是到动物园看动物的！人怎么会是动物呢？哪有把人关在笼子里让人看的！”

从实例（概念的外延）中获得的概念基本是日常概念，即前科学概念，其内涵与外延难免不准确。只有在真正理解其含义的基础上掌握的概念，才有可能内涵精确、外延适当，而这是儿童的水平难以达到的。

为了提高儿童掌握概念的水平，比较可行的办法是多提供具有不同典型性的实例，同时引导儿童总结概括其中的共同特征。比如，在帮助儿童理解”动物”这个概念时，可以从鸟、兽、鱼、昆虫等多种类别中再选择不同的典型实例，让儿童较充分地认识动物的多样性，在比较之中发现个别特征（如外形、生活习性等），找出共同特征（如能自行运动等），在尽可能高的概括程度上把握概念。

（二）学前儿童判断的特点

判断是概念与概念之间的联系，是事物之间联系的反映。判断是逻辑思维发展的表现，在学前阶段，儿童的判断能力已有初步发展。

1.判断形式逐渐间接化

判断可以分为两大类：感知形式的直接判断和抽象形式的间接判断。学前儿童以直接判断为主，进行判断时，常受知觉线索的影响，把直接观察到的事物表面或事物间偶然的外部联系当作事物的本质特征或规律性联系，如当幼儿坐在行走的车上，看到路旁的树，若问他树在动吗，他会说“是”。间接判断通常需要思考事物之间的因果、时空、条件等联系。儿童6—7岁时，其间接判断能力才开始形成并有所发展。

2.判断的内容逐渐深入化

学前儿童最初的判断往往只反映事物的表面联系，随着年龄的增长和经验的丰富，开始逐渐反映事物的内在联系。幼儿初期往往把直接观察到的物体表面现象作为因果关系，在发展过程中，则会逐渐找出比较准确且有意义的原因。如对物体浮沉现象，3—4岁的儿童认为“火柴浮起来，因为它在水里”；5—6岁的幼儿认为“火柴浮起来，因为它小”；再大些的幼儿还会说“火柴浮起来，因为火柴比水轻”。可见，随着判断能力的发展，幼儿能够把客体或其特性之间的联系或关系分解、概括，分解的深度和概括性逐渐提高。

3.判断的依据逐渐客观化

幼儿初期常常按照“生活的逻辑”或“游戏的逻辑”进行判断，逐步发展到以事物本身的客观逻辑为依据进行判断。如3—4岁的幼儿认为给书包上皮是因为怕它冷；球从桌子上滚到地上是因为它不想待在上面。5—6岁幼儿在判断面积时，也常以生活逻辑为判断依据，例如他们认为大的游戏区域一次性可以进去很多小朋友。

4.判断论据明确化

从判断论据来看，幼儿从没有意识到判断的根据，逐渐发展到明确意识到判断根据。幼儿初期虽然能够做出判断，但他们没有或不能说出判断的根据，或以他人的根据为依据。例如幼儿常说“这是老师说的，这是妈妈说的。”随着幼儿的发展，他们开始设法寻找论据并不断修正，努力使自己的判断合理、明确，这正是思维自觉性、意识性、逻辑性发展的表现。

（三）学前儿童推理的特点

推理是判断与判断之间的联系，是由一个判断或多个判断推出另一新判断的思维过程。学前儿童在其经验可及的范围内,已经能进行一些推理,但水平比较低,主要表现在以下几方面。

1.抽象概括性差

学前儿童的推理往往建立在直接感知或经验所提供的前提下,其结论也往往与直接感知和经验的事物相联系,年龄越小,这一特点越突出。例如不少幼儿看到红色积木,黄色圆木球漂浮在水上,他们不会概括出木头会漂浮在水上的结论,而只会说"红的""黄的""圆的"东西浮在水面上。

2.逻辑性差

学前儿童尤其是年龄较小的儿童往往不会推理。对幼儿说:"别哭了,再哭就不带你找妈妈了"。他会哭得更厉害,因为他不会推理出"不哭就带你去找妈"的结论。

3.自觉性差

推理可分为直接推理和间接推理,直接推理是由一个前提引出某一结论,间接推理则是由几个前提推出某一结论。学前儿童推理时自觉性较差,即答案完全不受两个前提之间,甚至一个前提本身的内在联系所制约。

(四)学前儿童理解的发展

理解是个体运用已有的知识经验去认识事物的关系、联系乃至事物的本质和规律的思维活动。理解普遍存在于认识过程中,无论是对事物的知觉,还是对事物内在实质的把握,都离不开理解的参与。学前儿童对事物的理解有以下发展趋势。

1.从对个别事物的理解,发展到理解事物之间的关系

从理解的内容来说,学前儿童先是对个别事物有所理解,慢慢地发展到理解事物之间的关系。例如学前儿童对图画书的理解,儿童最开始只能理解个别主要人物,理解个别主要人物在故事中的人物形象和地位,然后儿童会逐渐厘清主要人物与其他人物、事物之间的关系。

2.从依靠具体形象来理解事物,发展到依靠语言说明来理解

从理解的依据上来说,学前儿童由于受语言发展水平和思维特点的影响,儿童在理解事物时常常需要依靠动作和具体形象。例如,有时教师在讲故事时,需要运用形象化的图片或者玩偶来帮助幼儿理解人物,厘清人物之间的关系。随着年龄的增长,幼儿的语言能力和思维能力得到发展,他们可以逐渐摆脱对具体形象的依赖,只靠语言描述来理解。但是在有直观形象的辅助下,幼儿理解的效果会更加好。一项研究指出,在向幼儿教授文学作品时,有无插画的效果很不一样,假设没有插画时幼儿的理解水平为1，有插画后，3—4.5岁的幼儿理解水平则为2.12。由此可见，直观形象有助于儿童理解文学作品。年龄越小的幼儿，对直观形象的依赖越大。教师在向儿童进行道德品质教育时，采用故事的方式，将道理寓于故事中，而不是采用说教的方式，原因也如此。

3.从对事物做简单、表面的理解，发展到理解事物较复杂、较深刻的含义

从理解的程度上来说，幼儿的理解往往很直接、很肤浅，年龄越小越是如此。例如，在给小班幼儿讲完《孔融让梨》的故事之后，提问幼儿："为什么孔融把大的梨让给别人？"不少幼儿回答说："因为他是小孩，吃不完大的。"可见他们还不能理解让梨这一行为的含义。儿童对语言中的转义、喻义和反义现象也比较难理解。例如，上课时有一位幼儿歪歪斜斜地坐着，老师用讽刺的反话说道："你们看，XX坐得真好呀！"小班的幼儿听到后有可能就会模仿那位幼儿的坐姿，因为他们以为老师认为那样的坐姿很好。因此，在对幼儿进行教育时，要坚持正面教育。

4.从不理解事物的相对关系，发展到能逐渐理解事物的相对关系

学前儿童的思维常常是刻板的。他们对事物的理解比较固定、绝对，难以理解事物的中间状态或相对关系。例如，幼儿学会了2+3=5之后，不经过进一步学习，就不知道3+2=5。随着年龄的增长，幼儿逐渐能理解事物的相对关系。

5.从理解与情感存在密切联系，发展到比较客观的理解

从理解的客观性来说，儿童对事物的情感态度，常常影响着他们对事物的理解。这种影响在4岁之前尤为突出。因此，儿童对事物的理解常常是不客观的。有一位妈妈给儿子出了一道数学题："爸爸打碎了1个杯子，宝宝打碎了2个杯子，一共打碎了几个杯子呀？"孩子听到后哇哇大哭，说自己没有打碎杯子。这个现象说明，妈妈在出题时没有充分考虑到孩子的情绪性。较大的儿童开始逐渐能依据事物的客观逻辑来理解。

第三节 学前儿童思维的培养

一、学前儿童思维培养的可行性

(一)幼儿期是思维发展的重要时期

大脑是幼儿思维的载体,是思维发展的生理基础,幼儿的脑在结构和机能方面有明显的发展。在3岁时脑重约1000克,到幼儿期结束时增长到1250—1300克,接近成人脑重的最低水平。我国科学院心理研究所根据脑电波活动的研究,指出4—7岁是大脑皮层细胞新陈代谢最旺盛的时期,也是大脑可塑性最高的时期。脑的发展为幼儿思维的发展提供了可行性,在各种教育活动中,通过各种信息的刺激能促进幼儿思维的发展。

(二)幼儿期具有培养思维的心理优势

幼儿期没有心理障碍,不怕羞、不怕错,没有过多的生活经验,不受任何规则的束缚,对于一个问题可以畅所欲言。随着年龄的增长,人会产生一种心理防御机制,以保护脆弱的自我,在思考问题、解决问题时,害怕犯错、害怕被别人嘲笑,因此不敢大胆地思考以及表达自己的观点,思维的发展也因此受限。

二、学前儿童思维培养的措施

(一)为幼儿提供操作的机会

幼儿初期的思维离不开动作,幼儿通过摆弄物品、动手操作来探索世界,通过一次次的试误发展思维。正如皮亚杰所说的:“智慧的花是开放在手指尖上的。”所以成人要为幼儿提供各种动手操作、感知世界的机会,使其通过操作来获取关键经验,促进其成长与发展。

(二)丰富幼儿的感性经验

具体形象思维是学前期主要的、典型的思维形式。儿童对客观世界的认识,是通过感知觉获得大量的材料后,经过大脑的分析、综合、比较、抽象、概括等思维过程实现的。儿童听到的每一个声音、尝到的每一种味道、看到的每一个画面、触摸的每一个东西，都会影响大脑的布线方式，形成神经元的连接[①]。所以，感性经验是否丰富制约着思维的发展。因此，教师应有意识、有计划地组织各种活动，引导幼儿观察周围的生活世界，丰富其感性经验，为思维的发展奠定基础。同时，幼儿园在开展活动过程中，要坚持直观性原则，尽可能为儿童提供具体、形象的内容，采用生动活泼的形式，避免空洞、抽象的讲授。

（三）发展幼儿的语言

语言是思维的工具，思维很多时候会涉及对一些不在眼前出现的具体事物的想象，通过发展语言幼儿逐渐摆脱实际行动的直接支持，摆脱表象的束缚，抽象、概括出事物之间的规律性联系。因此教师要帮助幼儿丰富词汇，正确理解和使用各种概念，以积极的态度鼓励幼儿多想、多说、多问，通过提高幼儿的语言水平，促进思维的发展。

（四）根据幼儿思维过程的特点对其进行培养

根据幼儿时期其抽象思维初步萌芽的特点，引导幼儿从形象思维向抽象思维过渡，在发展幼儿形象思维的同时，也要注意培养幼儿的抽象思维。要注意的是培养抽象思维必须要建立在形象思维的基础上。例如，可以和幼儿玩推理游戏，启发幼儿推想某些事情的结果，如："假如没有水，世界会怎么样？""假如没有汽车，会怎么样。"前提是要先让幼儿对水和汽车有丰富形象的具体概念。

拓展阅读

传统教育观念影响儿童创新思维的发展

创造力是与生俱来的潜能，学龄前儿童是创造力开发的敏感期。3—6岁儿童正处于思维与认知高速发展时期，创新思维已经开始萌芽，并在其不断形成与发展的过程中通过儿童的各种活动表现出来。有研究表明，人在5岁时具有90%的创造力，但在7岁时只具有10%的创造力，而在8岁以后其创造力就下降到2%了。这一结果说明，儿童在不断地接受教育与知识经验的积累过程中，思维不断地被固化，从而丧失了想象与创造的能力。传统教育观念是如何影响儿童创新思维的发展的呢？

从儿童观上来看，传统教育的儿童观基本上属于工具主义，把儿童作为工

①[美]艾莉森·高普尼克、安德鲁·梅尔佐夫、帕特里夏·库尔：《孩子如何学习》，林文韵、杨田田译，浙江人民出版社2019年版，第180页。

具或物品，是成人的私有财产，教育者可以任意对其进行加工改造，以便为社会需要服务，突出了“社会本位”的价值取向，从而极大地忽视了儿童本身。儿童必须学会顺从，不能随便表达自己的想法，成人的问题有预设的标准答案，而这种答案是文化传承下来的标准答案，儿童没有选择的权利。久而久之，儿童开始变得越来越“听话”，学习的目标就是为了符合成人的期望，失去创造的自由和创造的积极性，创新思维能力发展受到阻碍。

从知识观来看，“学科本位”的教育目标，强调教育的目的在于传承人类文化知识，重视知识体系本身的逻辑性与结构性。儿童一味地被灌输知识，学习写字、算术等等，成人很少考虑到儿童本身的特点、兴趣、个性、实际需要。由此，在深受“学科本位”“知识中心主义”观念影响下的我国幼儿园教育，儿童发展水平高低总是以知识掌握程度为主要衡量标准，这里的“儿童”是被抽象化了的群体，忽视了儿童的个体差异性。

从教学观来看，教师只关心教材和教学方法，却不会考虑作为教育主体的“儿童”，教师根据上级要求确定预设的课程内容，将教学程序化、标准化，而不是根据儿童的实际情况与发展水平来灵活选择合适的教育内容、适宜的教学方式，以至于幼儿园的教学活动多以机械记忆为学习的主要方式，并把知识由整体分割成部分，妨碍了知识随情境的变化而灵活迁移，儿童缺乏独立自主性，失去自己的判断力，思维僵化，创新思维能力发展受到严重影响。①

本章小结

本章主要学习了思维的含义、学前儿童思维发展的特点以及学前儿童思维培养策略。核心内容如下。

1. 思维是人脑对客观事物的本质及其规律的间接反映。

2. 出现最初的词语概括是儿童思维发生的标志。学前早期以直觉行动思维为主，学前中期以具体形象思维为主，学前末期开始出现抽象逻辑思维的萌芽。

3. 学前儿童对概念的掌握具有以下特点：以掌握具体实物概念为主，向掌握抽象概念发展；概念的内涵往往不精确，外延也不恰当。

4. 学前儿童判断的特点有：判断形式逐渐间接化，判断的内容逐渐深入化，判断论据明确化。

5. 学前儿童推理的特点：抽象概括性差、逻辑性差、自觉性差。

6. 学前儿童理解的发展：从对个别事物的理解，发展到理解事物之间的关系；从依

①杨莉君、钱泳蓁、余贤睿：《3~6岁儿童创新思维的培养及其影响因素研究》，载《湖南师范大学教育科学学报》，2013年第6期。

靠具体形象来理解事物，发展到依靠语言说明来理解；从对事物做简单、表面的理解，发展到理解事物较复杂、较深刻的含义；从不理解事物的相对关系，发展到能逐渐理解事物的相对关系；从理解与情感存在密切联系，发展到比较客观的理解。

7. 幼儿期是思维发展的重要时期，具有培养思维的心理优势。要为幼儿提供操作的机会，丰富幼儿的感性经验，发展幼儿的语言，根据幼儿思维过程的特点对其进行培养。

思考与实训

1. 为什么说思维是认识过程的高级阶段？和感知觉相比，思维高级在哪？
2. 从思维产生的意义来谈谈思维对学前儿童心理发展的意义。
3. 根据学前儿童掌握概念的方式及特点，谈谈如何引导学前儿童掌握概念。

专题探讨

在一次绘画活动中，李老师教小朋友们画苹果。李老师在白板上画了一个大大的红苹果让小朋友们模仿。这时李老师发现明明把苹果涂成了黑色，李老师就让明明重新画，并说："哪有黑色的苹果？"而《3—6岁儿童学习与发展指南》（以下简称为"指南"）中明确指出："幼儿绘画时，不宜提供范画，特别不应要求幼儿完全按照范画来画。在幼儿自主表达的创作过程中，不做过多干预或把自己的意愿强加给幼儿，在幼儿需要时再给予具体的帮助。了解并倾听幼儿艺术表现的想法或感受，领会并尊重幼儿的创作意图，不简单用"像不像""好不好"等成人标准来评价。"

探讨：你怎么看待李老师的做法？为什么《指南》指出不宜给儿童提供示范画呢？提供示范画会对儿童思维的发展有什么影响呢？

第八章

学前儿童言语的发展

学习目标

- 了解言语的基本概念。
- 理解并掌握学前儿童言语发展的特点。
- 掌握并能运用学前儿童言语培养策略。

学习重难点

- 重点：理解并掌握学前儿童言语发展的特点。
- 难点：掌握并能运用学前儿童言语培养策略。

案例破冰

你听过著名的“印度狼孩”的故事吗？1920年10月，一位印度传教士辛格在印度加尔各答的丛林中发现两个狼哺育的裸体女孩。辛格给她们起名为阿玛拉和卡马拉，其中阿玛拉约8岁，卡玛拉约1岁半。据推测，她们是在半岁左右时被母狼带到洞里去的。两个狼孩虽然长得与人一样，但一切生活习惯都同野兽一样，不会用双脚站立，害怕日光，每夜10点、1点和3点循例发出非人非兽的尖锐的怪声。她们完全不懂语言，也不发出人类的音节。她们被领进孤儿院后，辛格夫妇异常爱护她们，耐心抚养和教育她们。阿玛拉的发展比卡玛拉的发展快些。进了孤儿院两个月后，当她渴时，她开始会说“bhoo(水，孟加拉语)”，而卡玛拉用了25个月才开始说第一个词“ma”，4年后一共只学会了6个单词，7年后增加到45个单词，并曾说出用3个单词组成的句子。遗憾的是，阿玛拉进院不到一年，便死了。卡玛拉流了眼泪，而且两天两夜不吃不喝。辛格博士下了很大工夫使卡玛拉“恢复人性”，但进展非常缓慢。

一个人的言语发展水平是取决于先天的条件还是后天的遗传呢？儿童言语发展的关键期在什么时期呢？本章内容会给我们带来一定的启示，以便帮助我们解答上述问题。

第一节　言语概述

一、言语与语言

言语是个体借助语言传递信息的过程。言语是人们在交际过程中应用语言的过程和产物,言语要借助语言才能实现。语言是人类重要的交际工具,也是人类进行思维的工具,语言是一种符号系统,它包括语音系统、词汇系统、语法系统。语言依赖于言语并作用于言语。我们只有通过言语才能认识语言、学会语言,只有借助语言才能实现人们之间的思想交流。

二、言语的分类

(一)外部言语

外部言语是与他人进行交际时的言语过程,是进行交际的言语,又分为口头言语和书面言语。

1. 口头言语

对话言语:是指两个人以上之间进行的谈话,如讨论、聊天、问答等。

独白言语:是指一个人独自进行的、连贯的、时间较长的言语,如演讲、报告、诗朗诵、讲课等。

2. 书面言语

书面言语即用某种文字表达自己思想、情感的言语。它的出现晚于口头言语,具有随意性、计划性、开展性等特点。

(二)内部言语

内部言语是在外部言语的基础上产生的,是非交际性的言语,是个人思考时的言语活动。内部言语不发出声音。但言语运动器官实际上仍在活动,它向大脑发送动觉刺激,执行着和出声说话时相同的信号功能。因此,内部言语具有隐蔽性和简略性。

三、语言获得的理论

一直以来，学术界对语言是先天具有的还是后天习得的有较大的争论。影响最大的有三个理论，分别是先天论、环境论和相互作用论。

（一）先天论

语言发展先天论是20世纪五六十年代由美国语言学家乔姆斯基提出的。乔姆斯基认为，人类在头脑里天生就被赋予一种特有的被称为“语言获得装置”（language acquisition device，LAD）的语言官能以及一套为全人类所具有的被称为“普遍语法”的语言知识。它们由遗传性的种系特征决定。外界输入给婴儿的原始材料，通过LAD进行复制加工构成语法规则，转化成婴儿内在的语法系统。由此可见，乔姆斯基提出的语言发展先天论极其强调先天过程和生物机制，语言习得必然具有某种生物基础，否则幼儿不可能如此快速地习得语言。

（二）环境论

盛行于20世纪20年代—50年代的环境论强调后天的环境和学习对语言的获得有决定性的影响，认为语言是一种后天获得的行为习惯，是学习的结果。环境论可分为两派：一派是以美国行为主义学派的斯金纳为代表提出的强化理论。他认为语言像任何其他行为一样，都是通过操作条件作用获得的。语言是一系列对刺激的反应，语言的获得是刺激—反应—强化的过程。例如，当婴儿发音时，成人用称赞的语言回应婴儿，婴儿得到积极的强化，逐渐掌握了某种语言。另一派是以奥尔波特（Allport，1924）为代表的模仿理论，该理论认为儿童的语言的获得只是对成人语言的模仿，是依赖于对一种特殊模式的接触。后来，怀特赫斯特（Whitehurst，1975）等提出了“选择性模仿”的概念，认为儿童学习语言并非是对成人语言的机械模仿，而是有选择性的。该理论充分肯定了后天的学习对儿童语言发展的重要性，对后来的学前儿童言语发展教育产生了重要影响。

（三）相互作用论

20世纪六七十年代以来，以皮亚杰为代表的日内瓦学派提出了认知相互作用理论。该理论认为语言发展必须以最初的认知发展为基础，并通过同化、顺应过程——用熟悉的形式去理解不熟悉的话语（言语理解），用熟悉的结构去创造新的用法（言语产生）——与认知发展整合在一起。该理论认为儿童言语的获得和发展离不开生理的成熟，同时又必须有一定的认知基础，离不开认知发展和不断变化的语言环境之间复杂的相互作用，强调认知结构的动态构建过程。持相互作用论观点的学者认为，生理成熟为儿童提供了掌握言语的可能性，认知发展是言语发展的基础，环境对言语发展起到了支持性的作用。

第二节 学前儿童言语的发生与发展

一、学前儿童言语的发生发展阶段

虽然不同的国家和民族的儿童掌握着不同的语言，但儿童掌握语言所经历的发展阶段和达到这些阶段所需要的时间大致是相同的，一般需要三四年的时间。我们把出生到1岁这一时期称为言语准备期，随后便进入言语发展期。

人们常把儿童说出第一批真正能被理解的词的时间（1岁左右）作为言语发生的标志，并根据语言的发展和语言运用能力的发展相结合的标准，将儿童言语的发展划分为既有差异又有相互关联且时有交叉的三个阶段：0—1岁是婴儿言语发生的准备阶段，又称前言语阶段；1—2岁是婴儿开始进入正式学说话的阶段，当婴儿讲出第一批真正意义的、具有概括性的词时，标志着婴儿开始发生言语，又称言语发生阶段；2—3岁是婴儿基本掌握口语阶段，这一阶段将持续到入学前（6—7岁）。

（一）前言语阶段

1.发音的准备

（1）简单发音阶段（0—3个月）

婴儿出生后第一声啼哭，就是最早的发音，满月后的哭就是在和别人交流。新生儿的哭声中，特别是哭声稍停的时候，可以发出ei、ou等声音。2个月以后，婴儿不哭时也开始发音，当成人逗引他时，发音现象更加明显，已能发出ai、a、e、ei、ou、nei、ai-i。发这些音不需要较多的唇舌运动，只要一开口，气流从口腔中进出，音也就发出来了。0—3个月的发音是一种本能行为，天生聋哑儿童也能发出这些声音。

（2）连续音节阶段（4—8个月）

这一阶段，婴儿明显变得活跃起来，当他吃饱、睡醒、感到舒适时，常常会自动发音。在发出的声音中，不仅韵母增多，声母也出现，而且能连续重复同一个音节，例如：a-ba-ba-ba、da-da-da等，其中有些音节与词音很相似，如ba-ba（爸爸）、ma-ma-ma。父母常以为这是孩子在呼喊他们，感到非常高兴。其实这些音还不具有符号意义，但是如果成人利用这些音与具体事物相联系，就可以形成条件反射，使音具有意义。比如，每当儿童无意识地发出ma-ma这个音时，妈妈就高兴地跑过去应答，久而久之，儿童就把ma-ma这个音当作母亲的称呼了。

(3)学话萌芽阶段(9—12个月)

这阶段又叫模仿发音阶段，儿童所发出的连续音节不只是同一音节的重复，而且明显增加了不同音节的连续发音。音调也开始多样化，四声调均出现，听起来像是说话了。但是这些“话”仍然是没有意义的，为学说话做好了发音上的准备。在成人的教育下，婴儿渐渐能够把一定的语音和某个具体事物联系起来，用一定的声音表达一定的意思，虽然说出的词还很少，但是毕竟是开口说话了。

2.言语感知的理解准备

婴儿对言语刺激是非常敏感的，出生不到10天的婴儿就能区别语音和其他声音，并对语音表现出明显的“偏爱”。研究表明几个月的婴儿具有语音范畴知觉能力：能分辨两个语音范畴之间的差别(如“b”和“p”)，而对同一范畴内的变化予以忽略。

八九个月时婴儿表现出能够听懂成人的一些话，并做出相应的反应。这表明：儿童对这些词义能够理解，这种不能说出的语言叫被动性语言，被动性语言不能和成人交流，只有当儿童出现主动性语言时，才标志符号交际的开始。

(二)言语发生阶段

儿童一般在1岁左右才能说出少数几个词，这才是真正言语的开始，儿童在1.5岁后才真正“开口说话”。

1.单词句阶段(1—1.5岁)

这一阶段，学前儿童一次只会说一个词，但他常常用一个词来表达整句话的信息，从而起着一个句子的作用。这种词的词义是过分扩展了的，例如学前儿童把所有男人都叫作“爸爸”。他们在不同的情景下伴随着不同的情绪和动作，往往用同一个词表达不同的含义。总之，这一阶段可以概括为四个特征：①单音重复。孩子喜欢说重叠的字音，如“饭饭、车车、球球”等，还喜欢用象声词代表物体的名称，如把汽车叫作“嘀嘀”，把小狗叫作“汪汪”等。②一词多义。由于这个年龄的孩子对词的理解还不准确，说出的词往往代表多种意义，例如“饭饭”，可以理解为“这是饭饭”“我要吃饭饭”“姐姐吃饭饭”等。③以词代句。这阶段的孩子不仅用一个词代表多种物体，还用一个词代表一个句子，因此才有了这个阶段的名称。例如：要，可能表示“我要喝水”“我要玩玩具”等。④名词居多。在孩子词汇类型的发展中，名词的使用比例是最大的。

2. 双词句(1.5—2岁)

1.5岁以后的孩子言语有了爆发式的发展,学前儿童的言语被一种新的句子——双词句所取代。开始时,学前儿童把两个单词连接起来说,中间还有停顿,如:“妈妈,饭饭”进一步发展为双词句。这种句子的表意功能虽较单词句明确,但其句子结构不完整,好像成人的电报式文件断断续续,因此也称“电报句阶段”。

(三)基本掌握口语阶段

2岁以后,儿童开始学习运用合乎语法规则的完整句更为准确地表达思想。许多研究表明2—3岁是学前儿童口语发展的关键期,2岁以后儿童开始使用简单的主谓句、简单的动宾句、简单的主谓宾等完整的句型。3—6岁,学前儿童已经学到了大量的会话,4岁学前儿童基本能理解并列复句(不是……就是……),6岁学前儿童基本能理解递进复句(不但……而且……)和条件复句(如果……那么)。

拓展阅读

早说话者和晚说话者

2010年发表在Brain上的一篇文章“Early and late talkers : school-age language, literacy and neurolinguistic differences”。作者是美国New Haven Haskins实验室、耶鲁医学院和耶鲁儿童研究中心的一些学者。研究以174名4岁10个月到12岁8个月的儿童作为被试,结果发现,口语和书面语的测验成绩都是早说话者的成绩最好,晚说话者的成绩最差。在早说话儿童中,说出双、三词句的平均年龄为1.2岁,后来有言语疾病的百分比为9%,被诊断为阅读困难的比例为7%;说话适时的儿童,说出双、三词句的平均年龄为1.5岁,后来有言语疾病的百分比为12%,被诊断为阅读困难的比例为4%;而说话晚的儿童说出双、三词句的平均年龄为2.5岁,后来得言语疾病的百分比为67%,被诊断为阅读困难的比例为30%。研究表明,说话早或晚对后来言语和阅读都有影响①。

二、学前儿童学习言语的特点

在整个学前期,学前儿童的言语发展主要是口头言语的发展。体现在语言、词汇、语法、言语表达能力的发展等方面。

①Preston, J.L., Frost, S.J., Mencl, W.E., Fulbright, R.K., Landi, N., Grigorenko, E., …Pugh, K.R.(2010).Early and late talkers: school-age language, literacy and neurolinguistic differences.*Brain, 133*(8), 2185-2195.

(一)语音的发展

语音是言语发展的“物质外壳”,学前儿童语音分辨能力的强弱、发音正确与否,直接影响着言语的可理解性。语音发展也是学前儿童口语发展的首要因素,随着年龄的增长,学前儿童语音发展水平逐步提高,语音的发展主要表现为以下特点。

1.逐渐掌握本民族的全部语言

随着发音器官的成熟、语音听觉系统的发展及大脑机能的发展,学前儿童发音能力迅速加强,发音机制开始稳定和完善,基本能够掌握本民族的全部语音。1—1.5岁的儿童开始发出第一个类似成人说话时用词的音,到6岁时,儿童已经能够辨别绝大部分母语中的发音,也基本能发准母语的大部分语音。

儿童学习语音的过程,先后有两种不同的趋势。婴儿从不会发出音节清晰的语音,到能够学会越来越多的语音,是处于语音扩展的阶段。

2.3—4岁是学前儿童语音发展的飞跃期

3—4岁的儿童相当容易学会世界各民族语言的发音,所以有人称这个年龄阶段的儿童为“国际公民”。儿童掌握母语(包括方言)的语音后,再学习新的语音时,出现了困难,年龄越大,学习第二语言的语音受第一语言的干扰越大。这个时期就处于语音发展的收缩阶段。

3.学前儿童正确发音的发展

学前儿童正确发音的能力是随着发音器官的成熟和大脑皮层对发音器官调节机能的发展而提高的。儿童发音能力提高很快,特别是3—4岁期间。在正确的教育下,4岁儿童基本掌握本民族语言的全部语音。但由于地域差异,孩子们所处的语言环境有所不同,因此城乡儿童正确发音的发展有所不同,如下表8-1所示。

表8-1　3—6岁儿童语音发展的准确率(%)

语音	地区 正确率 年龄	3岁	4岁	5岁	6岁
声母	城	66	97	96	97
	乡	59	74	75	74
韵母	城	66	100	99	97
	乡	67	85	87	95

由上表可以看出，城市的大多数3岁以上儿童对声母和韵母的发音不感到困难，而乡镇3岁以上儿童对声母和韵母的发音还存在一些困难，到6岁才对韵母的发音感到不困难。

在儿童的发音中，韵母发音的正确率较高。只有“e”和“o”有时容易混淆。原因可能是“e”和“o”的舌位变化基本相同，只是口型略有差别。儿童对声母的发音正确率稍低。3岁儿童常常不能掌握某些声母的发音方法，不会运用发音器官的某些部位，所以经常可以听到小班幼儿把“老师”说成“老西”。一些调查发现，儿童发音错误最多的是翘舌音“zh、ch、sh、r”和平舌音“z、c、s”。

4.逐渐出现对语音的意识

儿童要学会正确发音必须具备两个方面的能力：一方面要有精准的语音辨别能力；另一方面要能控制和调节自身发音器官的活动。4岁左右，语音的意识逐渐发展起来，儿童开始自觉地、有意识地对待语音，主要表现为他们喜欢纠正和评价他人的发音。

（二）词汇的发展

词汇是言语的“建筑材料”——基本构成单位。词汇是否丰富、是否使用恰当，直接影响着学前儿童的言语表达能力。学前儿童的词汇的发展主要表现为词汇量的增加、词类的扩大和词义的深化这三方面。

1.词汇量迅速增加

学前儿童的词汇量是随着年龄的增长而增加的。3—6岁是人生中词汇量增加最快的时期，几乎每年增长一倍，呈直线上升。3岁儿童的词汇量为1000个左右，到了6岁时达到3500个左右。词汇的内容不断丰富，学前儿童掌握的常用词包括人物的称呼、身体部位、生活用品、交通工具、自然常识、社交、个性、时间、空间概念等。

表8-2 各年龄段词汇量的掌握

年龄（岁）	1	1.5	2	2.5	3	4	5	6
词数（个）	10	100	300—400	600	1000—1100	1600	2300	3000—3500

2.词类日益扩大

词可以分为实词和虚词两大类。实词是指具有实际意义的、比较具体的词，能单独充当句子成分，包括名词、动词、形容词、数量词、代词等。虚词是指比较抽象的词，不能单独充当句子成分，包括副词、连词、介词、助词、语气词等。

儿童一般先掌握实词,然后再掌握虚词。实词中最先掌握名词,其次是动词、形容词,最后是数量词。虚词在学前儿童词汇中占的比例很小。

3. 词义逐渐确切、深化

在词汇量不断增加,词类不断扩大的同时,儿童掌握的每一个词本身的含义也逐渐加深。儿童最初掌握词时,往往对它理解不够确切,随着年龄的增长,对同一个词的理解会有所不同。例如"猫"一词,对于1岁的儿童来说,"猫"可以代表一切毛茸茸的物体,如小狗、小兔、甚至是毛领。年龄大一些的儿童已经理解"猫"一词的确切含义,专指猫这种动物。而且在说"猫"这个词时,也包括了对猫习性的理解。儿童最先掌握的是和生活密切相关的具体的词,慢慢地掌握一些抽象性、概括性的词。

拓展阅读

小班词汇游戏——"看动作说词语"

目标:学习看动作说词语,培养幼儿的发散性思维。

玩法:教师做一个动作,幼儿说出相应的动词,并作连词应答。例如:老师做"抱"的动作,幼儿说"抱——抱娃娃。"教师接着说:"抱——抱西瓜"。幼儿再接着说:"抱——抱被子"。词组说得越多越好。

(三)语法的发展

语法是组成句子的规则。儿童在掌握大量的词汇后,还必须按照一定的语法规则合乎逻辑地将词汇组合起来,才能很好地表达自己的思想,理解别人的言语,实现交往的作用。儿童掌握语法结构的过程表现为对语句的掌握,大致体现为如下趋势。

1. 句型从简单到复杂

儿童掌握句型的顺序是:单词句(1—1.5岁)→双词句(2岁左右)→简单完整句(2岁开始)→复合句(2.5岁开始)。

1岁半前,儿童只能用单词句说话,一个单词就代表一句话。例如"饭饭"有可能代表"我要吃饭。"1岁半以后可以开始说双词句,即由两个单词组成。例如"妈妈饭饭",句子极为简略,很不完整,因此也被称为"电报句"。2岁以后开始使用简单句,例如:"宝宝玩玩具""车车开了"。两三岁儿童的句子往往不超过5个字。一般为主谓结构句,由主体和动作组成,例如"车车开了";谓宾句,由动作和动作对象组成,如"坐车车"。有时也会出现主谓宾句,由行为主体、动作和动作对象组成,例如"宝宝玩玩具"。3—4岁儿童已经掌握最基本的语法,开始大量运用合乎语法规则的简单句,但常常发生错误。

简单句出现不久，大约2岁半左右，儿童的句子中开始出现一些没有连接词的复合句，例如"糖糖掉地上了，脏脏。"随着儿童年龄的增长，复合句在整个句子总量中的比例逐渐增大，并开始出现连接词。但整个儿童期还是以简单句为主。

2. 句子结构从混沌一体到逐步分化

儿童在掌握言语的过程中，语句逐渐分化，例如，最初的单词句阶段，一个词可以代表多种含义，"妈妈"可表示呼喊妈妈，也可以表示请求妈妈帮忙。

3. 句子结构从不完整到逐步完整，从松散到逐步严谨

最初的单词句只是个简单的词链，不是体现语法规则的结构。3岁半以前儿童的话语常常漏缺主要词类，词序紊乱。3岁半以后出现较多复杂的修饰语句。如运用介词"把"："他们把绳子接起来跳"。"把"字前后的两个名词的关系以及第二个名词与紧接着的动词的关系都受严格的限制，不能任意调换和删除。到五六岁时，儿童使用的关联词比较丰富，但还常常用得不恰当。

4. 句子结构由压缩、呆板到逐步扩展和灵活

由于认识的局限性和词汇的贫乏，儿童最初说出的语句只有表明事情的核心词汇，因此显得内容单调、形式呆板。随着词汇量的增加，慢慢能加上一些修饰语，如形容词、副词等，使句子变得复杂起来，表现的内容也逐渐丰富起来。

拓展阅读

小班句子游戏——"谁躲起来了"

目标：

1. 学会说短句："×××躲起来了！"

2. 能快速、清楚、正确地说出同伴的姓名，巩固对同伴的认识。

玩法：请两位幼儿上前，各自作自我介绍，"我叫×××，"说完后请全体幼儿闭上眼睛，让其中一位幼儿藏起来，接着大家睁开眼睛。老师问："是谁躲起来了？"请幼儿运用"×××躲起来了"的短句来回答，然后再请躲起来的幼儿出来给大家看，猜对了，全体幼儿说一遍："×××躲起来了。"

（四）言语表达能力的发展

随着词汇的丰富和语法规则的逐渐掌握，学前儿童的口语表达能力逐步发展起来，具体表现如下。

1. 从对话语言逐渐到独白语言

口语可分为对话式和独白式。对话是在两个人之间交互进行谈话,独白则是一个人独自向听者讲述。儿童的语言最初是对话式的,只有在和成人共同交往中才能进行。对话语言常具有情境性。

3—4岁的学前儿童能主动讲述自己生活中遇到的事情,但是在众人面前讲话往往不够大胆,不自然。4—5岁的儿童能够独立地讲故事或讲述各种事情。5—6岁的儿童不但能够系统地叙述,而且能大胆自然地、生动和有感情地进行描述。

2. 从情境性语言过渡到连贯性语言

情境性语言往往与特定的场景相关,说话者事先不会有意识地进行计划,往往想到什么就说什么。连贯语言的特点是句子完整,前后连贯,能够反映完整而详细的思想内容,使听者从语言本身就能理解所讲述的意思,不必事先熟悉所谈及的具体情境。

3岁以前的学前儿童说话常常是情境性的,表现为说话断断续续地,缺乏连贯性、条理性和逻辑性。到了6—7岁时,学前儿童才能比较连贯地进行叙述,但叙述能力的发展还是不完善的。言语连贯性的发展往往是思维逻辑性的一个重要标志。学前儿童口语表达的逻辑性较差,表明其抽象逻辑思维的发展状况较差。

3. 讲述的条理性逐渐提高

3岁以后的幼儿的讲述逐渐具有条理,主要表现为讲述的内容与主题紧密相关,并且层次逐渐清晰。幼小儿童的讲述常常是现象的堆积和罗列,主题不清楚,不突出。随着儿童的成长,其口头表达的逻辑性有所提高。儿童讲述的逻辑性反映了思维的逻辑性。研究表明,对幼儿来说,单纯积累词汇是不够的,幼儿讲述的逻辑性的发展需要专门培养。

4. 逐渐掌握言语表达技巧

随着年龄的增长和生活经验的丰富,学前儿童逐渐能够根据需要恰当地运用声音的语气和声调的变化,使语言更为生动形象。

在儿童言语表达能力的发展中,有人可能会产生一种言语障碍——口吃,其表现为在说话的过程中有不正确的停顿或单音的重复,这是一种言语的节律性障碍。学前儿童的口吃现象一般出现在2—4岁,导致口吃的因素大致如下。

(1)生理因素

有研究表明:口吃与遗传或某种脑功能障碍有关,也与儿童的言语调节机能还不完善、造成连续发音的困难有关。随着年龄的增长,这种情况会有所缓解。

(2)心理因素

儿童说话时过于急躁、激动和紧张造成口吃。精神因素是引起口吃的主要原因。说话过程是表达思想的过程,从“思想”转换成言语的过程中,可能会因为找不到合适的词汇和更好的表达形式而感到焦急,这都会使儿童处于一种紧张状态,而这种紧张可能造成发音器官的痉挛,出现发音停滞和无意识地重复某个音节的情况。

(3)生理疾病

如儿童脑部感染、头部受伤以及患百日咳、麻疹、流感、猩红热等传染病后也易引起口吃。如果是这类原因引起的口吃家长应该及时送儿童就诊,寻求医生的帮助。

(4)模仿

学前儿童的口吃常有很大的“传染性”。因为学前儿童好奇心强、爱模仿,因班上某个孩子偶尔出现“口吃”会使他们觉得有趣、很好玩而加以模仿,最后不自觉地形成习惯。据北京等地医院统计,参加口吃矫治的人中,有近2/3的人有幼年模仿口吃的历史。

拓展阅读

中班游戏“魔法箱”

目标:

1.能说出几种常见的水果名称。

2.能用完整语言表述物体的特征。

3.提高辨析能力。

准备:箱子一个,水果道具若干个

玩法:请一个小朋友上来摸一个水果,不告诉别人,只从颜色、大小、味道等说出水果的特征,请其余小朋友猜测水果名称,猜出来的幼儿上来摸水果继续游戏。在箱子里的道具可以一直有变化,这可以发展幼儿对其他事物特征的描述能力以及增进相互了解。

(五)书面言语的发生

书面言语活动包括认字、写字、阅读、写话。其中认字和阅读属于接受性言语活动,写字和写话属于表达性言语活动。儿童书面言语的产生是从接受性的言语活动开始,即先学认字,后学写字;先会阅读,后学写作。对于整个学前期而言,仅仅是书面言语的发生阶段。学前儿童书面言语的发展主要表现在早期识字和早期阅读两方面。

1. 早期识字

儿童识字的过程经历了泛化阶段、识字阶段和再现阶段。

第一，泛化阶段。字是视觉现象，儿童对视觉形象感知的发展具有从笼统到分化的规律。儿童对字的认识是以整体形象来感知的，他们并不把字当符号来认识，而是当作一幅图，比如“人”字，旁边附上人的图案，经过文字和形象的多次结合，形成条件反射，就认识了“人”字。

第二，识字阶段。儿童多次接触某个字就可以认识字。经过成人的精心教育和幼儿自己的继续学习，或者把字形和字音、字义结合，幼儿就可以认识那些字。

第三，再现阶段。学前儿童的识字主要处于前两阶段。对字的再现实际上已经进入写字和默写阶段。

2. 早期阅读

早期阅读是指学前儿童凭借变化着的色彩、图像、文字或凭借成人形象的读、讲来理解读物的活动过程。学前儿童的早期阅读主要包括前阅读和前书写两方面。

新生儿出生后几个月就可以进行阅读活动。最初的阅读活动是看书，而非真正的阅读，他们不是读文字，而是拿书看。开始时是亲子共读，家长将书中的内容读给儿童听，边读边指书上的图画，儿童边听边看。1岁左右，儿童情绪好的时候，也会自己拿书看，甚至拿倒书，嘴里念念有词，但不在乎是否有联系。3岁左右，可以培养幼儿爱看书的习惯。阅读的下一个阶段就是书写能力的提高。幼儿期的书写主要是准备阶段，涉及手的小肌肉协调性发展，对字形的空间知觉、方位知觉的发展，对笔顺的掌握，正确的执笔姿势等。

总之，学前儿童的书面言语更主要的是准备阶段，重点的是培养幼儿的阅读和书写的兴趣。

第三节 学前儿童言语能力的培养

学前期是言语发展的关键期，言语能力的发展很大程度上影响着学前儿童智力的发展。儿童言语的发展有其规律性，教师在培养学前儿童言语能力时要顺其自然，尊重儿童的天性以及儿童的兴趣，具体可以从如下方面进行培养。

一、创设有利于表达的言语环境

言语能力是在不断运用的过程中发展起来的，发展学前儿童言语能力的关键是创造一个使他们敢想、敢说、喜欢说、有机会说并能够得到积极回应的环境。只有在平等、宽松、充满鼓励的心理氛围下，孩子们才想说、敢说、喜欢说。

（一）创设和谐的交流氛围

提供师幼平等宽松的环境，给儿童充分交流的机会，给儿童自由的空间，让儿童畅所欲言，尽情地表达心中的各种感受。在晨间谈话时要注意角色的分配和扮演，教师要清楚地知道教师是活动的引导者和组织者，儿童才是活动的主体。在谈话过程中儿童是讲述者，教师是倾听者。此外教师要注意谈话的氛围，选择适合儿童年龄的、儿童感兴趣的、符合儿童已有生活经验的话题。在提问时尽量用儿童能够理解的、“幼儿化”的语言。

（二）学会耐心倾听

倾听体现相互的接纳和尊重，在儿童讲述时教师应认真地倾听，保持视线的平等并注视对方的眼睛，从眼神和体态上向儿童传递肯定的信息。这样儿童就能感受到教师对自己的重视，也会使儿童表达的意愿更加强烈。同时培养儿童良好的倾听习惯，学会安静地倾听别人讲述，喜欢倾听别人说话。

（三）给予积极的回应

在活动过程中，儿童经常不能把话说完整，或不能很好地把词组织在一起，而是断断续续地表达着自己的想法。这时就需要教师进行总结性回应，帮助儿童把所要表达的意思用规范的语言完整清楚地表达出来。此外，教师还要给予儿童一些肯定或是提示性的回应，如当一个胆小的儿童愿意说出自己的想法时，教师可有意识地给予该儿童提示，当儿童说完话再给予肯定和赞赏。这样有助于帮助儿童培养愿意说的习惯，激励儿童产生交流的愿望。

（四）创设多种语言表达的机会

教师要利用专门的集体活动、日常谈话、语言区域活动、图书或其他方式增强学前儿童口语表达能力，注意给儿童提供自主表达的机会。教师在上课的时候提一些开放性的问题让孩子轮流作答，玩一些语言游戏，如"猜谜语""悄悄话"等，在日常生活中加入一些童谣、顺口溜等。

二、培养学前儿童前阅读和前书写的兴趣

（一）提供具有表意性质的、图文并茂的阅读材料

从学前儿童的认知发展特点出发，早期阅读活动必须为儿童提供有具体意义的、形象的、生动的阅读内容。一般而言，图书是书面语言的载体，但学前阶段儿童阅读的图书是由文字和图画两种符号构成的，具有图文并茂的独特内容。同时，图书中的文字具有实在意义并有一定规律可循，能帮助儿童形成有关书面语言的初步知识。从这样的特点考虑，学前儿童接触的图书应是他们已有概念的文字代码。这样有利于儿童逐渐认识到书面语言的表意性质。

（二）提供丰富的阅读环境

阅读活动重在为学前儿童提供阅读经验，因而需要向学前儿童提供含有较多阅读信息的教育环境。家长和教师可利用一切机会、场所，让学前儿童感受书面语言，潜移默化地接受有关书面语言的知识。例如，在布置活动室角落的墙饰时，适当配上文字，诸如"积木角""娃娃家"等文字标签等，不断更新图书架、图书角的内容，注意提供充足的图书阅读时间，并及时指导孩子阅读。凡此种种，主要目的在于充实环境中有关书面语言的信息量，使儿童在不知不觉中获得语言文字知识。同时家长和教师要参与儿童的阅读，并随时给予指导，通过与儿童共读，为儿童树立一个正确阅读、认真阅读的榜样。

（三）帮助学前儿童养成良好的书写习惯，培养前书写的兴趣

在幼儿园阶段，前书写的任务主要是掌握正确的执笔方法及书写姿势，养成良好的书写习惯。在握笔书写之前可以进行肌肉协调性的练习，训练学前儿童灵活地控制

手指和运用手指的习惯，练习拇指、食指与中指配合和手腕动作的协调性。如：做一些小手运动操发展小肌肉的协调性，也可以在区域中投放能锻炼儿童小手肌肉的材料。

在区域游戏中加入穿珠子、系鞋带等活动锻炼儿童的手眼协调。家长及幼儿园教师要帮助学前儿童了解各种笔的功能与特点，按正确的执笔姿势和坐姿标准指导儿童书写，培养良好的书写习惯。

三、加强家园联系，共同促进学前儿童言语能力的发展

《幼儿园教育指导纲要》中指出："家庭是幼儿园重要的合作伙伴。"在学前阶段家庭对儿童发展的贡献大于幼儿教育机构，因而要充分发挥家庭的作用，提高家长的教育能力，形成幼儿园、家庭、社区共育的大环境。通过家访、家长接待日、家长会、晨间接待、网络平台等途径让家长了解到与孩子交流以及创设良好的言语环境的重要性。尤其是对于不愿或不善于交流的学前儿童，教师应指导家长多与孩子交流想法、多倾听孩子的心声、多带孩子接触同伴，以正面的教育鼓励孩子与人交流。

拓展阅读

父母的语言

芝加哥大学儿科教授达娜·萨斯金德的研究发现，儿童每天使用词汇的86%—98%都与父母一致，父母的每句话，渐渐变成了孩子未来的模样。在儿童4岁进入幼儿园小班之前，高知家庭和低收入家庭与孩子之间，就已经存在着非常大的词汇学习差异：低收入家庭孩子掌握的词汇量只有高知家庭的1/2。

儿童出生后每秒钟能够产生700—1000条神经连接，父母的语言是刺激大脑发育的最好教育资源。不同儿童的词汇差距会加大影响儿童在数学概念、读写能力、自我管理、执行力、批判性思维、情商、创造力和毅力方面的表现。

到了三年级时，孩子之间会产生显著的"成绩差距"或"学业落差"(achievement gap)[①]。众多研究已经表明，儿童早期的语言环境能够预测其日后的学习能力和性格特征。

①[美]达娜·萨斯金德(Dana Suskind)、贝丝·萨斯金德(Beth Suskind)、莱斯利·勒万特-萨斯金德(Lesile Lewinter-Suskind)：《父母的语言》，任忆译，机械工业出版社2017年版，第32页。

本章小结

本章重点阐述了与学前儿童言语发展相关的概念、重要理论和基本观点。核心内容总结如下。

1. 言语是个体借助语言传递信息的过程。语言是工具,言语是工具的使用。

2. 儿童说出第一批真正能被理解的词的时间(1岁左右)是言语发生的标志。儿童言语的发展划分为三个阶段:0—1岁是前言语阶段;1—2岁是言语发生阶段;2—3岁是婴儿基本掌握口语阶段,这一阶段将持续到入学前(6—7岁)。

3. 在整个学前期,学前儿童的言语发展主要是口头言语的发展:体现在语音、词汇、语法、言语表达能力等方面。

4. 学前期仅仅是书面言语的发生阶段。学前儿童书面言语的发展主要表现在早期识字和早期阅读两方面。

5. 学前儿童言语能力的培养重点:首先是创设有利于表达的言语环境;其次是培养学前儿童前阅读和前书写的兴趣;最后是加强家园联系,共同促进学前儿童言语能力的发展。

思考与实训

1. 结合所学的内容谈谈你对学前儿童口吃现象的认识,什么是口吃?学前儿童口吃常发生在什么年龄段?造成口吃的原因是什么?如何应对学前儿童口吃的现象?

2. 如何看待学前儿童自言自语的现象?

3. 教师可以教学前儿童识字、写字吗?如果是儿童自己想要学写字呢?

4. 结合在见习中的观察,分析学前儿童语言发展的常见问题,并撰写一个案例分析。

专题探讨

背景资料:心理学家的研究发现,两个月大的婴儿即能分辨不同形状的物体与图案,而且对诸如人脸、靶心图等既和谐又相对复杂的图形尤为偏爱。此外,婴儿在四个月左右就能区分母亲和别人的面孔了。看来,幼小的婴儿具有一个模式化的、有组织的视觉世界,之所以能够进行如此精细复杂的分别,并非因为他们具有对图案或面孔的特征进行这样那样分析比较的才能。而是由于他们在反复观察的过程中,把整个图案或面孔的印象原封不动地作为一个模式印进了大脑,心理学家把这种掌握事物的方式叫作"模式识别",并认为儿童三四岁以前是发展的"模式"时期,此阶段婴幼儿模式识别的能力远远超过成人的想象。依据这一思路,进行早期阅读向婴幼儿灌输某些今后有用的、有价值或难度较大的书面语言知识和行为模式，是极其必要的。

另外从大脑皮层言语中枢的成熟和机能定位来看，阅读中枢位于大脑皮层中央回后部，即顶叶—枕叶—颞叶交界处的角回，从脑皮层的发育顺序看应在说话中枢之前基本发育成熟。新近的有关研究也证明，儿童掌握字形与实体的联系比掌握语音和实体的联系更为容易。此时的婴幼儿虽然还不能分析、理解和领会，但却能够把一切事物及相关因素都作为一个完整的模式接受下来并印在神经网络里。汉字能早期识别，其道理就在于此。心理学家已经用实验证明婴儿开始说话之前就能学习认字。

因此，我们认为婴儿月龄为2个月时，即可以进行适宜的阅读教育，可以赶在反抗期前为孩子打下良好的学习基础。①

探讨：我们应该如何对婴幼儿进行早期的阅读教育呢？我们应该如何选择阅读材料呢？

① 张明红：《关于早期阅读的几点思索》，载《学前教育研究》2000年第4期。

第九章 学前儿童情绪情感的发展

学习目标

- 理解情绪情感的概念，掌握情绪情感的种类以及特点。
- 掌握情绪情感在学前儿童心理发展中的作用。
- 能够运用有效的手段促进学前儿童情绪情感的发展。

学习重难点

- 重点：理解情绪情感的概念，掌握情绪情感的种类、特点及其在学前儿童心理发展中的作用。
- 难点：能够运用有效的手段促进学前儿童情绪情感的发展。

案例破冰

陈炳栋小朋友4岁，遇到事情总是爱哭。有一天，幼儿园老师组织玩踢足球游戏，池亦洋小朋友将陈炳栋小朋友拉到足球门旁边，让他当守门员，陈炳栋极不情愿地站在球门口不动，望着小朋友们兴致勃勃地踢球，球瞬间就踢到了陈炳栋所在的球门里，队员们都在叫他，他再也受不了了，站在球门口大哭起来。老师连忙走过去关心，陈炳栋抱着老师一边哭一边喊道："呜呜……我不想当守门员……"说完哭得更伤心了。

情绪问题始终是儿童发展过程中的一个重要课题，为什么孩子会哭？会笑？当孩子大哭时，我们该怎么办？本章内容会给我们带来一定的启示，以便帮助我们解答上述问题。

第一节　情绪情感概述

一、情绪情感的概念

（一）情绪情感的定义

情绪情感是个体对客观事物的态度体验及相应的行为反应。认知是情绪情感产生的基础，需要是引发情绪情感的中介。当客观事物符合个体需要时，个体会对其产生肯定的态度体验；反之，当客观事物不符合个体需要时，个体会对其产生否定的态度体验。例如对于学前儿童来说，得到老师的表扬会感到自信；受到父母的批评会感到伤心；和朋友玩耍会感到愉快；和朋友吵架会感到愤怒。

（二）情绪情感的联系与区别

情绪情感统称感情，都与个体的需要相联系。一般情况下，情绪情感是时刻联系在一起的统一体。一方面，情绪是情感的基础，情感离不开情绪，个体的情感是在大量情绪体验的基础上形成和发展起来的，并通过情绪表达出来；另一方面，情绪离不开情感，是情感的具体体现，情绪是情感的外在表现，情感是情绪的本质内在。情绪情感是两种彼此难以分离的心理现象，是同一事物的两个侧面。但是二者仍有一定的区别，主要体现在以下几方面。

从需要的角度看，情绪是原始的、低级的，一般与生理需要相联系，例如成人由于饥饿而产生的烦躁心理、婴儿由于身体不舒适产生的哭闹、个体面临危险时的紧张不安等，都属于情绪体验。情感是后继的、高级的，往往与社会需要相联系，例如个体的爱国主义情感、自尊心、责任感等，都是通过后天在社会生产实践中产生并形成的。

从发生的角度看，情绪的发生具有情境性和易变性，例如人饥饿会烦躁，烦躁这种情绪就发生在饥饿的情境下，同时当饥饿得到满足后，人的情绪就会由烦躁转变为愉悦，体现出情绪的易变性。情感的发生具有稳定性和持久性，例如个体的责任感就是慢慢培养起来的一种稳定的内心体验。

从表现的形式看，情绪表现出冲动性和明显的外部表现，例如人在感到快乐时会面带笑意，人在感到伤心时会哭泣，人在感到紧张时容易手抖或脸红等。在生活中心理医生可以从眼尾纹的多与少来判断个体是不是真正感到愉悦，通过研究人的面部微表情去判断其有没有撒谎，这正是利用了情绪的冲动性和外显性。与情绪相反，情感则具有内隐性和稳定性，即情感是内隐的，不为情境所左右，稳定而持久，极少表露出冲动性。例如单纯观察个体的外部是不能了解其是否具有爱国主义情感的。

二、情绪情感的分类

（一）情绪的基本表现形式

快乐、愤怒、恐惧、悲哀是人类最基本的情绪表现。

快乐是指一个人所追求的目的达到后，紧张状态随之解除时的情绪体验。快乐的体验程度与所追求的目的价值成正比。例如，一场实力悬殊的比赛，强者轻易取胜，只会感到轻微的喜悦，但如果弱者经过努力，经历一段紧张后反败为胜，就会获得无比的快乐。幽默、趣事、音乐、喜剧等也可以带来快乐，而此时的喜悦程度就取决于愿望是否满足和舒适感的强弱。

愤怒往往是由于遇到与愿望相违背的事或者目的和愿望不能达到，并一再受到妨碍情况下产生的情绪体验。愤怒的产生取决于阻碍目的达到的顽固性，以及受阻扰的程度，特别是当个体认识到所遇到的挫折是不合理的，或是被人恶意地造成的时候，最容易产生愤怒。愤怒的产生过程，可以是从不满、生气开始，然后到愠怒，最后发展成愤怒、大怒。

恐惧是一种企图摆脱、逃避某种特定处境的情绪体验。恐惧感的产生往往是由于缺乏处理或摆脱可怕情景或事物的能力，虽然面临威胁，却又束手无策，由此而产生一种不可抗拒的无力感，继而感到恐惧不安。恐惧具有极强的感染力，例如旁观者在看到或听到恐怖的发生时，常常也会引起自己的恐慌。

悲哀是与失去所热爱、所追求的事物以及希望遭到破灭有关的情绪体验。悲哀的程度取决于个体对所失去东西价值的认识，深切的悲哀大多是因为失去贵重的东西所引起，例如失去亲人就常常引发极度的悲哀。深度的悲哀情绪往往比较强烈、持久；轻度的悲哀可以仅仅是微不足道的失望或遗憾。所以，悲哀的体验是从遗憾、失望到难过、伤心、悲痛、哀恸，渐次增强。

（二）情绪的状态种类

1.心境

心境是一种微弱而持久的情绪状态，它构成人的心理活动的背景。当一个人处于愉快心境时，无论遇到什么事情都会感到愉快；当一个人处于苦闷心境时，无论遇到什么事情都会感到闷闷不乐。

心境具有弥漫性的特点。所谓弥漫性，是指心境并不是对某一特定事物的情绪体验，而是某一种特定情绪发生后并不马上消失，还要保留一段时间。在此时间内，人们把这种特定情绪投射到其他事物上面，使这些事物都带上先前的情绪性质和特点。

心境产生的原因是多方面的。如工作的好坏、学习的优劣、生活习惯的改变、人际关系的融洽程度甚至季节的变化等，都是可能引起某种心境的原因。心境对人的工作、学习和健康有很大的影响。积极的心境有助于工作和学习，能促使人的主观能动性的发挥，提高人的活动效率，并且有助于人的健康。消极的心境使人意志消沉，降低人的活动效率，妨碍工作和学习，有害于人的健康。因此，要善于调节和控制自己的心境，形成和保持积极、良好的心境。

2.激情

激情是一种强烈的、爆发式的、时间短暂的情绪状态。如暴怒、恐惧、绝望、狂喜等都属于这种情绪体验。在激情状态下，主体往往伴随明显的生理和外部表情变化，如心跳加快、血压升高、呼吸急促、大发雷霆、暴跳如雷等。

激情通常是由对个人有重大意义的事情引起的。如重大成功、惨遭失败和亲人突然去世等，都是对当事人有巨大意义的能引起激情状态的强烈刺激。

激情有积极和消极之分。积极的激情常常能调动个体身心的巨大潜能，激励人们奋不顾身地克服艰难险阻，朝着正确的目标奋进。消极的激情往往使人产生“意识狭窄”现象，致使注意范围缩小，自我控制能力减弱，从而使行为失去控制，做出后悔莫及的事情，对此我们应该采取措施加以控制。

3.应激

应激是出乎意料的紧迫情况所引起的急速而高度紧张的情绪状态，在应激状态下，整个机体的激活水平高涨，使人的肌张力、血压、内分泌、心率、呼吸系统发生明显的变化。由于身体各部分机能的改变，从而使个体发生不同的心理和行为变化。

在应激状态中，人可能有两种行为反应。一种是行为紊乱，忙中生错，不能准确地采取符合当时目的的行动。同时，由于意识的自觉性降低，也会出现思维混乱、分析判断能力减弱、感知和记忆力下降、注意力的分配与转移困难等情况。另一种是虽然身心紧张,但精力旺盛、思维敏捷、活动量增强,从而能更好地利用过去的经验和生理激活状态,急中生智、摆脱困境、化险为夷。

(三)情感的种类

1.道德感

道德感是人类所特有的一种高级情感,即人们运用一定的道德标准评价自身或他人行为时产生的情感体验。如果自己或他人的行为符合道德标准,便会产生肯定的道德体验,如敬佩、爱慕、赞赏、欣慰等;不符合时,便会产生否定的道德体验,如厌恶、羞愧、憎恨等。道德感对人的实践活动有重要作用。它可以帮助人们按照道德准则的要求,正确地去衡量周围人们的各种思想行为,同时也可以使自己的思想、行为自觉地去符合社会的道德准则,做一个道德高尚的人。对幼儿来说,幼儿的道德感是不深刻的,大多是模仿成人、执行成人的口头要求,在集体活动中成人道德评价的影响下逐渐发展起来的。

2.理智感

理智感是人在认识活动中产生的情感体验。理智感与人的认知活动、求知欲、认识兴趣以及价值观密切联系。人的认知活动越深刻,求知欲越强烈,追求真理的兴趣越浓厚,则人的理智情感也就越深厚。可见,理智感是推动人们探索、追求真理的强大动力。幼儿理智感的另一种表现就是“破坏”行为,如新买的玩具被拆坏,这正是幼儿理智感发展的表现。

3.美感

美感是人们在感知和欣赏事物时所体验到的优美的情感。它是人根据美的需要,按照一定的美的评价标准,在审美过程中产生的情感体验。美感包括自然美感、社会美感和艺术美感三类。凡是符合个人审美需要的对象都能引起美的体验。幼儿对色彩鲜艳的艺术品和物品容易产生喜爱之情,经过教育,幼儿能从音乐、绘画作品中得到美的体验。

拓展阅读

钉子的故事[①]

要想做自己情绪的主人,一方面要认识和接受自己的情绪,另一方面要善于调节自己的情绪。下面来看一个关于钉子的故事。

有一个脾气很坏的男孩,他父亲给了他一袋钉子,并且告诉他,每当他发脾气的时候,就要把一颗钉子钉在后院的围栏上。第一天,这个男孩在后院的围栏上钉下了37颗钉子。慢慢地,男孩每天钉下钉子的数量减少了,因为他发现控制自己的脾气要比在围栏上钉钉子容易很多。于是有一天,这个男孩再也不会突然失去耐性乱发脾气了。他把这件事情告诉了他的父亲,父亲又对男孩说,现在开始每当男孩能控制自己脾气的时候,就去后院的围栏上拔除一颗钉子。日子一天天过去了,某天男孩告诉他的父亲,他终于把后院围栏上的所有钉子都给拔出来了。父亲握着他的手,来到后院对男孩说:"你做得很好,我的好孩子。但是,你看看那些围栏上被钉子钉出来的洞,就算把钉子拔出来这些洞也不会消失,围栏永远不能恢复到从前的样子。你生气时说的话就像这些钉子一样,在别人的心中留下疤痕,不管事后说多少句对不起,这个疤痕都永远存在。"男孩望着围栏上的洞,清晰地意识到乱发脾气给他人带来的伤害。不乱发脾气,调节好自己的情绪,无论是对自己还是对朋友都很重要。

三、学前儿童情绪情感的特点

(一)不稳定性

儿童的情绪情感容易波动,极不稳定,持续时间一般不会太长且变化快。儿童的情绪情感具有情境性,得到新玩具、妈妈离去、新朋友出现等都会使他们的情绪大起大落,孩子的情绪和情感随着情境的改变而改变。

(二)易冲动性

3—6岁的儿童内抑制发展差,控制力弱,言语的调节功能不完善,因此当外界事物和情境刺激儿童时,情绪情感就会出现爆发性,情绪常从一端迅速发展到另一端。因此这个阶段儿童的情绪情感易波动,极不稳定。例如儿童高兴时就笑逐颜开,难过时就号啕大哭。

---

①张磊:《从"钉子的故事"谈起——如何培养孩子EQ》,载《大众心理学》2015年第8期。

(三)外露性

儿童控制力发展较弱,他们的情绪情感变化可以毫不隐藏地表现出来。儿童擅长用自己的身体语言来表达情绪情感,例如不高兴就哭,高兴、舒服就大笑或者是手舞足蹈,愤怒就瞪眼跺脚等。成人可以直接通过幼儿的外在表现来判断幼儿的情绪情感状态。

四、情绪情感在学前儿童成长中的作用

(一)情绪情感对学前儿童生长发育的作用

积极的情绪情感能促进幼儿的身心发展。研究表明,情绪的体验是由皮下中枢的神经兴奋和在植物性神经系统中所产生的生理过程所决定的。皮下中枢对大脑两半球皮层也产生积极的影响,它是大脑两半球力量的源泉。情绪过程在人的有机体中能引起呼吸器官、消化器官、心脏、血管活动的一系列变化。因此,积极的情绪情感体验不仅对人的健康状况有良好的影响,也有利于形成和完善中枢神经系统

(二)情绪情感对学前儿童心理活动的动机作用

人的情绪情感会产生肯定或否定的态度体验,对人的行为有推动或抑制作用。对于儿童来说,日常生活中,情绪情感对学前儿童的心理活动和行为的动机作用非常明显,直接指导并调控着儿童的行为,驱动或促使儿童做出这样那样的行为。例如当幼儿喜欢某位老师时,就很乐意完成这个老师布置的各项任务;当幼儿不喜欢某位老师时,对这位老师的要求就容易敷衍对待。

(三)情绪情感对学前儿童认知发展的作用

情绪情感和认知是密切联系的,它们之间的相互作用在学前儿童心理过程中有明显表现。情绪情感对儿童的认知发展起着激发、促进作用或抑制、延缓作用。学前儿童认知过程的一个重要特点是以无意性为主。而“无意性”的主要特点之一,就是受自身情绪所左右。

积极的情绪情感促进幼儿智力的发展,心理学家哈洛克曾用实验证明,学生受到表扬而引起喜悦、快乐、得意等积极情绪,可以促进其智力发展。在幼儿园里,幼儿因情绪变化而影响其求知欲的情况更是时有发生。有研究对一些参加过音乐、舞蹈、电子琴、小提琴、美术等兴趣班的幼儿进行学习效果调查分析,结果发现,凡在各兴趣班中学习效果好、学习成绩优秀的幼儿均为课堂中受教师表扬、鼓励最多的幼儿。由此可见,积极的情绪情感的确是幼儿发展的催化剂。

(四)情绪情感对学前儿童意识产生的作用

伊扎德等人提出,意识的产生、发展及其复杂组织的形成是情绪情感的功能。婴儿最初的情绪体验就是最初的意识。斯皮兹指出,最初几周的婴儿,其知觉发展水平还不能提供足以产生意识的信息。因此,最初的意识是由饥饿、疼痛引起的痛苦,或温暖饱足及母亲的抚慰产生的舒适、欢乐、探究兴趣等体验组成。

(五)情绪情感对学前儿童个性形成的作用

学前儿童情绪情感的发展趋势之一是日趋稳定。大约在5岁以后,学前儿童情绪情感的发展开始进入系统化阶段。幼儿情绪情感已经比较高度地社会化,他们对情绪情感的调节能力也有所提高。再加上幼儿总是受着特定的环境和教育的影响,这些影响经常以系统化的刺激作用于幼儿,幼儿也逐渐形成了系统化的、稳定的情绪反应。例如,某些成人经常对幼儿抚爱,总是使幼儿的精神需要得到满足,因而引起了良好的情绪反应;另一些成人对幼儿过多地厉声斥责,总是不能满足幼儿的精神需要,于是引起幼儿不愉快的情绪反应。长久以往,幼儿便对不同的人形成不同的情绪反应。

(六)情绪情感对学前儿童社会性交往发展的作用

情绪情感的外部表现是信息交流的工具之一。它在学前儿童与人交往的活动中占有特别重要的地位。幼儿常常用表情代替语言回答成人的问题或用表情辅助自己的语言表述。成人对新生儿的了解,几乎完全依靠他的表情动作。儿童在掌握语言之前主要以表情作为交往的工具。直到幼儿期,表情仍然是一种重要的交流工具,其作用不下于语言。

第二节 学前儿童情绪情感的发展与培养

一、原始情绪与情绪分化

（一）新生儿原始的情绪反应

观察和研究普遍表明，儿童出生后即有情绪，新生儿即可有情绪反应，如新生儿的哭闹、手舞足蹈等都是原始的情绪反应。原始情绪反应与生理需要是否得到满足有直接关系。著名心理学家、经典婴儿情绪发展理论代表人物华生通过研究表明婴儿原始情绪有怕、怒和爱三种。我国心理学家孟昭兰研究指出，新生儿已有兴趣、痛苦、厌恶和微笑四种表情。可见，新生儿不仅拥有原始情绪，而且逐渐开始分化。

（二）婴儿期情绪的逐渐分化

随着新生儿的不断成长，其情绪也在不断发展变化，婴儿期时已表露出明显的情绪分化。著名心理学家伊扎德在其情绪动机分化理论中指出，婴儿在4—6周时出现社会性微笑；3—4个月时出现愤怒、悲伤；5—6个月时出现惧怕；6—8个月时出现害羞；半岁至1岁时出现依恋、分离伤心、陌生人恐惧；1.5岁左右出现羞愧、自豪、骄傲、操作焦虑、内疚和同情等。我国心理学家孟昭兰的婴儿情绪分化理论指出，人类婴儿有8—10种从种族进化中获得的情绪，个体情绪发生时间有一定的时间点和诱因，情绪发展有一定的规律（表9-1）。

表9-1 儿童情绪发生时间表①

情绪类别	最早出现时间	诱因	经常显露时间	诱因
痛苦	出生后	身体痛刺激	出生后	
厌恶	出生后	味刺激	出生后	
微笑	出生后	睡眠中，内部过程节律反应	出生后	
兴趣	出生后	新异光、声和运动物体	3个月	

①孟昭兰.:《人类情绪》，上海人民出版社1989年版，第254页。

续表

情绪类别	最早出现时间	诱因	经常显露时间	诱因
社会性微笑	3—6周	听到高频人语声，人的面孔出现	3个月	熟人面孔出现或面对面玩
愤怒	2个月	打针	7—8个月	身体活动受限制
悲伤	3—4个月	治疗痛刺激	7个月	与熟人分离
惧怕	7个月	从高处降落	9个月	陌生人或新异性较大的物体出现，如带声音的运动玩具
惊奇	1岁	新异物突然出现	2岁	新异物突然出现
害羞	1—1.5岁	在熟悉环境遇见陌生人	2岁	在熟悉环境遇见陌生人
轻蔑	1—1.5岁	欢乐情况下显示自己的成功	3岁	欢乐情况下显示自己的成功
自罪感	1—1.5岁	抢别人玩具	3岁	做错事

二、学前儿童基本情绪情感的发展

(一)哭

儿童出生后，最明显的情绪表现就是哭，最初的哭是生理性的，随着儿童的不断成长会逐渐带有社会性，当哭作为情绪表达方式的时候，更多表达的是负面情绪。

诱发学前儿童哭泣的成因从生理成因发展到心理成因和社会性成因。相关研究表明，0—1岁的婴儿啼哭多是生理成因，例如饥饿、疼痛、恐惧等，父母要及时安抚幼儿，根据不同的原因采取不同的护理措施。1岁以后，婴儿逐渐发展起了语言和思维能力，随之由生理现象引发的啼哭减少，由心理现象引起的啼哭增加，此时消极情绪的冲动和伤心的情感体验，或期望有人去照料的愿望和要求没有得到满足，都有可能导致哭泣行为。

随着年龄的增长，儿童的啼哭会减少，一方面是由于儿童对外界环境的适应能力逐渐增强，周围成人对儿童的适应性也逐渐改善，从而减少了儿童的不愉快情绪；另一方面是儿童逐渐学会了用动作和语言来表达自己的不愉快和需求，在一定程度上减少了哭泣行为。

(二)笑

笑是情绪愉快的表现,儿童的笑比哭发生得晚,儿童的笑是第一个社会性行为。儿童的笑主要有三个发展阶段。

第一阶段(0—5周):自发性的微笑。婴儿最初的笑是自发性的或称为内源性的笑,这是一种生理表现。由于这种早期的微笑可由各种广泛的刺激引起,不是交往的手段,因此还称不上真正的社会性微笑。

第二阶段(3—6周):无选择的社会性微笑。这种微笑是由外源性刺激引起的。这个阶段的婴儿虽然还不会区分哪些是对他有特殊意义的个体,但人的声音和人脸特别容易引起他们的微笑。第五周的婴儿会对移动着的脸微笑,第八周的婴儿会对不移动的脸发出持久的微笑,这意味着有选择性的社会性微笑开始发展。

第三阶段(3个月以后):有选择性的社会性微笑。随着婴儿处理刺激内容能力的提高,他们开始认出熟悉的脸和其他东西,并对不同的个体做出不同的反应,这意味着婴儿可以进行有选择性的社会性微笑。

(三)恐惧

恐惧是一种消极的、具有压抑作用的情绪。引起恐惧的原因有很多,可能是先天的也可能是后天习得的,恐惧的发展经历了以下几个发展阶段。

第一阶段(出生后):本能的恐惧。恐惧是婴儿出生就有的情绪反应。最初的恐惧不是由视觉刺激引起的,而是听觉、肤觉、机体觉等刺激引起的。例如尖锐刺耳的高音、皮肤受伤、从高处摔下的身体位置突然发生急剧变化等。

第二阶段(从4个月起):与知觉和经验相联系的恐惧。这一阶段中,引起的不愉快的刺激会激发恐惧,视觉对恐惧的产生起主要作用也是从这个时候开始的,如“恐高”就是随着深度知觉的产生而产生的。

第三阶段(从6个月起):怕生。怕生是对陌生刺激物的恐惧反应,如对陌生人的恐惧。儿童怕生说明儿童已经具备某些认知能力,是一种进步。

第四阶段(从2岁起):预测性恐惧。随着想象力和活动能力的发展,2岁左右的儿童出现了预测性恐惧,例如怕黑、怕动物等。这一阶段的儿童迫切希望通过自身探索周围事物,但由于缺乏经验,儿童会本能地对他感觉不可知、无法把握的、陌生的事物和情境感到恐惧,这是人类在发展过程中自我保护的一种本能。

(四)愤怒

愤怒是需要不能得到满足或目标受阻时产生的一种不愉快的情绪体验,是一种爆发性负面情绪。

愤怒最早出现在出生后4—8周，并在6个月以后表现明显，例如玩具被拿走、照料者的离开都会引起婴儿的愤怒情绪。

低水平的愤怒可能会被各种因素暂时抑制，但这种愤怒具有残留效应，容易引发攻击行为，并且持久性地抑制愤怒可能会对儿童的身心健康发展产生不良影响。

（五）依恋

依恋是指婴幼儿对养育者（通常指母亲）最持久、稳定、亲密的情感关系，是婴幼儿情感社会化的重要标准。学前儿童依恋的发展主要分为以下几个阶段。

第一阶段（0—3个月）：无差别的反应阶段。这个时期婴儿对人的反应的最大特点就是无差别，此时婴儿还未对任何人，包括母亲产生偏爱。

第二阶段（3—6个月）：有差别社会反应阶段。这个时期的婴儿对人的反应有所差别、有所选择，对母亲更为偏爱。

第三阶段（6个月—2岁）：特殊的情感联结阶段。此时婴儿出现了明显的对母亲的依赖，形成了专门对母亲的情感联结。这个时期的婴儿多会出现分离焦虑和陌生人焦虑。

第四阶段（2岁后）：目标调整的伙伴关系阶段。此时的儿童能认识并理解母亲的情感，知道母亲的爱意，这个时期的儿童把母亲作为一个交往的伙伴，并认识到她有自己的需要和愿望，交往时会适当考虑母亲的需要并调整自己的目标。

三、学前儿童情绪情感发展的特点

（一）学前儿童情绪情感的社会性日益增强

1. 情绪中社会性交往的成分不断增加

相关研究结果表明，学前儿童情绪中涉及社会性交往的内容，会随着年龄的增长而增加。美国心理学家埃姆斯用两年时间研究学前儿童交往中的笑，发现可以将笑分为三类：第一类是儿童自己玩得高兴时的笑，第二类是儿童对教师的笑，第三类是儿童对小朋友的笑。在这三类笑中，第一类不是社会性情感的表现，后两类则是社会性的情感表现（表9-2）。

表9-2 1.5岁和3岁儿童三类微笑的比较

年龄	自己笑		对教师笑		对小朋友笑		总数	
	次数	%	次数	%	次数	%	次数	%
1.5岁	67	55.37	47	38.84	7	5.79	121	100
3岁	117	15.62	334	44.59	298	39.79	749	100

从表中可以看出,从1.5岁到3岁,儿童非社会性交往微笑的比例下降,社会性微笑的比例则不断增长,说明学前儿童的社会性交往情感表现是随着年龄的增长而增长的。

2.引起情绪情感反应的社会性动因不断增加

引起儿童情绪反应的原因称为情绪动因。3岁前儿童的情绪反应动因主要与生理性需要相关,例如是否吃饱喝足、是否有温暖的环境等。

在3—4岁时,引起幼儿情绪反应的原因开始发生变化,情绪的动因从主要为满足生理需要向主要满足社会性需要过渡。在中大班幼儿中,社会性需要的作用越来越大。例如幼儿非常希望得到别人的注意和关爱,并开始要求与别人进行交往,当这类社会性交往需求得到满足时,幼儿会有愉悦的情绪体验。有研究表明幼儿看到别人得到他们应得的帮助时会表现出积极的情绪①。由此可见,幼儿的情绪情感与社会性交往、社会性需要的满足息息相关,幼儿的情绪情感正在逐渐社会化,社会性交往、人际关系对儿童情绪影响很大,是左右其情绪情感产生的最主要动因。

3.表情日渐社会化

表情是情绪的外在表现,有的表情是生物学性质的本能表现。表情是人与人之间交往和传递信息的重要手段,也是了解个体情绪体验和情感感受的客观指标。儿童在成长过程中,逐渐掌握周围人们的表情手段,表情日益社会化。具体来说,儿童表情社会化的发展主要包括两个方面。

一是理解(辨别)面部表情的能力。表情所提供的信息,对儿童与成人交往的发展与社会性行为的发展起着特别重要的作用。近1岁的婴儿已经能够笼统地辨别成人的表情。例如,对他微笑,他会笑;如果紧接着对他拉长脸,做出严厉的表情,婴儿会马上哭起来。有研究表明小班的幼儿已经能够辨认他人高兴的表情,对愤怒表情的识别则大约从幼儿园中班开始。

---

①Hepach, R., & Tomasello, M.(2020). Young children show positive emotions when seeing someone get the help they deserve. *Cognitive Development*, *56*, 100935.

二是运用社会化表情的能力。富切尔对5—20岁先天盲人和正常人的面部表情后天习得性的研究发现,最年幼的盲童和正常儿童相比无论是面部表情动作的数量,还是表达表情的适当程度,都没有明显的差别。但是正常儿童的表情动作数量和表达表情的逼真性会随着年龄增长有进步,而盲童则相反。这说明先天的表情能力只能保持一定水平,如果缺乏后天的学习,先天的表情能力会下降。盲童由于缺乏对表情的人际知觉条件,其表情的社会化遇到了障碍。观察和研究都发现,婴儿一般是毫无保留地表露自己的情绪,以后则根据社会的要求调节自己的情绪表现方式。

(二)学前儿童的情绪情感逐渐丰富和深刻

1.情绪情感日趋丰富

第一,情绪过程继续分化。刚出生的婴儿只有少数几种情绪,随着年龄的增长,儿童相继出现许多高级社会情感,如尊敬、怜悯、公正等。研究表明,道德感、理智感和美感等高级情感均在幼儿期出现,并获得初步的发展。

第二,情感指向的事物不断增加。随着年龄的增长,越来越多的事物可以引起儿童的情感体验。例如,亲爱的情感,首先是对父母或经常照顾他的其他成人,然后是对家中的其他成员;进了幼儿园以后,先后对老师和小朋友有了亲爱的情感。再如,2—3岁的儿童不太在意小朋友是否和他一起玩。而对稍大一些的儿童来说,小朋友对他的孤立以及成人的不理睬,特别是误会、不公正对待、批评等,会使他非常伤心。

2.情绪情感发展逐渐深刻

学前儿童情绪情感的深刻化表现在指向事物性质的变化,从指向事物的表面到指向事物内在的特点。儿童情感的深刻化与其认知发展水平有关。根据与认知过程的联系,情绪情感的发展可以分为以下几种水平。

第一种是与感知觉相联系的情绪情感。与生理性刺激联系的情绪多属此类。例如2—6个月的婴儿看见他人做鬼脸会做出微笑的反应,即产生愉快的情绪,1岁左右的婴儿会对突然关灯产生害怕情绪。

第二种是与记忆相联系的情绪情感。例如没有被火烧灼过的婴儿对火不产生害怕情绪,而被火烧灼过的婴儿则会产生害怕情绪。

第三种是与想象和思维相联系的情绪情感。例如两三岁儿童由于被告知蛇会咬人、黑夜有鬼等信息,会产生怕蛇、怕黑的情绪;5—6岁的儿童理解到苍蝇能带病菌,于是讨厌苍蝇。这些惧怕和厌恶的情绪都是与想象和思维相关联的。

第四种是与自我意识相联系的情绪情感。例如受到他人嘲笑而感到不愉快,对活动的成败感到自豪或焦虑等,都属于与自我意识相联系的情感体验。这一类情感是典型的社会性情感,是人际关系性质的情感体验。

第五种是与复合的主观认知因素相联系的情绪情感。成人的情感过程主要依赖记忆中的经验、料想的后果、对环境事件的评价等复合的主观认知因素。幼儿晚期也出现了这种性质的情感。

(三)学前儿童情绪情感的自我调节能力越来越强

1.情绪的冲动性逐渐减少

人们常说"六月的天,小孩的脸,说变就变"。婴幼儿由于内抑制发展差、自控力弱、言语的调节功能不完善,当受到外界事物和情境刺激时,情绪就会出现爆发性,极不稳定。随着儿童脑的发育和语言的发展,情绪的冲动性逐渐减少。儿童对自己情绪的控制起初是被动的,是在成人要求下服从成人指示而控制自己的情绪,到了儿童晚期,对情绪的自我调控能力才逐渐发展起来。

2.情绪的稳定性逐渐提高

婴幼儿的情绪是非常不稳定且短暂的,这与其情绪情感具有情境性有关。例如得到新玩具、妈妈离开、新朋友出现等事件都会使他们的情绪大起大落。婴幼儿的情绪很多时候不是由自身产生的,而是因周围人的情绪波动受感染而引起的。随着年龄的增长,在教育的影响下,儿童对情绪情感的自我调节能力逐渐加强,不稳定性、情境性和受感染性逐渐减少,情绪情感逐渐趋向于稳定。

3.情绪情感的表达逐渐从外显到内隐

婴幼儿的情绪变化会毫不隐藏地表现出来。如不高兴就哭,高兴、舒服就笑,愤怒就跺脚等。随着言语和幼儿心理活动有意性的发展,幼儿逐渐能够调节自己的情绪及其外部表现。儿童晚期时,他们调节自己情绪表现的能力已有了一定的发展。他们开始掩饰自己的情绪,掌握了一些简单的情绪表达规则,知道表现出适当的情绪可以得到成人相应的反应。例如打针时感到疼痛,但认识到老师喜欢勇敢的孩子,能够含泪表现出笑容。

四、学前儿童积极情绪情感的培养

拓展阅读

父母的抑郁情绪与儿童发展①

母亲的抑郁与儿童发展

研究表明母亲的抑郁情绪会影响她的婴儿。情绪抑郁的母亲的孩子睡眠欠佳，对周围环境缺乏关注，应激激素皮质醇的水平不断上升。抑郁程度越高，母亲生活中的应激因子（如夫妻不和、缺少社会援助和贫困）的数量越多，母婴关系就会越受伤害。情绪抑郁的母亲所生的孩子容易存在不良的心理和情绪症状，例如运动和心理发展迟缓、易怒，存在依恋问题。

父亲的抑郁与儿童发展

像母亲的抑郁一样，父亲的抑郁强烈预示着儿童的行为问题——特别是男孩的冲动、挑衅和攻击性行为，即使在控制了母亲抑郁和家庭生活等其他因素的情况下也依旧如此。随着时间的推移，儿童易于受到父亲的消极情绪的影响，形成悲观的世界观，他们缺乏自信，甚至将父母和其他人当作一种威胁。持续感到危险的儿童在应激状态下特别容易变得过度唤起，面对认知和社交挑战时极易失控。

干预方式

一方面父母抑郁症的早期治疗对儿童发展而言至关重要，鼓励抑郁的父母修正其对自己孩子的消极看法、教导父母对孩子采用情绪积极、耐心和反应及时的看护行为。另一方面其他家庭成员在儿童发展的过程中也发挥着重要作用，当一位抑郁的家长没有给予儿童足够关心时，儿童与其他看护者的温情关系可能会保护儿童的发展。

（一）营造良好的情绪环境

1. 保持和谐的气氛

现代社会的急剧变化和竞争的环境，使人容易处于紧张和焦虑之中。幼儿在童年时期没有一个天真和谐的氛围，是不利于幼儿良好发展的，久而久之就会产生不相适应的问题行为，情绪压抑得不到释放就容易产生攻击性行为。因此，在家庭中要有意识地保持良好的情绪氛围，创设有利于情绪放松的环境。

①［美］劳拉·E.贝克：《儿童发展》，邵文实译，江苏教育出版社2014年版，第626页。

2.建立良好的亲子情和师生情

父母和教师要正确对待幼儿的依恋和分离焦虑,采用恰当的方式缓解幼儿的分离焦虑。幼儿园的师生情,主要在于教师有意识的培养,幼儿需要得到教师较多的注意、具体接触和关爱,特别是教师对幼儿的理解和尊重。教师是幼儿的合作者、引导者和支持者,要做好幼儿的知心朋友,让幼儿在幼儿园里有一个温馨的生活环境。

(二)成人的情绪控制

家长和教师都是幼儿成长过程中的导师,是幼儿模仿与学习的对象。幼儿好模仿,成人要给幼儿以愉快、稳定的情绪示范和感染,应避免喜怒无常的情绪表达,做到不过分溺爱也不吝惜对幼儿的爱。当幼儿犯错误或闹情绪时,首先应克制自己的情绪,理智冷静地对待每个幼儿的情绪与态度。

(三)采取积极的教育态度

1.肯定和鼓励为主

由于幼儿的年龄发展特点,对事物的认知尚浅,所以当孩子在尝试做好某件事的时候我们应该多鼓励,给予幼儿信心去勇于尝试和探索。

2.学会耐心倾听

幼儿是一个独立的个体,有表达自己想法的权利。当幼儿表达之后成人应该给予及时的回应,帮助幼儿解决困扰以及培养幼儿善于表达的能力,让幼儿喜欢说、愿意说。

3.正确运用暗示和强化

因为幼儿的理解能力不高,所以需要成人的暗示来引导幼儿控制情绪,利用适当的强化,能够帮助幼儿知道正确的情绪表达方式。例如当小朋友摔倒时,家长用言语暗示:“我们家宝贝很坚强,摔倒从来不哭”,以此来引导幼儿抑制住哭泣。

(四)帮助孩子控制情绪

幼儿不会控制自己的情绪。成人可以用各种方法来帮助他们控制情绪。

1.转移法

转移法就是生活当中孩子在哭闹时,突然给予幼儿一个新的刺激物,将孩子的注意力转移到新的刺激物上。

2.冷却法

孩子情绪十分激动时,可以采取暂时置之不理的方法,孩子自己会慢慢地停止哭喊。因为孩子的情绪容易被放大，所以适当的置之不理能够帮助幼儿理解事情的严重程度。

3. 消退法

对孩子的消极情绪可以采用条件反射消退法。例如当幼儿企图通过哭泣来达到某种目的时，父母可以不给予理睬，幼儿第一次可能会哭半个小时，发现达不到目的时，第二次可能就会缩短到十五分钟，到最后就会发现哭泣并不能解决问题。

（五）教会孩子调节自己的情绪表现

1. 反思法

让孩子想一想自己的情绪表现是否合适，通过幼儿自己的思考更能帮助他理解自己的情绪表达是否正确。

2. 自我说服法

孩子初入园由于要找妈妈而伤心地哭泣时，可以教他自己大声说："好孩子是不哭的。"孩子起先是边说边哭泣，以后渐渐地不哭了，孩子和小朋友打架，很生气时，可以要求他讲述打架发生的过程，孩子会越讲越平静。

3. 想象法

遇到困难或挫折而伤心时，想想自己是"大姐姐""大哥哥"或某个英雄人物等。

拓展阅读

中班健康活动：情绪王国游记

活动目标

①理解情绪与健康的关系，知道生气不利于健康，快乐有利于健康。

②初步学习不良情绪的转化方法。

③初步培养积极乐观的心理素质。

活动准备

多媒体电脑及相关课件、快乐娃娃头饰。

活动过程

一、以教师邀请小朋友到情绪王国做客的游戏形式导入课题

教师：小朋友们好，我是从情绪王国来的欢欢姐姐，今天我要带小朋友到情绪王国去做客，介绍你们认识一些新朋友，让我们乘上快乐的小马车出发吧！（放音乐带领幼儿做律动）

二、游情绪王国，理解情绪与健康之间的关系，学习不良情绪的转化方法

（一）认识情绪王国成员

教师：情绪王国到了，瞧，我们情绪王国的公民都来迎接小朋友了，下面咱们来玩个游戏，请小朋友看每个情绪娃娃的表情，猜猜他们的名字。（电脑出示各种表情的娃娃，请幼儿猜）

（二）游快乐城堡

教师：接下来让我们到情绪王国的快乐城堡去看一看。瞧，我们快乐城堡的每个人整天都是开开心心的，他们生活得多快乐呀！小朋友们喜欢快乐娃娃吗？你们平常会因为什么事情快乐呢？（幼儿回答，教师小结）

（三）游生气村庄

教师：游完快乐城堡，让我们到生气村庄去看看吧！生气村庄整天烦躁不安，碰到一点不顺心的小事就会发火，整天生气。小朋友们喜不喜欢他们啊？生气的时候我们应该怎么办呀？（幼儿回答，教师小结）

三、鼓励幼儿做快乐娃娃，戴上头饰到户外做游戏，结束活动。

第三节　学前儿童高级情感的发展与培养

高级情感是指人对具有一定文化价值或社会意义的事物所产生的复合情感，主要表现为道德感、理智感、审美感等。幼儿期开始出现简单的高级情感。

一、道德感

道德感是指自己或别人的行为举止是否符合社会道德标准而引起的情感。形成道德感是比较复杂的过程。

3岁前只有某些道德感的萌芽，处于婴儿期的儿童只有同情心、怕羞等情感，例如与父母外出时看到其他同伴哭泣会产生一定的同情心，但并没有出现更进一步的道德感。3岁后，随着儿童交往的发展，特别是在集体生活中，成人不断对儿童的行为提出要求，使他们逐渐掌握了各种行为规范，儿童的道德感逐渐发展起来。

小班幼儿的道德感主要指向个别行为，往往是由成人评价引起，例如当儿童拿玩具受到老师的批评时会难过并意识到不该拿玩具，但不去想为什么。

中班幼儿的道德感比较明显地掌握了一些概括化的道德标准，他可以因为自己在行动中遵守了教师的要求而产生快感。中班幼儿不但关心自己的行为是否符合道德标准，而且开始关心别人的行为是否符合道德标准，由此产生相应的情绪。例如他们看见小朋友违反规则会产生不满，中班幼儿常常"告状"，就是道德感所激发起来的。

大班幼儿的道德感进一步发展和复杂化。他们对好与坏、行为的对与错有了更加稳定的认识，例如热爱老师、乐于助人等。总的来说，幼儿的道德感是在成人的道德评价和潜移默化的榜样作用影响下形成的。

二、美感

美感是人对事物审美的体验，是根据一定的美的评价而产生的。儿童对美的体验也有一个社会化的过程。婴儿从小喜好鲜艳悦目的东西以及整齐清洁的环境。幼儿初期仍然主要是对颜色鲜艳的东西、新的衣服鞋袜等产生美感。他们自发地喜欢相貌漂亮的小朋友，而不喜欢形状丑恶的任何事物。

在环境和教育的影响下，幼儿逐渐形成了审美的标准。幼儿中期能从音乐、绘画作品中得到美的享受。幼儿晚期，儿童开始不满足于颜色鲜艳，还要求颜色搭配协调。4岁前的幼儿喜欢鲜艳的物体，4岁以后逐渐发展起对艺术作品的初步欣赏能力，在欣赏中体验和表现出喜悦、羡慕等美感。

幼儿的美感与良好的情绪体验紧密联系，依然肤浅、表面；直接以行动、表情、语言和活动等来表达。值得一提的是，幼儿的美感与道德感经常联系在一起，并以道德感代替美感。所以，符合他道德要求的就认为是美的，反之则认为是丑的，例如电影中的正面人物就是美的，反面人物就是丑的。

三、理智感

理智感也是人所特有的情绪体验，这是由是否满足认识的需要产生的体验。这是人类社会所特有的高级情感。幼儿理智感的发生，在很大程度上取决于环境的影响和成人的培养，适时地给幼儿提供恰当的知识，注意发展他们的智力，鼓励和引导他们提问题等，有利于促进幼儿理智感的发展。

一般来说，5岁幼儿的这种情感已经明显地发展起来，突出表现在幼儿很喜欢提问题，并由于提问和得到满意的回答而感到愉快。6岁的幼儿喜欢进行各种智力游戏，或所谓“动脑筋”的活动，如下棋、猜谜语等，这些活动能满足他们的求知欲和好奇心，促进理智感的发展。

本章小结

本章主要介绍了学前儿童心理发展过程中情绪和情感的构成与区别，梳理了学前儿童的主要情绪和情感以及学前儿童高级情感的发展与培养。

1.情绪包括哭、笑、恐惧、愤怒四种基本形式；情绪状态分为心境、激情、应激；情感包括道德感、理智感和美感。

2.学前儿童各类情绪情感的发展是遵循一定顺序规律的；日益表现出复杂化、社会化和可控化的特点。

3.教师和家长要掌握学前儿童积极情绪情感的培养方法，营造良好的情绪环境，采取积极的教育态度，帮助儿童学会调节控制情绪。

思考与实训

1.情绪与情感对学前儿童的发展有何影响？

2. 简述学前儿童情绪情感发展的一般特点。

3. 如何培养学前儿童积极的情绪情感？

4. 简述学前儿童高级情感的发展与培养。

5. 结合实际，说一说培养学前儿童积极情绪情感的重要性。

专题探讨

5岁的圆圆在某幼儿园读中班，老师通过观察发现他性格比较内向，不爱与其他小朋友交往，情绪常显得低落、没精神。老师发现了这个问题，及时查找原因，进行调查。发现这个孩子生理上并没有什么不正常，只是他的父母对他的管教非常严格，因为一点小事就打骂他，使他对外界的事情不管不问，对外面的人也感到不可信，致使他不与小朋友交往，使自己常常陷入痛苦的氛围中，情绪低落。

有一次老师组织全班小朋友分小组进行“折飞机”比赛，在规定的时间内看哪组折得最多并且最好看，时间到后，圆圆在的那组小朋友折得最少。这时就听见一个小朋友说，都怪圆圆，他折得最慢。圆圆一下子就低下头，情绪显得十分沮丧，很羞愧，但是他折得很好看。

探讨：圆圆的问题在哪儿呢？造成这些问题的原因有哪些？如果你是圆圆的老师，应该怎样帮助圆圆？

第十章

学前儿童个性的发展

学习目标

- 理解个性的概念及其结构。
- 掌握学前儿童个性发展的规律及其特点。
- 能根据学前儿童个性发展的特点促进学前儿童良好个性品质的发展。

学习重难点

- 重点：掌握学前儿童个性发展的特点。
- 难点：掌握促进学前儿童良好个性品质的形成方法。

案例破冰

四个歌剧迷来到剧院看歌剧表演，这是他们费尽力气才弄到的票，表演者是著名大师，而且这场歌剧表演是在这个城市的最后一场演出。可是他们迟到了，那么在剧院门口，被检票员拦住的这四个人各自会有什么样的反应呢?

A对着检票员大喊大叫，声称自己没有迟到，是剧院的钟出了问题，并且动手推打检票员，想闯入剧院。

B立刻明白检票员是不会放他进去的。但是他在前厅来回溜达，趁检票员一不留神，就从侧面楼道钻进去，跑进演出大厅了。

C想：既然不让我进，那我就不进吧。反正第一场也不精彩，我到小卖部等一会儿，到幕间休息再进去。

D想:我这个人运气真不好,偶尔来一次剧院就这样倒霉。接着就垂头丧气地回家了。

为什么面对同样的场景,这四个人会有截然不同的反应呢?本章内容会给我们带来一定的启示,以便帮助我们解答上述问题。

第一节　个性概述

一、个性的概念

心理学上所说的“个性”又称“人格”。它是一个人比较稳定的、具有一定倾向性的各种心理特点或品质的独特组合。个性并不是各种心理活动的随意组合，而是心理活动的有机结合，是一个相对稳定的体系。在心理学看来，个性强调的是个人与他人的不同，即差异性，任何人都有自己的个性，正如俗语所说“人心不同，各如其面”。

二、个性的结构

个性不是一个单一的特质，而是具有复杂的结构。个性主要由个性倾向性、个性心理特征和自我意识三部分构成。

（一）个性倾向性

个性倾向性是个性结构中最活跃的部分，是人的心理活动的动力因素，决定着人对周围世界的认识与态度的选择和趋向，包括需要、兴趣、动机、理想、信念、世界观等。

（二）个性心理特征

个性心理特征是个性中最能突出人的心理个别差异的部分，包括能力、气质和性格。

（三）自我意识

自我意识又称自我，即自己认识自己的一切，是由知、情、意三方面统一构成的高级反映形式，包括自我认知、自我体验、自我调节。

三、个性的基本特征

个性是在先天遗传的基础上，在社会、文化、历史的背景下发展起来的。个性是一个复杂的、多面的、多层次的动力结构系统，它主要有以下特点。

(一)整体性

人的各种心理活动,绝不是孤立的,而是一个统一的整体。所谓个性,是指一个整体,即心理活动的“总和”。因为它不是各种心理活动简单或机械地相加,而是各种心理活动有机地组织起来的系统,即一个人的个性体现在他心理活动的各个方面,如一个急性子的人往往表现为吃饭快、走路快、处理事情也快,也比较容易冲动等。因此,从一个人行为的一些方面就可以推测出他的个性。

(二)独特性

在现实生活中,我们无法找到两个完全一样的人。即使是同卵双胞胎之间也存在着明显的差异。另外,个性的独特性并不排除人与人之间的共同性。虽然每个人的个性是不同于他人的,但对于同一个民族、同一性别、同一年龄的人来说,个性往往存在着一定的共性。如中国人的性格都或多或少带有儒家思想的烙印,女生比男生感性,学前儿童有一些明显的共同特征——好动、好奇心强等。从这个意义上说,个性是独特性与共同性的统一。

(三)稳定性

个性具有稳定性的特点。个人偶然的行为不能代表他真正的个性,只有比较稳定的、在行为中经常表现出来的心理倾向和心理特征才能代表一个人的个性。个性相对稳定,但并不是一成不变的,因为现实生活非常复杂,现实生活的多样性和多变性带来了个性的可变性。对于一个处于成长发育期的孩子来说,即使是已经形成了的一些比较稳定的个性特点,在一定外界条件的作用下,也会产生不同程度的改变。所以说,个性是稳定性和可变性的统一。

(四)社会性

人的本质是一切社会关系的总和。在人的个性形成与发展中,人的个性的本质方面是由人的社会关系决定的,如个性中最高层次的人生观、价值观,这些个性特征的形成,是和一个人所处的社会生活环境及其所受的教育密切相关的。社会因素对个性的影响还表现在即便是一些比较基本的个性特征的形成,也与人所处的社会环境密不可分。如,不同国家、不同民族的人的个性有比较明显的特点。因此,个性具有强烈的社会性,是社会生活的产物。影响个性形成的社会因素可以分为两个方面,即宏观环境和微观环境。宏观环境主要指民族、国家、时代、社会生活条件和社会风气。微观环境主要指家庭、学校及生活、工作环境。对于学前儿童来说,影响其个性发展的微观环境主要是家庭和幼儿园。个性具有社会性,但个性的形成也离不开生物因素。现代心理学已经证明,生物因素给个性发展提供了可能性,社会因素使这一可能变成现实。而影响个性的生物因素主要是个人的神经系统的特点。因此,个性是社会性和生物性的统一。

第二节 学前儿童个性倾向性的发展及教育

一、学前儿童需要的发展及教育

(一)需要的概述

1.需要的概念

当有机体处于一种不平衡状态时,为了维持平衡,有机体就会在生理或心理上产生欲求以达到平衡,这就是需要。需要是个体积极性的源泉。首先,需要是一种不平衡状态;其次,需要是人活动的基本动力,人做任何事都是为了满足某种需要;再次,需要满足会产生新的需要,因而是个体积极性的源泉。

2.需要的分类

人的需要多种多样,根据需要产生的根源,可分为自然需要和社会需要。前者是由生理的不平衡引起的欲求,又称为生理需要,如进食的需要、睡眠的需要、性的需要;后者反映了一个人为了维持自身的社会性发展而表现出来的心理需要,它是人所特有的,是通过学习得到的,所以又称为获得性需要,如与家人、朋友交往的需要。根据需要的对象可分为物质需要和精神需要。食物、房子、工具等是物质需要;文化、友谊、爱等属于精神需要。

马斯洛是人本主义心理学的创始人,他认为心理学的研究对象应该是健康人,研究如何让健康人更幸福,他通过研究心理的动力系统发展出了需要层次理论。他把需要分为五个层次:生理需要、安全需要、爱与归属需要、尊重需要和自我实现需要。生理需要:是指人类维持自身生存的最基本需要,包括饥、渴、衣、住、性、健康方面的需要。安全需要:指人对安全,秩序,稳定及免除恐惧、威胁与痛苦的需要。爱与归属需要:是指人需要与他人建立情感联系,以及在群体中享有地位的需要。尊重需要:既包括对成就或自我价值的个人感觉,也包括他人对自己的认可与尊重。自我实现需要:是指人希望最大限度地发挥自身潜能,不断完善自己,完成与自己的能力相称的一切事情,实现自己理想的需要。这五种需要不是并列的,是按层次逐级上升的。其中,生理和安全需要为低级需要,人和动物共有。自我实现需要为人类所特有,但是并非所有成人都能自我实现。低级需要关系到个体生存,因而也称为缺失性需要。高级需要也称为成长性需要。人类的需要由低向高发展,低级需要满足了,就会产生更高一级的需要。

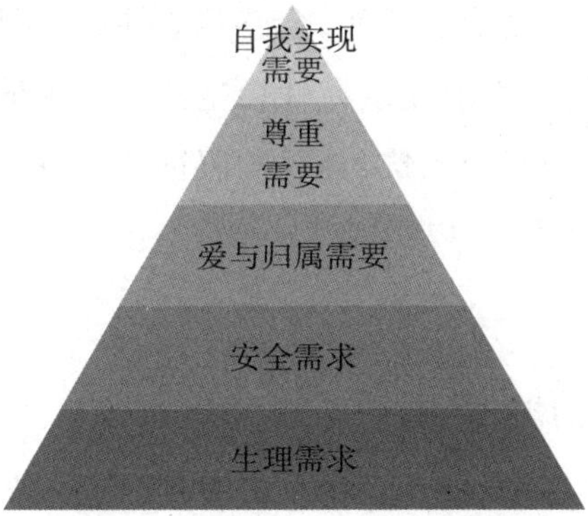

图10-1　马斯洛需要层次模型

(二)学前儿童需要发展的特点

1. 由以生理需要为主,逐渐指向社会性需要的发展

儿童年纪越小,生理需要越占主导地位,如新生儿,当他们渴了、饿了就用哭闹的方式来向抚养者传递信息。婴儿期虽然生理需要占主导地位,但是婴儿开始出现了明显的社会交往需要,如对教养人的依恋。1—3岁期间,学步儿的社会性需要进一步增加,出现了对成人活动的模仿、喜欢玩亲子游戏、喜欢大量的实物活动等。

2. 不同年龄阶段其优势需要不同

学前儿童占主导地位的优势需要由几种强度较大的需要组成。同时,每种需要在整体中所占的地位也在不断发生变化。如3—4岁时,儿童的优势需要是生理需要、安全需要、母爱的需要、玩游戏和听故事的需要;从5岁开始,儿童的社会需要迅速发展,求知需要、劳动需要开始出现;而6岁时,儿童希望得到尊重的需要增强。

3. 开始形成多层次、多维度的需要结构

学前儿童开始形成多层次、多维度的需要结构。如:(1)生理需要。学前儿童的生理需要主要体现为对饮食、睡眠、休息等的需要。年龄越小,生理需要占据的地位越突出。(2)安全需要。学前儿童具有强烈的安全需要,年龄越小体现得越明显。例如,儿童在陌生环境会表现出胆怯,见到陌生人会害怕,妈妈不在身边会感到不安等。(3)交往与爱的需要。学前儿童往往不喜欢一个人独处,而喜欢与人交往。他们喜欢和亲人在一起,和同龄儿童共同游戏,在交往中获得友谊,也学会关心别人、融入集体等。(4)活动与求知探索的需要。学前儿童具有强烈的活动需要,比如喜欢各种游戏活动

和探索活动。他们在活动中增加了对周围世界的认识，在活动中学会与他人相处，从活动中获得愉快的体验。他们好奇好问，对身边一切新事物都感兴趣。(5)自尊和受人尊重的需要。随着儿童自我意识的发展，他们希望受到成人或同伴的赞扬和尊重。当他们被嘲笑、责骂时，自尊心便受到损伤，会感到委屈，甚至哭闹，有暴力反抗的倾向。(6)欣赏美和表现美的需要。学前儿童在社会生活和成人的影响下，形成了欣赏美和表现美的需要。他们喜欢美丽的风景、美丽的服饰、动听的音乐、优美的舞姿。因此，幼儿园的环境布置、艺术活动承担着美育的主要功能。

(三)学前儿童需要的引导

1. 满足学前儿童合理的需要

对于学前儿童的各种需要，成人应对它的合理性做出判定。对于合理的需要，成人应尽量加以满足。如针对学前儿童的生理需要，成人应制定合理的作息制度，按时定量地准备营养丰富的食物，指导他们安静地就寝，养成良好的卫生习惯，使他们健康成长；针对学前儿童的尊重需要，教师和家长应与儿童建立民主、平等的关系，要尊重关心儿童，不要嘲笑儿童，更不要在众人面前呵斥、责骂或者体罚儿童；为了满足儿童欣赏美和表现美的需要，可以组织绘画、音乐、戏剧等活动。

2. 纠正学前儿童的不合理需要

学前儿童在外界环境的不良影响下，如父母的娇纵溺爱以及其他儿童的不良“榜样”等，可能会产生一些不合理的需要。如有的学前儿童经常要独占所有的玩具，不愿和同伴分享；有的儿童自理能力差，事事需要教师和家长的照料；等等。这些不合理的需要往往使他们的个性发展偏离正确的方向。因此，教师和家长对于这些不合理的需要要及时纠正，引导其个性朝正确的方向发展。如引导其学会与人交往、养成良好的行为习惯等。

3. 引导学前儿童形成新的需要

教师和家长要丰富儿童的精神生活，并向儿童不断提出新的要求，以激起他们形成新的需要。如教师对于初入幼儿园的儿童，要求他们自己吃饭、自己穿自己的衣服等；对于中班的儿童，不仅要求他们自己的事情自己做，还要求他们能为同伴做些好事；对于大班的儿童要求他们认真地、有始有终地做自己能做的事，且为同伴和集体服务。

二、学前儿童兴趣的发展及教育

(一)兴趣的概述

1.兴趣的概念

兴趣是动机的一种表现形式,它是一个人对客观事物进行积极探索的认识倾向。兴趣使人对有趣的事物给予优先甚至持久的关注,并且带有明显的情绪色彩。兴趣以需要为基础,不过,在生理性需要的基础上产生的兴趣往往是暂时的兴趣,而建立在社会性需要基础上的兴趣往往会转化成稳定的兴趣。兴趣是引起注意和保持注意的重要因素,同时也对能力的发展起促进作用。

2.兴趣的分类

人的兴趣多种多样,根据兴趣的内容可分为物质兴趣和精神兴趣。前者表现为对食物、衣服和舒适生活等的兴趣;后者主要表现为对认识活动的兴趣。根据所指向的目标,可分为直接兴趣和间接兴趣。前者是对活动过程本身产生的兴趣;后者是对活动过程结果产生的兴趣。

(二)学前儿童兴趣发展的特点

1.兴趣比较广泛

学前儿童对这个世界充满好奇,对他们来说一切都是新鲜的。因此学前儿童对周围的一切事物和活动都表现出一定的兴趣。例如,他们对游戏、绘画、唱歌、故事、大自然中的小动物和花草树木等都感兴趣。这是由于儿童各方面发展还不成熟,这时的儿童还没有形成比较稳固的中心兴趣。

2.多为直接兴趣

学前儿童的兴趣绝大多数是直接兴趣,即直接对当前的事物或活动过程感兴趣。只有年龄较大的儿童才会产生某些间接兴趣。如,儿童对游戏感兴趣,他们只是喜欢游戏的方式能给他们带来快乐,一般不会想到通过这样的游戏会对他们的发展有什么影响。

3.兴趣存在年龄和性别差异

由于各方面的原因,学前儿童的兴趣已经表现出明显的年龄差异和性别差异。如,年龄小的儿童对简单的活动、重复性的动作感兴趣,而年龄较大的儿童对较复杂多变的活动感兴趣;就性别差异来说,一般女孩喜欢毛绒娃娃之类的玩具,男孩则更多喜欢汽车之类的玩具。

4.兴趣容易变化

学前儿童由于知识经验和心理能力的限制,不可能深入了解事物的本质,他们主要被事物的表面特点所吸引。他们的兴趣往往由颜色、形状等引起,因而比较肤浅。经过几次接触之后,这些事物的外在特点逐渐失去了新鲜感和吸引力,儿童的兴趣也开始慢慢低落甚至完全消失。总之,学前儿童的兴趣容易发生变化,很难在某一个领域保持长久的稳定性。如,很多儿童刚得到一个新玩具时爱不释手,但是玩了一段时间之后,他们就对其渐渐失去兴趣。

5.兴趣容易产生不良倾向性

学前儿童缺乏良好的辨别是非的能力,这使儿童很容易产生不良的兴趣。如随着大众传媒的发展,儿童很容易沉迷于网络。

(三)学前儿童兴趣的培养

1.组织多种活动,发展学前儿童的兴趣

学前儿童的兴趣往往是通过活动得到发展的,在活动中儿童不仅能发现自己感兴趣的事物,还能促进其兴趣的发展。因此,教师可以多组织游戏、参观、表演等各种有趣的活动,引导学前儿童积极参与这些活动,并帮助他们在活动中发现自己的兴趣,引导他们在活动中发展自己的兴趣。

2.通过积极的评价,强化学前儿童的兴趣

学前儿童取得成功或进步时,教师要及时给予表扬与鼓励,使儿童体验到成功的喜悦。表扬和鼓励能为儿童提供及时的反馈信息,使他们对自己的能力及个人价值有清楚的了解,从而使自己原来的兴趣得到进一步加强。但教师在评价儿童时,要做到恰当、及时,使之发挥最大效能。

3.激发和保护有益兴趣,纠正不良的兴趣

在学前儿童兴趣发展的过程中,有些兴趣对身心健康是有益的,对于这些兴趣教师要善于激发和保护,并且把相关的有益兴趣纳入培养目标加以培养。对那些于学前儿童的身心健康不利的兴趣,教师要讲清道理,并用有益的兴趣替代这些不良的兴趣。另外,教师本人的兴趣对学前儿童也有直接的影响,为了培养和引导学前儿童的有益兴趣,教师自己也应该发展多方面的、健康的、积极的、有益的兴趣。

4.利用兴趣迁移,培养新的兴趣

兴趣的迁移是指学前儿童将已有的兴趣延伸到相关的事物上,并对该事物也产生兴趣。一般来说,兴趣的迁移要满足以下几个条件:第一,教师要善于发现儿童感兴趣的事物;第二,教师要寻找到使学前儿童感兴趣的新事物与原有兴趣的相同点;第三,教师要通过各种方法使学前儿童产生对新事物的认识需要,并把这种需要转化成强烈的动机。满足了这三个条件,就可以使学前儿童对某一事物的兴趣迁移到相关的事物上来。

5.倾听儿童的内心,尊重儿童的兴趣

很多家长给自己的孩子报了所谓的“兴趣班”。但是儿童是否真的对这些“兴趣班”感兴趣呢?作为教师和家长,要学会倾听儿童的内心想法,站在儿童的角度去思考,尊重儿童真正的兴趣,并对有益的兴趣给予支持。

第三节 学前儿童个性心理特征的发展及教育

一、学前儿童能力的发展及教育

(一)能力的概述

1.能力的概念

能力是顺利完成某种活动所必备的心理条件,它预示着一个人在活动中可能达到的成就水平。一个人的能力在所从事的活动中得以表现,又在所从事的活动中得以发展。能力的发展存在明显的个体差异:一是发展水平上的差异,即不同人的能力发展所能达到的水平存在程度上的差异;二是表现类型上的差异,即不同的人在能力表现的不同方面存在差异;三是发展时间上的差异,即不同的人在能力表现的时间早晚上存在差异。

2.学前儿童能力的结构

能力是具有一定结构的个性心理特征,而且个体在不同年龄阶段的能力结构存在差异。在幼儿期,幼儿的能力主要由智力和动作技能两部分构成。

(1)智力。智力是一个人认识、理解客观事物并运用知识经验解决问题的能力。学前儿童的智力一般指认识能力,主要由注意力、观察力、记忆力、想象力、思维力、言语能力和初步的创造力等成分构成。智力是儿童完成各种活动的最基本的心理条件,它是能力结构中非常重要的组成部分,在学前儿童的心理活动中占有重要位置。

(2)动作技能。动作技能是通过练习达到自动化程度的一种活动方式,是后天习得的。动作技能包括粗大动作技能和精细动作技能两大类。粗大动作技能是由大肌肉群支配四肢和躯干时完成的动作技能,又称身体动作技能。精细动作技能是由小肌肉群支配手指和手腕完成的动作技能,又称手部动作技能。

(二)学前儿童能力的发展特点

1.智力发展迅速

智力是随着年龄的增长而增长的,其增长速度是有变化的,一般是先快后慢,到了一定的年龄则停止增长。美国心理学家布鲁姆根据近千个从幼儿期一直跟踪到少年期的研究指出：1—4岁是智力发展最迅速的时期。如果把17岁达到的智力水平作为100%，那么从0—4岁发展了50%，4—8岁又发展了30%，8—17岁再发展20%。

学前儿童的智力是复合且多维的，在发展过程中各种智力因素的比重和地位不断变化，复合性因素比重越来越大。10个月以前，儿童智力中占比较大的是视觉跟踪能力、社会性反应能力、感觉探索能力和手的灵活性。10—30个月，儿童智力中占比较大的是知觉探求能力、语言发声交际能力、对物体的有意义接触知觉辨别力。30—50个月，儿童智力中占比较大的是形状记忆、语言知识。50—70个月，儿童智力中占比较大的是形状记忆、语言知识。70—90个月，语言知识、复合空间关系和词汇占重要地位，而形状记忆的重要性减退。

2.动作技能发展迅速

幼儿期的儿童身体比例已经接近成人，与婴儿期相比重心已经下移，平衡能力明显提高，为粗大动作不断发展奠定了必要的生理基础。在整个幼儿期，行走、跑跳、投掷、钻爬、骑行等这些粗大动作都有极大的发展。例如，在钻爬和攀登方面，3—4岁的儿童只能正面钻爬障碍物，要一格一格地攀登梯子，5—6岁儿童能够稍微侧面钻爬障碍物，灵活攀登梯子。到了幼儿后期，幼儿的各种粗大动作已经达到较高水平，投掷动作协调，跑跳钻爬灵活快速，甚至可以骑自行车。

幼儿期精细动作的快速发展主要体现在用餐、穿衣、清洗、绘画、书写和操作六个方面，到6岁时这些主要借助手指和手腕才能完成的动作都达到相当熟练的程度。例如从3岁时常将衣裤穿反，到6岁时能够自己系鞋带；从3岁时用勺进餐，到6岁时能够熟练地用筷进餐；从3岁时只能涂鸦一些简单的形状，到6岁时能够画出包含物体和事件的图形。

(三)学前儿童能力的培养

后天的环境和教育在培养学前儿童能力方面发挥着重要作用。教育者要依据学前儿童能力发展的规律以及其能力的个体差异性，采取有效的措施和方法对学前儿童的能力进行培养和训练。

1.掌握学前儿童的能力发展水平

培养学前儿童能力的前提条件是全面掌握其能力的发展水平。可以采用两种基本途径：一是通过日常的教育活动对学前儿童的能力进行观察记录，但这种方法只能粗略地了解其能力的发展水平，无法精确地掌握其发展程度；二是通过各种能力测验了解学前儿童的能力水平和能力类型，比如，智力测验和音乐能力测验，测验法相对比较精确，但在选用和实施何种能力测验时要慎重，不能将能力测验视为万能的东西，在解释测验结果时必须客观有效，避免给儿童贴标签。在生活中应该将日常观察和能力测验结合起来，只有这样才能掌握学前儿童能力发展的真实水平。

2.根据学前儿童能力的发展特点进行因材施教

学前儿童的能力水平和能力类型存在差异，教师要针对学前儿童能力发展的特点因材施教，及早发现超常儿童。对于智力超常或有特殊才能的儿童要注意以下三点：第一，在培养其专长时也要注意让他们德智体全面发展，不要对其过早定向；第二，要教育他们不要骄傲自满、脱离集体；第三，也不能要求过高过急，压力太大会造成儿童不必要的精神负担。对于能力较弱的儿童应该特别关心，要认真了解和研究他们发展落后的原因，属于病理范围的，应及早诊断、治疗；属于不良环境影响的，应帮助改善环境。对于能力表现一般的儿童也不能忽视。总之，教师要从每个儿童身上寻找闪光点，扬长避短，使每个儿童都能得到最好的发展。

3.指导学前儿童掌握必要的知识技能

能力和知识技能联系密切。能力是在获得知识技能的过程中逐渐形成和发展起来的，掌握与能力有关的知识技能，有助于能力的提高和发展。例如，通过阅读和讲故事，儿童可以掌握更为丰富的词汇，这能促进儿童语言表达能力的提高。幼儿期是儿童掌握知识技能的一个重要阶段，成人在日常活动中可以通过游戏的方式给儿童传授必要的知识和技能。

4.通过创造良好条件为学前儿童提供实践机会

能力的形成和发展离不开儿童的实践活动。要培养儿童的各种能力，就必须充分调动儿童的主动性和积极性，让他们在各种活动中获得锻炼的机会。父母和教师要尽可能地为儿童创造良好的活动条件，组织丰富多彩的活动，提供好玩有趣的操作材料，尽可能地激发儿童想象和探索的欲望，让他们在安全、自由的环境中去活动、去创造。

二、学前儿童气质的发展及教育

（一）气质的概述

1.气质的概念

气质（temperament）俗称“脾气”，是一个人生来就有的心理活动动力特征，主要是由生物因素决定的，具有相对稳定性。它使人的整个心理活动都带上个人独特的色彩，制约着心理活动进行的特点。例如诸葛亮和张飞，一个沉稳，一个鲁莽暴躁。

2. 气质的分类

(1)希波克拉底的气质分类

古希腊医生希波克拉底认为人体中有四种体液，分别是血液、黏液、黄胆汁和黑胆汁。这四种体液的不同配合比例，形成了四种不同类型的人。罗马医生盖伦在希波克拉底的基础上提出四种气质类型，即多血质、黏液质、胆汁质和抑郁质。这也是心理学上一直沿用至今的四种气质类型。

(2)巴甫洛夫的气质分类

巴甫洛夫发现的四种高级神经活动类型，与传统的气质类型相吻合。他认为，高级神经活动基本特征的不同结合，形成四种高级神经活动类型。高级神经活动有三个基本特征：①神经过程的强度。这是指兴奋和抑制的强度，即神经细胞所能承受的刺激量，以及神经细胞工作的持久性。②神经过程的平衡性。这是指兴奋和抑制这两种神经过程之间强度的对比。兴奋强于抑制或抑制强于兴奋，都是不平衡的表现。③神经过程的灵活性。这是指神经细胞的两种神经过程的转换速度。高级神经活动三种特性的不同结合就形成四种高级神经活动类型。其中三种是强型，一种是弱型。强型又可以分为平衡型和不平衡型，平衡型再可以分为灵活型和不灵活型。

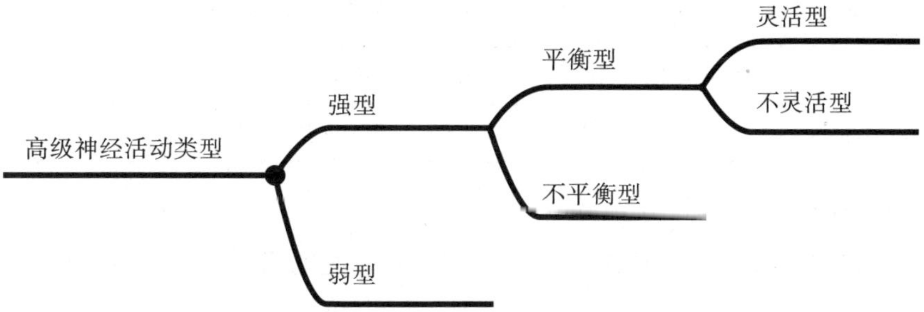

图10-2　高级神经活动类型

弱型：兴奋和抑制过程都很弱。外来刺激对这种神经活动类型的儿童来说大都是过强的，因而使他们的精力迅速消耗，难以形成条件反射。

兴奋型：是强而不平衡的类型。其特征是容易形成阳性条件反射，但难以形成阴性(抑制性)条件反射。

安静型：强而平衡，但不灵活，反应迟缓。

活泼型：强而平衡又灵活的类型。

以上是高级神经活动的典型分类。实际上高级神经活动的分类方法是很多的。

高级神经活动特性在人的心理活动和行为中的表现,可以从下列几个方面来看:①敏感性。即对刺激物的感受性,它是神经过程强度的表现。强型的人,其敏感性比弱型者低。②耐受性。即对外界刺激作用时间和强度的耐受程度。例如注意力集中的持久性,对长时间智力活动或操作活动的坚持性,对强刺激的耐受性,等等。弱型的人耐受性较差,这是神经过程的平衡性、强度和灵活性的综合体现。③敏捷性。包括不随意动作的反应速度和一般心理反应与心理过程进行的速度。如说话的速度、记忆的速度、思维的敏捷程度等。神经过程灵活的人,反应速度较快。④灵活性。即对外界环境适应的难易程度,如对新事物是否容易接受,情绪转变与注意转移的快慢,在接触新环境和陌生人时是否拘束等。⑤外向或内向。反映了神经过程的平衡性问题。兴奋强的人容易外向,抑制强的人容易内向。

从上述几个方面的表现,可以把儿童划分为各种气质类型。表10-1中简要说明了四种气质类型的特点。

表10-1　四种气质类型及其特点

神经类型	气质类型	特点	代表人物
弱	抑郁质	多愁善感、孤僻、细腻、畏缩	林黛玉
强、不平衡	胆汁质	热情、冲动、反应快、难约束	张飞
强、平衡、惰性	黏液质	安静、沉稳、迟缓、有耐性	唐僧
强、平衡、灵活	多血质	活泼、灵活、善于交际	王熙凤

(3)托马斯的气质分类

托马斯根据儿童的基本情绪的行为反应,把他们的气质分为容易型、困难型以及迟缓型三种类型。

容易型。这一类儿童约占40%,他们的吃、睡等生理机能活动有规律,节奏性强。他们容易适应新环境,容易接受新事物和不熟悉的人。他们总是情绪愉快,爱玩,对成人的招呼反应性强。他们对成人的抚养活动提供大量的积极强化,因而在整个儿童时期能受到成人的关怀和注意。

困难型。这一类儿童约占10%—15%。他们总是在哭,不易抚慰。进食时烦躁不安,睡眠不规则。对新刺激畏缩,接受变化难。他们的心情总是不好,在游戏中也不愉快。成人需要费很大气力才能使他们接受抚爱。由于成人的抚爱经常得不到正面反馈,成人和儿童之间的关系往往不太密切。

迟缓型。这一类儿童约占15%。他们不像前一类那样总是哭闹。他们常常是安静地退缩，对新事物适应缓慢。如果坚持和他们积极地接触，他们也会逐渐产生良好的反应。在没有压力的情况下，对新刺激会缓慢地产生兴趣，慢慢地活跃起来。随着年龄增长，这一类儿童的发展情况因成人抚爱和教育情况的不同而分化。

有些儿童并非属于典型的容易型、困难型或迟缓型。有30%—35%的儿童属于中间型或混合型，其气质是上述某两种或三种的混合。

（二）学前儿童气质发展的特点

1.具有相对稳定性

儿童在出生时就已经具备了一定的气质特点，在整个儿童期内常会保持相对稳定。有研究者对198名儿童从出生到小学的气质发展进行了长达10年的追踪研究，结果发现大多数儿童的早期气质特征一直保持稳定不变。如一个活动水平高的儿童，在两个月时睡眠中爱动，换尿布后常蠕动，到了5岁后，该儿童在进食时常会离开座位。而一个活动水平低的儿童，小时候睡眠时不爱动或穿好衣服后不爱动，到他5岁时穿衣服需要很长时间，在电动玩具旁边能安静地坐很久。

2.具有一定的可变性

儿童的气质具有相对稳定性，但并不是一成不变的。儿童的气质还受到后天环境、父母教养方式、学校教育等因素的影响，在这些因素的影响下，儿童天生具有的活动或情绪行为模式是可以改变的。例如抑郁质幼儿的孤僻、胆汁质幼儿的急躁，在教师和父母的正确引导下这些消极气质特征会逐渐得到改善甚至完全消除。

也有可能儿童的气质类型并没有发生变化，但因受环境、教育的影响而没有充分表露出来，或改变了其表现形式。这在心理学上称为气质的掩蔽。例如易冲动的儿童在环境和教育的影响下可以建立许多抑制性条件反射，从外表看，已不像不可抑制的气质类型。

3.具有个体差异性

婴儿出生后即表现出气质的个体差异。到幼儿期，幼儿已经比较明显地出现不同的气质类型。一个有经验的教师很容易发现幼儿的气质特征，找出具有各种气质类型的幼儿，并进行针对性的教育。

经典研究

对同卵双生子的气质研究

格塞尔对同卵双生子T和D进行了长达14年的追踪研究。结果发现T和D的气质发展表现出较强的稳定性和连续性。

在托马斯和切斯主持的纽约纵向研究中,他们追踪了231名儿童从婴儿期至青春期,研究表明人从一出生就表现出很大的气质差异,并随着年龄的增长持续保持这些出生时的特征[①]。他们认为,一个人的气质或者基本行为特征是与生俱来的。这说明气质具有相对稳定性和个体差异性。

(三)学前儿童的气质与教育

1.了解儿童气质的方法

测量法。关于儿童气质类型的测定途径主要有家长问卷法和家长访谈法、幼儿园教师或其他抚育者对儿童行为的表现评定、研究人员对儿童的行为表现做直接的观察和评定。

观察法。教师和家长更应该对儿童在游戏、学习与生活等活动中的情感表现、行为态度、社会交往等方面进行反复细致的观察。

2.不要轻易对学前儿童的气质类型下结论

第一,在现实生活中,纯属于具体某一种气质类型的人是很少的。第二,某一行为特点可能为几种气质类型所共有,如情绪敏感、容易激动、容易改变,既可能是胆汁质的表现,也可能是抑郁质的表现。第三,儿童虽然表现出气质的个别差异,但是儿童的气质还处于继续发展的状态,还有可能受到环境、教育等因素的影响而发生改变。

3.针对不同气质的特点采取适宜的教育措施

对多血质的儿童进行教育时,在要求他们遵守纪律的同时也要对他们热情,在给予他们参加各种活动机会的同时也要培养他们稳定的兴趣。在发展他们的满腔热情、朝气蓬勃的同时,也要对其粗心、虎头蛇尾的行为进行教育。

对胆汁质的儿童进行教育时,既要让他们有所触动,也要避免激怒他们;在着重培养勇敢进取、豪放的品质时,也要教会他们自制,养成安静、守纪律的好习惯。

对黏液质的儿童进行教育时,要多给予他们参与各种活动的机会,及时发现他们的进步并给予肯定,培养他们的自信心,激发他们活动的积极性;引导他们活泼地、灵活地完成活动,防止拖拉和过分谨慎等。

①杨春卿:《儿童气质研究综述》,载《教育科学》1994年第4期。

对抑郁质的儿童进行教育时,要给予充分的关心和帮助,避免在公共场合批评指责;多鼓励他们积极参与集体活动,引导他们与其他幼儿交往,同时教给他们一些活动交往技巧,培养自信心,防止胆怯孤独等消极品质。

气质本身没有好坏之分,每一种气质既有优点又有缺点。教育的目的不是设法改变儿童原有的气质,而是要克服其缺点,发展其优点,使儿童在原有的气质基础上建立优良的个性特征。

学习研究

强强5岁了,他办事很麻利,每次劳动课时他都很逞强,活动量很大,似乎不知道辛苦。他很讨厌安静的课程,上课会发出叫声,教师给他示意也没什么作用。环境不顺眼他就想去改变,有一次小朋友正排队打水,队伍的中间有一把椅子,他冲出来就把椅子搬走了。

而班上的另外一名幼儿华华却很安静,无论多么好吃的饭菜,他都不会大口大口地吃。他总是把自己的衣物整理得很整齐,哪怕书包放歪了,他都会重新放一下。在幼儿园里遇到不高兴的事情他也不会有太大反应,但是回到家里他的情绪会很低落,有时候找妈妈哭。他不喜欢和大家一起玩,如果有人来和他玩,他也不会显得高兴,似乎没有发生什么,还是自己在那里玩。

案例中的强强和华华分别属于哪种气质类型呢?作为教师针对两位幼儿的气质类型应该如何实施教育呢?

三、学前儿童性格的发展及教育

(一)性格的概述

1.性格的概念

性格是一个人在对客观现实的稳定的态度和习惯化的行为方式中所表现出来的个性心理特征。性格具有明显的社会性,它主要是在后天的社会环境中逐渐形成的。由于性格受价值观、人生观、世界观等具有道德评价意义因素的影响,所以性格能最直接地反映出一个人的道德风貌。与其他个性特征相比,性格属于个性中最为核心的部分,且有优劣之分。

2. 性格的分类

根据人的理智、情绪、意志三种心理机能在性格结构中哪种占优势的特征，可以把人的性格分为理智型、情绪型和意志型。理智型的人通常以理智衡量周围发生的事物，并以理智支配自己的行为，他们的理智机能相对于情感和意志来说占有优势；情绪型的人生活中总受情感支配，充满浓厚的情感色彩，他们的情感机能相对占优势；意志型的人具有明确的行动目的和较强的自制能力，他们的意志在性格结构中占优势。

根据个人是倾向外部世界还是倾向内部世界，人的性格可分为外倾型和内倾型两类。外倾型性格的人开朗活跃，爱交际，对外部世界充满兴趣，容易适应环境。内倾型性格的人较集中于内心世界，好沉思，善内省，冷漠，难以适应环境。

（二）性格的萌芽

一个人的性格是在其与周围社会环境相互作用的过程中逐渐形成和发展起来的，婴儿自呱呱坠地之时就生活在一定的家庭环境里，家庭中的主要照料者就开始对其性格的发生与萌芽产生影响。一般来说，母婴关系在婴儿性格的发生和萌芽过程中起着最重要的作用。母亲的细致照料和精心爱抚能够为婴儿提供安全感，同时婴儿也形成对母亲的信任和依恋，这些都为婴儿将来良好性格的形成打下基础。通常到2岁左右，婴儿开始表现出最初的性格萌芽，也就意味着从此时开始，个体之间开始展现出性格差异。学前儿童所表现出来的性格差异主要体现在以下四个方面。

1. 独立性差异

独立性是学前期发展较快的一种性格特征。尤其在2—3岁时独立性变得越来越明显。独立性强的婴幼儿能够独立做很多事情，例如，自己进餐、自己如厕。相反，独立性差的婴幼儿常常让母亲无法脱身，对母亲表现出强烈的依赖。

2. 自制力差异

到3岁左右，在良好的教育环境中，有的孩子已经初步掌握了一些行为规范，并具备了一定的自我控制能力，例如，不随便拿他人的物品，不会因一些小事与他人争吵；相反，有的孩子则不能控制自己的行为，例如，当要求得不到满足时，就用哭闹的方式要挟父母。

3. 合群性差异

在与同伴相处的过程中，可以看出孩子之间的性格差异。有的孩子喜欢与同伴待在一起且相处愉快，主动安慰哭泣的同伴，当同伴有求于己时会尽量答应，发生争执时也比较容易让步；有的孩子不怎么合群，喜欢独处，不理睬他人，也不懂得如何与同伴相处;还有的孩子具有攻击性,经常拉扯同伴,甚至打人,招致同伴反感。

4.活动性差异

有的孩子活泼好动,精力充沛,不知疲倦,对任何事物都表现出很强的兴趣;相反,有的孩子喜欢安静,常常一个人静静地看书或做游戏。

(三)学前儿童性格的特点

1.活泼好动

活泼好动是学前儿童性格最明显的一个特征,即使非常内向、羞怯的儿童,在家里或者与非常熟悉的同伴玩耍时也会自然而然地流露出活泼好动的天性。学前儿童的活泼好动甚至可以达到让成人无法理解的程度,他们不会因为自己不停地活动而感到疲倦,不过会因为活动过于单调和枯燥而感到厌倦。活动对学前儿童形成积极的情绪状态具有非常重要的作用。

2.好奇好问

学前儿童对一切事物都充满好奇。他们未曾见过的、新鲜有趣的事物都会强烈地引起他们的关注,无论是什么都想去看看、摸摸。对于儿童的好奇心,成人不能视而不见或一味地限制约束,要给予鼓励和支持,保护儿童探索外部世界的积极性。学前儿童好奇心的突出表现就是好问,他们会不断地问很多个"是什么"和"为什么",例如,"我是从哪里来的?""如果没有太阳了怎么办?""为什么树叶是绿色的?"。面对儿童的提问,不能置之不理或给出敷衍的回答,要给儿童留有一定的思考和想象空间,可以引导儿童通过探索、查资料找到正确的答案,以此来激发和保护他们的求知欲和探索精神。

3.喜欢交往

进入幼儿期后,他们会出现一种非常突出的行为表现,就是喜欢与人交往,尤其喜欢与同龄或年龄相近的伙伴交往。几乎在任何地方,我们经常看到对于大多数幼儿来说,可以不经过他人有意的介绍,他们之间就会很快熟悉起来,会很自然地一同做起游戏来。几乎所有的幼儿都希望和同伴们共同进行游戏活动,并被同伴接纳。家长和教师应尽量为幼儿创造良好的交往环境,指导幼儿学习正确的交往方法,为幼儿创造与他人合作、分享的机会。

4.模仿性强

喜欢模仿是学前儿童的一个非常典型的特征之一。在3—4岁阶段表现得尤为明显。学前儿童模仿的对象主要是家长、教师和同伴等生活中的"重要人物",除此之外动画片中的人物也是幼儿的模仿对象。相对于成人来说，同伴之间的相互模仿会更多。学前儿童模仿的内容多是社会性行为，还有一部分是学习知识方面的模仿。学前儿童的模仿方式可以是即时模仿，也可以是延迟模仿。学前儿童爱模仿主要与年龄小、知识经验贫乏以及能力发展不足存在密切的关系。

5. 容易冲动

情绪不稳定和容易冲动是幼儿性格的一个非常突出的特点。在婴儿期和幼儿初期，他们无法意识到自己情绪的外部表现，其情绪完全表露于外，且丝毫不加以控制和掩饰。学前儿童的心理与行为受外界刺激和自身主观情绪的支配性很大，同时自我控制能力较差。不过，随着年龄的增长，学前儿童慢慢学会调节自己的内心活动和外部行为，情绪的冲动性也逐渐减少。

（四）学前儿童性格的塑造

学前儿童的性格主要是在社会环境和教育影响下逐步发展起来的，良好性格的形成是一个长期教育的结果。因此父母和教师要为学前儿童提供良好的环境与教育。

1. 营造良好的家庭环境

儿童性格是在社会环境的影响下慢慢形成的，并随着社会环境的变化而改变。在所有社会环境中，家庭环境尤为重要。家庭环境是儿童生活、活动和学习的第一所学校，家庭氛围直接影响着儿童性格的形成和发展。家庭氛围可划分为融洽型和对抗型两种，在这两种家庭氛围中成长起来的儿童在性格上存在很大的差异。研究表明，在融洽型家庭中，父母关系良好，亲子关系密切，家庭气氛愉快，儿童的安全感更高，自信心更强，人际关系更好。相反，在对抗型家庭中，父母关系紧张，经常争吵甚至出现暴力行为，儿童的安全感很低，情绪长期处于焦虑和紧张状态，成年之后容易对他人缺乏信任感，更容易出现问题行为。

2. 加强养成教育

“播下行为的种子，就收获习惯；播下习惯的种子，就收获性格”，养成良好的行为习惯是优良性格形成的起点。因此，幼儿园要加强养成教育，以此促进学前儿童良好性格的发展。首先，做好幼儿园一日生活常规和生活制度的组织，因为在幼儿园每日的生活常规和生活制度中渗透着良好性格培养的内容。通过常规训练和严格执行生活制度，可以培养学前儿童良好的行为习惯。其次，组织好每天的游戏活动，在游戏中儿童更能接受规则，学会与他人相处。例如，有些儿童在平时表现得比较任性，可是到了游戏中会主动遵守游戏规则，以避免遭到同伴的孤立和排斥，这样他们就慢慢学会了与他人相处。需要注意的是在养成教育过程中，父母和教师从一开始就要坚决制止儿童的不良行为，儿童一旦形成不良行为习惯，纠正起来将会非常困难。

3. 树立良好的榜样

爱模仿是孩子的天性，树立良好的榜样供学前儿童模仿，有助于他们养成良好的行为习惯。有研究表明，当前，儿童大多数以家长和教师作为榜样。因此，家长和教师在日常生活中应该严格要求自己，以身作则，潜移默化地影响孩子，培养他们良好的性格特征。教师也可以引导儿童学习周围同伴的良好行为习惯。除此之外，动画片、电影、图画书中人物良好的品德和行为也是儿童性格塑造的好榜样。另外，还要注意培养他们辨别是非的能力，引导他们学习正确的榜样。

4. 善待儿童且因材施教

教育者要关爱和善待每个儿童，即使孩子们偶尔表现出一些不尽如人意的诸如哭闹、无礼、退缩、懒散、攻击等行为，父母和教师也应该保持应有的耐心。父母和教师要善于在教育过程中接纳每个儿童的不同表现，不要草率地将某一时的行为表现标定为“性格特征”，尤其要避免给他们贴上“不良性格”的标签，也不要用成人的标准衡量儿童。此外，父母和教师还要注意因材施教。父母和教师要根据儿童的性格类型，针对不同的情况进行个别指导。例如，当他们的表现不令人满意时，父母和教师首先要了解原因，然后有针对性地提出要求，帮助其克服缺点。

第四节 学前儿童自我意识的发展及教育

一、自我意识概述

(一)自我意识的概念

自我意识(self-consciousness)又称自我,即自己认识自己的一切,包括认识自己的生理状况(如身高、体重等)、心理特征(如兴趣爱好、性格、能力、气质等)以及自己与他人的关系(如自己与同伴的关系、自己在集体中的地位等)。总之,自我意识就是自己对于所有属于自己身心状况的认识、体验与控制,也是作为主观的我对于客观的我的觉察,是对自己个人身心活动的觉察。

(二)自我意识的结构

自我意识是由知、情、意三方面统一构成的高级反映形式,表现为对自己的认同、态度和行为的调节。

1. 自我认识

自我认识是自我意识的认知成分,也是自我意识的首要成分,即"我是一个什么样的人"。包括自我感觉、自我观察、自我概念、自我印象、自我分析等,是个体对自己的洞察和理解。自我认识的对象包括自己的身体、动作、行为、内心活动。

2. 自我体验

自我体验是自我意识在情感方面的表现。自尊感、自信感是自我体验的具体内容。自尊感是指个体在社会交往中通过比较所获得的有关自我价值的积极的评价和体验。自尊心强的幼儿往往对自己的评价比较积极,相反,缺乏自尊心的幼儿往往对自己自暴自弃。自信感是对自己能力是否适合所承担的任务而产生的自我体验。自信心与自尊心都是与自我评价紧密联系在一起的。

3. 自我调节

自我调节是自我意识的意志成分,包括自我检查、自我监督、自我控制等。自我调节直接作用于个体行为,是一个人自我教育、自我发展的重要机制。自我检查是主体在头脑中将自己的活动结果与活动的目的加以比较、对照的过程,以保证活动的预定目的与计划逐步得以实现。自我监督是一个人以其良心或内在的行为准则对自己的言论和行为实行监督。自我控制是主体对自身心理与行为的主动掌握。自我调节是自我意识中直接作用于个体行为的环节,它是一个人自我教育、自我发展的重要机制,自我调节的实现是自我意识的能动性的表现。

二、学前儿童自我意识的发生与发展

(一)学前儿童自我意识的发生

个体的自我意识并非与生俱来,也不是单纯的生物成熟的结构,而是个体在与周围环境长期相互作用的过程中形成和发展起来的。在出生后的前三年,个体的自我意识就逐渐开始发生了,而个体的自我意识从发生到相对成熟,经历了二十五年左右的时间。个体自我意识的成熟使得个体具有能够独立地按一定的目标和准则评价自己品质的能力,能较全面地评价自我,辩证地看待自我,有目的地塑造自我、改造自我,从而实现自我完善。

我国学者指出,学前儿童自我意识的发生与形成具有以下4个标准:一是儿童从动作对象中能够区分自己的动作,并逐步意识到自己的动作、动作的目的和动机,这就产生了初级的自我意识。二是儿童能把自己和自己的动作区分开,知道自己才是活动的主体。三是儿童能够使用自己的名字,即儿童能够用自己的名字或者用他人对自己的称呼如"宝宝"来称呼自己。这说明儿童产生了概括自己的愿望和关于动作表象的自我感觉。四是儿童能使用第一人称"我"来代表自己。这表明儿童已经完成从自己的表象向抽象的发展,儿童的自我意识逐渐形成。

经典研究

自我意识的诞生——阿姆斯特丹等人的"点红实验"

实验的被试是88名3—24个月大的婴儿。实验开始在婴儿毫无察觉的情况下,主试在其鼻子上涂一个无刺激红点,然后观察婴儿照镜子时的反应。研究者假设如果婴儿在镜子里能立即发现自己鼻子上的红点,并用手去摸它或者试图擦掉,表明婴儿已能区分自己的形象和加在自己形象上的东西,这种行为可作为自我认识出现的标志。

通过实验得出婴儿对自我形象的认知要经历三个发展阶段。第一阶段:

游戏伙伴阶段(6—10个月),婴儿对镜中自我的映像很感兴趣,但认不出是自己。第二阶段:退缩阶段(13—20个月),婴儿特别注意镜子里的映像与镜子外的东西是对应关系,对镜中映像的动作伴随着自己的动作更是显得好奇,但似乎不愿与“他”交往。第三阶段:自我意识出现的阶段(20—24个月),这是婴儿在有无自我意识问题上的质的飞跃阶段,婴儿能明确意识到自己鼻子上的红点,并立刻用手去摸。①

(二)学前儿童自我意识的发展

1.自我认识的发展

(1)对自己身体的意识

儿童认识自己,需要经过一个比认识外界事物更为复杂、更为长久的过程。儿童最初不能意识到自己,不能把自己作为主体去同周围的客体区分开来,几个月的婴儿甚至不能意识到自己身体的存在,不知道自己身体的各个部分是属于自己的。婴儿最初对自己身体的感觉,是毫无意识的。他们经常摆弄自己的手指,并把手指放到嘴里吮吸,但是他们并不知道手指是自己身体的一部分,而是把手指当成了玩具。

随着认识能力的发展和教育的影响,儿童到了1岁左右开始逐渐认识自己身体的各个部分。比如,儿童开始学说话时,成人通过指着他的身体某部分教他,“这是嘴巴、这是眼睛”等,然后儿童通过视觉的观察和触觉的感受,逐渐认识到身体的各个部分。但是,1岁儿童还不能明确区分自己身体的各种器官和别人身体的器官。当妈妈抱着儿童问他的耳朵在哪儿,儿童用手去摸摸自己的耳朵,又立即去摸妈妈的耳朵,摸完一只耳朵,又把妈妈的头推向另一边,去摸另一只耳朵。

(2)对自己动作、行为的意识

动作的发展是儿童产生对自己行动的意识的前提条件。1岁左右,儿童通过偶然性的动作逐渐能够把自己的动作和动作的对象区分开来,并且体会到自己的动作和物体的关系。如,儿童无意识碰到了小球,小球就滚动了,儿童从这里似乎感受到自己的动作会对动作对象产生作用。所以,慢慢地儿童便主动去推车,用手去拍打东西。

1岁左右,儿童开始出现独立性。在许多场合下,他们拒绝成人的直接帮助,而要“自己来”。比如吃饭,他们要抢着自己吃。两三岁的儿童其独立性表现尤为突出,成人喂他们吃药,他们紧闭着嘴,不断摇头。但是如果让他们自己吃,他们果真吃下去了。

①边玉芳等:《儿童心理学》,浙江教育出版社2009年版,第175-176页。

(3)对自己心理活动的意识

儿童对自己内心活动的意识,比对自己的身体和动作的意识更为困难。因为自己的身体是看得见、摸得着的,自己的行动也是具体可见的,而内心活动则是看不见的。对内心活动的意识是更高的思维发展水平。从3岁开始,儿童出现了对自己内心活动的意识。比如,儿童开始意识到“愿意”和“应该”的区别;开始懂得什么是“应该的”,“愿意”要服从“应该”,其行动有了一定的目的性和自觉性。4岁以后,儿童开始能够比较清楚地意识到自己的认识活动、语言、情感和行为。他们开始知道怎样去注意、观察、记忆和思维,比如,上课时老师说“小朋友们请注意”,儿童就会停止其他活动,眼睛看着老师。他们能比较清楚地意识到假想和真实的区别,意识到正确与错误的思想和行为的区别。有时儿童会故意做坏事来引起成人的注意,有时说错话了以后,会马上脸红、低头。但是,学前儿童往往仍停留在对心理活动结果的意识上,还未意识到心理活动的过程。他能做出判断,但不知道判断是如何得出来的,因此往往知其然而不知其所以然。例如儿童能区别有生命和无生命的东西,但说不出自己为什么这样判断。

掌握“我”字是自我意识形成的主要标准。儿童从知道自己的名字发展到知道“我”,意味着从行动中实际地成为主体,意识到自己是各种行动和心理活动的主体。

2. 自我评价的发展

自我评价从2—3岁左右开始出现。儿童自我评价的发展和儿童的认识与情感的发展紧密联系,有以下特点。

(1)从主要依赖成人的评价,逐渐向自己独立评价发展

年龄较小的儿童还没有独立的自我评价,他们的自我评价常常依赖于成人对他们的评价。研究表明,对于3岁以下的儿童而言,他们有一种轻信偏差,即对成人的错误无条件接受。他们往往不加考虑地轻信成人对自己的评价,自我评价只是对成人评价的简单重复。例如,他们评价自己是好孩子,因为“老师说我是好孩子”。儿童晚期,儿童开始出现独立的评价。儿童对成人对他的评价逐渐持有批判的态度。如果成人对他们的评价不符合他们的实际情况,他们会提出疑问或申辩,甚至表示反感。所以,教师对儿童的评价必须客观、公正,不可褒扬过高,也不可随意贬损,要注意自己评价对儿童的影响。

(2)自我评价从带有主观情绪性,发展到初步的客观性

儿童初期往往不是从具体事情出发而是从情绪出发进行评价,带有明显的主观性。如问他:“你的画漂亮,还是别的小朋友的画漂亮?”绝大多数孩子会不假思索地说“我的画漂亮”,这是感情、情绪所驱使的。在一个实验里,让儿童对自己的绘画和泥工

作品同别人的作品做比较性评价。当儿童知道比较的对方是老师的作品时，尽管那些作品比自己的质量还差（这是实验者故意设计的），儿童总是评价自己的作品还不如对方。而当将自己的作品和小朋友的作品相比较时，儿童则总是评价自己的作品比别人的好。这一实验结果充分说明了儿童自我评价的主观性。4岁左右开始，儿童学会运用一定的规则来做出评价。如会说："颜色还是我的画丰富，但是他画得比较像。"到幼儿末期，他们逐渐能够对自己做出正确的评价，有的儿童还出现谦虚的评价。

（3）自我评价受认识水平的限制

儿童的自我评价受整体思维、认知发展水平的影响很大，这突出表现在以下几方面。

第一，儿童的自我评价一般比较笼统，较多只从某个方面或局部对自己进行评价，以后逐渐向比较具体、细致的方向发展，做出比较全面的评价。如，小班的儿童说："我会唱歌""我会画画"。大班儿童则会说："我会唱歌，也会跳舞，可是就是画画不是特别好。"

第二，最初往往较多地局限于对外部行为的评价，逐渐出现对内心品质的评价。如，小班儿童说自己是"好孩子"，因为"我吃饭吃得好、睡觉好"，而中大班儿童则因为"自己上课认真、对小朋友友好、懂得分享"。

第三，从只有评价，没有论据，发展到有论据地评价。儿童初期常常做了评价后说不出依据，中期儿童逐渐意识到评价应该有依据，并逐渐能给出比较明确、清楚的依据。

3. 自我体验的发展

（1）从初步的内心体验发展到较强烈的内心体验

自我体验的发展始于幼儿期，3岁左右的幼儿基本上不会用语言来表达自己的内心体验，到4岁以后开始用语言来表达内心体验，如"我不高兴""我生气"等。5—6岁开始用修饰词"很""太"来表达自己内心强烈的体验，如"我很生气""我非常高兴""我欣喜若狂"等。

（2）从受暗示性的体验发展到独立的体验

成人的暗示对儿童自我体验的产生起着重要作用，年龄越小，表现越明显。如2—3岁儿童，当妈妈暂时离开时，老师如果说"妈妈走了，不会来接你了"，他很有可能受到老师的暗示大哭起来。如果对5—6岁的孩子这样说，他就很难受到老师的暗示，知道妈妈一定会来接他。所以，随着年龄的增长，孩子自我体验的受暗示性会逐步降低。

(3)从生理相关的体验发展到社会性体验

儿童的自我体验随着年龄增长而逐渐丰富,愉快感和愤怒感出现较早,自尊感和委屈感等社会性体验发生较晚。儿童体验中最为重要的是自尊,它与自信心直接相关。5—6岁以下的儿童自我评价肤浅且不稳定,往往从属于成人评价,有时会表现出自信心不足或盲目自信等倾向。因此,家长和教师应及早观察和发现儿童自信形成的趋向,注意引导,防止骄傲、固执、退缩、自卑等性格的发展以及不良影响的侵袭。

4.自我调节的发展

自我调节与监督是自我意识发展的核心问题。自我调节包括许多方面,如启动或制止活动、动作的协调、活动的加强或削弱、活动的转移与变换、心理过程的加速与减缓、积极性的加强与削弱、行为举止的自我监督和校正等。

为了保证能够正确地调节自己的行为,必须正确掌握环境的有关信息,比如成人对自己行为的评价、同伴对自己行为的反应,以及关于自己个人特点和状态的信息等。因此,自我认识、自我评价和自我调节是相互联系的。儿童自我调节能力是逐渐产生和发展的,表现为儿童开始完全不能自觉调控自己的心理与行为,心理活动在很大程度上受外界刺激与情境特点的直接制约。以后随着生理的发育成熟、在环境教育的作用下,儿童逐渐能够按照成人的要求调节自己的行为。到了儿童晚期,儿童能够自觉地调整自己的心理与行为。

经典研究

延迟满足实验

心理学家把一些4岁左右的孩子带到一间房子里,然后给他们每人一颗非常好吃的糖果,同时告诉他们:"我现在要出去一趟,等我回来的时候如果你的糖果还没吃掉,我将再奖励你一颗糖果,也就是说你总共可以吃到两颗糖果。"有的孩子急不可待,等心理学家一出门就马上把糖吃掉了;有些孩子则耐住性子,闭上眼睛或头枕双臂做睡觉状;也有的孩子用自言自语或唱歌来转移注意以克制自己的欲望,从而获得更丰厚的回报。

心理学家继续跟踪研究参加这个实验的孩子们,一直到他们高中毕业。跟踪研究的结果显示:那些能等待并最后吃到两颗糖果的孩子,在青少年时期,仍能等待机遇而不急于求成,他们具有一种为了更大更远的目标而暂时牺牲眼前利益的能力,即自控能力。而那些急不可待只吃一颗糖果的孩子,在青少年时期,则表现得比较固执、虚荣或优柔寡断,当欲望产生的时候,无法控制自己，一定要马上满足欲望，否则就无法静下心来继续做后面的事情。换句话说，能等待的那些孩子的成功率远远高于那些不能等待的孩子。

三、学前儿童自我意识发展的促进

（一）给予学前儿童充分的尊重，培养客观的自我评价

1. 创设平等、信任和尊重的心理环境

儿童是具有个体差异的，每个儿童各有着不同的个性心理特征，他们的成长需要一个平等、尊重、信任的环境。成人应从儿童的发展出发，建立对儿童正确的期待，培养其正确的自我概念和客观的自我评价。对于那些自信心差、胆小畏缩、缺乏上进心的幼儿，教师要给予他们多一些的爱护和关心，用甜蜜的微笑、亲切的语言打动他们，让他们在教师的每个眼神、每一个动作和每一句话语中感受到教师对他们的关爱。如早晨来园，微笑着向幼儿问好，离园时帮他们整理衣裳，交谈时摸摸他们的头，都可以让幼儿感受到教师的关爱。

2. 成人对幼儿的评价要公正、客观、具体

成人的评价是幼儿自我评价的主要依据。教师要从幼儿的实际出发，客观、公正地评价幼儿，不可褒扬过高，也不可随意贬损，要注意自己的评价对幼儿的影响，以免幼儿产生自满、自卑心理。如对一些能力强的孩子，不能认为他们事事都行，告诉他："任何人都会有不懂的地方，也有比别人厉害的本领。"例如，"某某爱劳动，某某把自己的新玩具借给别的小朋友玩，某某的汽车拼得特别好，你要向他学习"。而对一些能力弱的孩子，要经常鼓励他们，找出他们的闪光点。

教师评价孩子时，要有根据，评价语言要清楚、具体、明确，让幼儿能理解，如："明明小朋友锻炼认真，能遵守比赛规则，老师要求的每个练习都能认真完成。"在老师的具体评价下，幼儿不仅明确了活动的要求，积极调整自己的行为，努力达到目标，而且学会了评价的方法。

3. 为幼儿提供自我评价的机会

自我评价是自我意识的一种形式，自我评价的发展对幼儿良好个性的形成、心理健康发展以及良好人际关系的建立，都具有十分重要的意义。因此，教师可以通过开展一些活动，例如，在游戏、做操结束后问问幼儿："你玩得怎么样呀？""你觉得自己有什么进步呀？"逐渐引导幼儿从简单的评价向具体细致的评价发展。通过自我评价让幼儿认识到自己是独特的，自己很能干，能自己吃饭、穿衣、剪纸、绘画、弹琴，会走路、

奔跑、跳跃、攀登，能闻出多种不同的味道，能听出各种奇妙的声音。认识到“我”有许多优点，当然也有些缺点，不过，经过努力，“我”能改正自己的缺点，做个好孩子。“我”与他人相比既有相同之处，又有自己与众不同的地方。幼儿在认识“我”的同时，也修正了对“我”的认识的偏差，并能尝试设想自己的将来。

（二）给学前儿童成功的机会，培养积极的自我体验

1. 培养幼儿的自我服务能力和简单的劳动技能，增强其自信心

幼儿在家中备受呵护和关爱，有的家长一味包办代替，这在一定程度上造成了孩子的自理能力差、依赖性强。由于缺乏锻炼和培养，幼儿在集体生活中会遇到很多难题，有恐惧感，怕自己做不好某事，总是缩手缩脚。针对这些情况，可以在日常生活中经常开展一些竞赛活动，或采用游戏的形式，锻炼幼儿的生活能力。如开展看谁穿衣服快，叠被子叠得好、叠得快等比赛游戏，孩子们可在轻松愉快的气氛中提高自理能力。另外，可以先教幼儿一些简单的劳动技能，如扫地、拖地、擦桌椅、摆桌椅、整理床铺等，尽可能多地安排那些缺乏自信心的孩子做值日生。每当这些孩子有点滴的进步，都及时给予肯定，并引导其他幼儿看到这些孩子的长处，从而使这些缺乏自信的幼儿知道自己也很能干。在获得多次成功体验后，这些幼儿能进一步正确地认识自我，增强自信心。

2. 鼓励幼儿自主探索、体验成功的快乐

对幼儿来说，各种探索都是学习的机会。教师应鼓励幼儿在活动中大胆尝试，引导孩子去独立思考、发现问题，并且创造机会引导幼儿和同伴进行讨论或在争论中独立寻求问题的解决方法，体验成就感。例如，在种豆子的活动中，幼儿不知应该是大头向上种还是小头向上种，教师故意装作不知道，请众多幼儿一起探索，用不同的方法种。过了几天，豆长出来了，挖出来仔细观察：发现小头向上的豆是“U”形长出来的，而大头向上的却是笔直长出来的，于是，大家为找到了正确的栽种方法而欢呼雀跃。这样幼儿不仅有了成功的体验，还学会了种植的方法，减少了对成人的依赖，也有效地促进了独立性的发展。

3. 创设表现机会，使幼儿获得成就感

在充分认识幼儿各方面能力的实际情况后，尽量为幼儿创设能够充分表现自己的机会，给予幼儿实现成功的机遇，使他们也能享受胜利的欢乐和成功的乐趣。让幼儿轮流做小老师、活动区域中的负责人、值日生等为大家服务。在活动中，幼儿不管能力强弱，都有机会为大家服务，在不同的角色中丰富自我体验。又如，举办小小画展、小

小故事会、小小播音员等，为每位幼儿提供展示自己的“舞台”，使幼儿发挥出自己的潜能，体验到成功的乐趣。

“为孩子找一棵矮点儿的苹果树，让孩子踮起脚，伸手就可以摘到苹果。”一次次成功的体验会让孩子信心百倍，动力十足地向下一个更高的目标迈进。例如，当孩子跃跃欲试想帮老师洗杯子时，不要嫌麻烦，或是怕他弄湿衣服而拒绝他，不妨为他戴上围裙、套袖，告诉他怎样轻拿轻放，怎样冲洗干净。当孩子洗好一只杯子时，夸赞他干得真棒，孩子会很快乐，对自己的能力充满自信！

（三）多途径培养学前儿童适度的自我控制能力

1. 有意转移注意力

延迟满足是测定儿童自我控制的一种手段。缺乏自控力的儿童不能等待一段时间以得到更想得到的东西。为了能延迟满足，让儿童学会不去想渴望得到的东西的特征，或把这些诱人的东西想象为不能食、不能用的东西是有效的方法。

2. 自我暗示

个体的自言自语以及言语的内容对儿童自我控制能力的发展具有调节作用。有这样一个案例，儿童从事一段枯燥乏味的抄写任务后可以得到一件可爱的玩具，但是工作时会有小丑先生玩具来打扰他们。实验者事先告诉儿童不能看小丑先生。实验者让实验组的儿童在工作时不断提醒自己“我要工作，我不能看小丑先生”。而对照组儿童未被授予此法，结果实验组儿童完成工作的情况远比对照组的儿童好，这说明自我暗示能提高自我控制水平。

3. 积极反馈

反馈是一种手段，让幼儿在做出正确的自我控制行为时，获得积极的反馈，以此让幼儿强化自我控制能力。例如：一名幼儿在就餐时经常讲话，这时候教师就要向幼儿说明这样的行为不对，当幼儿意识到自己的行为是错的，并开始主动地控制自己就餐时不讲话，教师再对其进步进行表扬，这样一来幼儿不但能意识自己的进步，还能持续地保持和加强自我控制能力。

4. 游戏活动

教师可通过游戏等活动提高儿童自我控制力。如在“医院”的角色游戏中，扮演“病人”的儿童希望快些轮到，可以结束无聊的等候，而扮演“医生”的儿童必须要坚持给病人看病，不能随意离开岗位。这需要儿童学会克制自己，这种感受会强化儿童掌握控制、自我调节的行为。

自我控制并不是越强越好，自我控制有一个适宜的度。儿童自我控制过低，常常表现为易分心，情绪表现多自发性，无法延迟满足等。过度自我控制的儿童则表现为有很强的抑制性，没有主见。过度延迟满足的儿童，往往缺乏对新环境的探究兴趣，易焦虑、抑郁、不合群。自我控制最适宜的儿童可称为弹性儿童。他们的特点是“管得住，放得开”，能随环境的变化改变自己的控制程度，在需要控制自己的时候能牢牢地管住自己，在不需要控制时，则能放松自己，有很强的灵活性。

本章小结

本章学习了学前儿童个性的发展，重点探讨了学前儿童个性倾向性、个性心理特征、自我意识的发展，以及针对这些特点如何实施相应的教育。本章的核心内容总结如下。

1.个性是一个人比较稳定的，具有一定倾向性和各种心理特点或品质的独特结合。

2.学前儿童的个性由个性倾向性、个性心理特征、自我意识构成。其中个性倾向性包括：需要、兴趣、动机、理想、信念、世界观等；个性心理特征包括：能力、气质、性格；自我意识包括：自我认识、自我体验、自我调节。

3.学前儿童的个性发展具有其特点，教师要针对这些特点实施相应的教育。

思考与练习

1.请结合本章所学内容，谈谈你对“江山易改，本性难移”的看法。

2.请结合实际谈谈性格和气质有什么区别和联系。

3.有人认为“孩子还小，许多事情长大自然就会了”。你赞同这一观点吗？为什么？

4.刚出生的新生儿有自我意识吗？自我意识的标志是什么呢？请结合婴幼儿的生活案例谈谈你的看法。

专题探讨

在美国心理学家加德纳提出的多元智力理论中，他认为人类的智力是多元的，根据人类的社会活动以及经验，他提出八种相对独立的智力成分，即智力成分之间都是相对独立的。(1)言语智力：主要处理阅读、写文章以及日常交流、识别声音节奏等任务，例如，诗人、记者等可能在言语智力方面更有优势。(2)逻辑—数学智力：对逻辑或者数学问题敏感，有很强的数理运算以及逻辑推理能力，例如，数学家、物理学家可能在逻辑—数学智力方面更有优势。(3)空间智力：主要负责感知空间信息、辨别方向，例如查阅地图，航海家可能在这方面更有优势。大脑的右半球管理空间位置的判断。(4)音乐智力：能够创作、欣赏以及表达音乐旋律的能力，例如，演奏家、作曲家等人的音乐智力更强。大脑的右半球对音乐的感知起着重要的作用。(5)运动智力：支配身体完成各种动作的能力，包括精细的动作，例如，打球、跑步、跳舞，所以运动员在运动智力方面更有优势。(6)社交智力：指与人交往的能力，例如，能够理解他人情绪、动机、行为等并迅速做出反应。咨询师或者销售员可能在这方面更有优势。大脑的前额叶对于人际关系的理解以及处理有着重要的作用，如果这一区域受伤，可能会引起性格的极大变化。(7)自我认知智力：理解自己，认识自己，掌控自己的行为，了解自己的兴趣、优缺点等。大脑前额叶对自我认知智力也有着重要的作用。(8)自然智力：主要是对于自然界的各种动植物、周围环境等认识感知的能力，生物学家相比于其他人更具有自然智力的优势。

探讨：多元智力理论对学前儿童个性的发展有什么影响？它对教育教学的启示是什么？

第十一章 学前儿童社会性的发展

学习目标

- 掌握依恋、性别角色、同伴关系、社会性行为等相关概念。
- 理解学前儿童人际关系和社会行为发展的特点及影响因素。
- 能初步评价学前儿童人际关系和社会行为发展的状况,并给出教育建议。

学习重难点

- 重点:理解学前儿童人际关系和社会行为发展的特点及影响因素。
- 难点:掌握教师指导幼儿改善同伴关系的方法。

案例破冰

王老师是一名刚刚入职的幼儿教师,她发现每逢小班入学的第一天,校门口总是聚集着一群安抚幼儿的家长。孩子们号啕大哭,紧抱父母,似乎经历着痛苦的生离死别。开学后不久,她发现班里有两个特殊的孩子。5岁的王硕长得身强体壮,他经常因为抢夺玩具和小朋友发生冲突,有时甚至对小朋友拳打脚踢,小朋友都躲着他,他很不受小朋友欢迎。而静静是个体质较弱、个子较小的女孩。她性格内向、胆小,不爱说话,不喜欢也不善于与人交往,孤独感较重。因为总没有小伙伴同她玩,她感到很难过。

幼儿园的小朋友似乎在亲子互动、同伴交往以及性别角色上表现出种种特异性,而这些正是学前儿童社会性发展的重要方面。你想要了解具体情况吗? 让我们来一起学习本章内容吧。

第一节 学前儿童亲子依恋的发展

一、学前儿童依恋概述

(一)依恋的含义

依恋是个体间在情感上甚为接近而又彼此依附的表现,依恋是一种积极的、充满深情的人际交往,主要表现在母子之间[①]。对于学前儿童来说,家庭是其生活的主要场所,父母亲或其他照顾者是其接触最多的人,个体最初的社会联结便是与父母的依恋关系。与父母交往时,学前儿童感到愉快、轻松,被迫与父母分开时,则感到难过、紧张,有时甚至会哭闹、反抗。

经典实验

20世纪50年代末,美国威斯康星大学动物心理学家哈里·哈洛和他的同事们进行了一个有趣的心理学实验。实验中,他们把一只刚出生的婴猴放进一个隔离的笼子中养育,并用两个假猴子替代真母猴。这两个代母猴分别是用铁丝和绒布做的,实验者在"铁丝母猴"胸前特别安置了一个可以提供奶水的橡皮奶头。按哈洛的说法就是"一个是柔软、温暖的母亲;一个是有着无限耐心、可以24小时提供奶水的母亲"。刚开始,婴猴多围着"铁丝母猴",但没过几天,令人惊讶的事情就发生了:婴猴只在饥饿的时候才到"铁丝母猴"那里喝几口奶水,其他更多时候都是与"绒布母猴"待在一起;婴猴在遇到不熟悉的物体,如一只木制的大蜘蛛的威胁时,会跑到"绒布母猴"身边并紧紧抱住它,似乎"绒布母猴"会给婴猴更多的安全感。为什么婴猴更喜欢"绒布母猴"呢?哈洛对此的解释是,幼儿不仅需要食物和水,更需要来自养育者舒适的身体接触,这有利于他们形成爱的感觉,也就是依恋。

①陈会昌:《中国学前教育百科全书:心理发展卷》,沈阳出版社1995年版,第364页。

(二)依恋的类型

美国心理学家艾恩斯沃斯及其同事通过“陌生情境实验”对婴儿依恋的个体差异进行了评估,实验通过观察婴儿与照料者短暂分离前、分离后和重聚时婴儿的行为表现来判断婴儿的依恋类型。通过实验,婴儿依恋被分成安全型、回避型、矛盾型三种类型,在此实验的基础上又区分出混乱型的依恋类型①。

1. 安全型依恋

大部分婴儿属于安全型依恋。安全型依恋的婴儿母亲在身边时能够积极主动地探索环境,对待陌生人随和大方;母亲离开时表现出明显的不安情绪;母亲回来后,给予母亲温暖的回应,寻求亲近、安慰和探索。这类型的婴儿当处于母亲身边时,感到足够安全,能在陌生的环境中进行探索和操作。

2. 回避型依恋

回避型依恋的婴儿母亲在身边时对探索不感兴趣;母亲离开时极少表现出不安和忧伤;母亲返回时,常常躲避与母亲的接触,对母亲交往的表示不予理睬。这类婴儿的母亲通常很少与婴儿有亲密的身体接触,她们对待婴儿的感情是淡漠的。

3. 矛盾型依恋

矛盾型依恋又称焦虑抵抗型依恋。这类婴儿对于母亲在身边或不在身边都表现出强烈的不安和哭闹;母亲返回时追寻、靠近母亲,但对母亲的接触又表现出抗拒,对母亲曾经的离开非常不满。这种依恋类型的婴儿对母亲的依恋非常矛盾。这类婴儿的母亲在与孩子相处时是不敏感的、笨拙的,情感活动水平较低。

4. 混乱型依恋

梅因(Main)等人研究发现,存在第四种依恋类型,即混乱型依恋。混乱型依恋的婴儿没有固定的模式,他们看起来总是害怕抚养者,对抚养者表现出惧怕、过分任性,并对其感到迷惑。在陌生情景中表现出杂乱无章和缺乏组织的行为,表现出不安全感。这类儿童更容易发展成为精神障碍患者,这种依恋类型的婴儿和抑郁的抚养者或者儿童虐待有关。

依恋类型的差异是相对稳定的,而不同依恋类型的特定行为则随着儿童的发展而有所变化,年龄小的婴儿可能倾向于身体上靠近母亲,年龄大一点的儿童则通过细微的言语来沟通联系。

---

①Ainsworth, M.D.S., Blehar, M., Waters, E., & Wall, S.(1978). *Patterns of attachment.* Hillsdale, NJ: Lawrence erlbaum.

(三)依恋的发展过程

英国精神病学家、心理学家鲍尔比把依恋发展分为四个阶段。

第一阶段:前依恋阶段。婴儿从出生至6周,为无差别的社会反应阶段。婴儿没有表现出对任何人的偏爱,相对物来讲更喜欢人。婴儿用哭声引起周围人的注意,用笑和咿呀语与人交流①。

第二阶段:依恋建立阶段。6周至6—8个月,依恋正在逐步形成的过程中,为有差别的社会反应阶段。婴儿对熟悉的人表示友好,特别喜欢接近亲近的人,对陌生人的微笑则相对减少,甚至没有。

第三阶段:依恋明确阶段。6—8个月至18个月—2岁,婴儿处于特殊的情感联结阶段。婴儿与照料者间的依恋关系已经形成,他们将母亲或照料者作为安全基地,逐渐探索周围环境。对陌生人表现出更多的警惕、戒备和退缩,开始出现陌生人焦虑和分离焦虑。

第四阶段:目标调整的伙伴关系阶段。18个月至2岁和以后,儿童开始理解依恋对象的特点和需要,调整自身行为,建立更复杂的双向人际关系。他们对母亲短暂的离开表示理解和容忍,越来越善于与同伴和不熟悉的人交往。

二、早期依恋形成的影响因素

(一)父母因素

1. 早期亲子接触的影响

婴儿出生后,父母就能够对他产生依恋,表现出许多抚养行为。根据行为主义的观点,父母应该厌恶这个整日为自己带来麻烦的婴儿,但事实却恰恰相反,有研究者认为父母早在婴儿能带来各种麻烦之前,就开始形成对婴儿的依恋。马绍尔·克劳斯(Mashall Klaus)和约翰·凯诺(John Kennell)认为,在婴儿出生后的几个小时内,让母亲与婴儿发生皮肤接触,能够提高母亲对婴儿的反应性,并能加强母婴之间的情感联系。因此,加强婴儿早期与母亲的皮肤接触能够促进和加强亲子依恋。

2. 照料者稳定性的影响

缺乏照顾者或频繁更换照顾者,都会减少儿童和成人稳定的交往机会,从而影响

①Izard, C. E., Fantauzzo, C. A., Castle, J. M., Haynes, O. M., Rayias, M. F.,& Putnam, P. H. (1995). The ontogeny and significance of infants' facial expressions in the first 9 months of life. *Developmental Psychology*, 31(6), 997 - 1013.

儿童安全依恋的建立。哈利·哈洛等人的研究以及孤儿院儿童的依恋状况研究都表明:由于缺少母亲或者其他稳定的照顾者,儿童难以形成安全的依恋。一般认为,儿童与母亲的短期分离不会对儿童的发展造成很大影响,但长期分离所产生的创伤性经历会时常表现在儿童未来人际关系的发展中。早期的母爱剥夺会对儿童的社会能力、认知以及语言的发展产生破坏性的影响。乃至到了成年,他们还可能表现出人格失调、人际关系紧张、犯罪或父母角色意识较差和抚养儿童能力较低等倾向。

3. 抚育质量的影响

父母与儿童交往的方式在很大程度上决定了儿童依恋的性质,"相互作用的同步性"交往模式能将安全型和非安全型的抚育方式分开来,这一模式可以形象地描绘为"情绪舞蹈"。

安全依恋型儿童与母亲的交往像跳舞一样合拍。母亲对儿童的信号、情绪表达非常敏感、反应及时,常鼓励他们进行探索,而且喜欢与他们有亲密接触。

回避型依恋儿童的母亲对儿童非常缺乏耐心,当儿童打乱她的计划和活动时常常表示出愤怒和不满,对儿童发出的信号也非常不负责任,常常表现出消极情绪,对儿童的积极反应也倾向于克制自己的情感表达。这类母亲是严厉的、自我中心的,常对儿童采取拒绝的态度。

矛盾型依恋儿童的母亲对儿童很感兴趣,但常常误解儿童发出的信号,在与儿童重逢后也不能建立相配合的同步关系。这类儿童母亲的照顾行为是不一致的,她们对儿童的反应更多的是依赖于自己的心境而不是儿童的行为,因而当儿童了解到不能完全依靠母亲来得到情感上的安慰与支持时,就会变得焦虑和不满。

(二)儿童自身因素

儿童不同的气质和其他特征如长相等,会影响依恋的性质和依恋建立的难易程度。对于儿童气质类型最著名的分类,是由托马斯和切斯提出来的,他们根据儿童行为的节律性、活动水平、适应性、心境、情绪表达等方面的特点,将儿童的气质划分成"易养型""难养型""缓慢活跃型"三种类型。

气质在很大程度上赋予儿童依恋行为以特定的速度和强度,制约着儿童的反应方式和活动水平。一些儿童很难照料,异常活跃,拒绝父母的亲近,不易安抚,形成稳定依恋的时间较晚,而且在依恋关系中与成人联系的方式也与一般儿童不同,如他们多采取注视与交谈的方式而较少进行身体接触。儿童的气质与特定的抚养方式是相互作用、相互影响的。对不同气质类型儿童的抚养难度不同,抚养难度影响成人尤其是父母对儿童的看法，进而影响父母的抚养质量，而抚养质量又反过来作用于儿童，使其依恋的产生与发展呈现出相应的个体特征。

（三）家庭环境和社会文化因素

家庭结构、家庭成员对儿童的态度以及不同的社会文化也会影响依恋的质量。

1.家庭环境因素

在儿童的生存条件中，家庭是第一要素。失业、婚姻的失败、经济困难和其他一些因素都会影响父母对儿童照看的质量，从而影响儿童的依恋安全。正常家庭，尤其是婚姻美满、成人之间充满温馨、较少有家庭摩擦，会使儿童的依恋安全感增强；相反，如果成人间充满愤怒的交往、对孩子不适宜的照看，将会直接影响孩子的安全依恋的形成。

2.社会文化因素

儿童一出生就处在特定的文化氛围之中，文化构成了儿童生长发展的宏观背景。与其他因素相比，文化对儿童发展的作用具有间接性。它通过影响社会与家庭结构、父母抚养方式与教育方式等，使儿童的依恋质量及其类型的分布呈现出浓厚的文化特色。

研究表明，不同文化背景下，依恋类型的分布表现出文化差异。德国北部的父母鼓励儿童的独立性，不鼓励缠人的亲密接触，因而，回避型依恋分布较为普遍。在日本，母亲和儿童有更亲密的接触，照料者很少让别人代替照料儿童，他们极力想使儿童完全依赖于母亲，因而，以强烈的分离焦虑和陌生人焦虑为特征的抗拒型依恋在日本相当普遍。

此外，文化还影响到评定依恋质量、性质和类型的方法和技术。因此，文化差异势必影响到对依恋的客观评定。

三、依恋与儿童的后期发展

依恋是一个毕生发展的系统，在这个系统中，通过身体、认知和交流策略形成强烈的情感纽带，使儿童获得他们成长与发展所需要的支持、保护与舒适。依恋是儿童在与其所处的环境的相互作用中，其心理发展到一定阶段的产物。早期亲子依恋的质量影响着儿童今后的行为。

（一）健康安全的依恋促进儿童的心理发展

大量研究中，“安全型依恋”的婴儿表现得更有能力，是更好的问题解决者，更加独立自主，更加好奇，更有弹性，未来在认知活动中表现出更高的热情和坚持性。“安全型依恋”的婴儿到幼儿及童年期，社会技能发展较好，有更复杂和创新性的游戏，他们常常发起与同伴的游戏，人际关系较好，受到同伴的欢迎，成为幼儿园中的领导者。另有研究显示，12个月大时被确定为“混乱型依恋’’的婴儿非常有可能在5岁时涉及破坏行为的问题。

（二）早期依恋关系缺失可能导致未来心理障碍

“不安全型依恋”的婴儿更可能在以后的生活中表现出焦虑与机能紊乱。早期没有建立依恋关系或建立较晚的儿童，在童年期和青少年期表现出更多的情绪和社会适应问题。对恒河猴以及孤儿院的儿童的研究显示，他们要么孤僻、不合群，具有较强攻击性；要么对陌生人和同龄伙伴过分地友好。另一项研究发现，患有“厌食症”的学步儿更可能具有不安全的依恋关系。华特斯和他的同事测量了15个月婴儿的依恋质量，发现那些15个月时属于非安全类型的婴儿在3岁半时在情感和社会性方面比较退缩，不愿意与同伴一起玩，好奇心不是很强，对学习不是很感兴趣，不是很愿意面对挑战，与同伴的关系不是很好，有更多的偏差行为（如在学校里不遵守纪律）和其他心理病态，但其他环境的补偿能改善儿童的适应能力[①]。

（三）早期依恋经验是成年期发展亲密关系的模板

鲍尔比认为，婴儿会形成一种人际关系的“内部工作模式”。“内部工作模式”是指儿童对自我、他人和人际关系的认知表征，在婴儿和照料者的互动中形成，如果儿童在早期的关系中体验到爱和信任，他就会觉得自己是可爱的、值得信赖的；如果儿童依恋的需求没有得到满足，他就会对自己形成一个不好的印象[②]。一个不受欢迎的儿童不只是觉得自己不受父母欢迎，而且相信自己基本上不被任何人欢迎。相反，一个被爱的儿童长大后不仅相信父母爱他，而且相信别人也觉得他可爱。个体早期形成的“内部工作模式”，在建立亲密关系的行为中起主导作用。这种模型内化了对依恋对象和自己以及两者关系的内在表征，最后转变为一种无意识、自动化的运作。这种“内部工作模式”决定着儿童的行为方式，对亲子关系、师生关系、同伴关系等都产生影响，并成为未来人际关系的参照系，并且对儿童的各种社会人际关系（如母子关系、其成年以后的人际关系和婚恋关系）产生长期的影响[③]。

---

①Waters, E., Wippman, J., Sroufe, L.A.(1979). Attachment, positive affect, and competence in the peer group: Two studies in construct validation. *Child development*, *50*(3), 821-829.

②Bowlby, J.(1980). *Attachment and loss: Loss, sadness and depression(vol.3)*. New York, NY: Basic Books.

③Bowlby, J. (1988). *A secure base: Clinical applications of attachment theory*. London: Routledge.

随着年龄的增长，个体倾向于用已有的“内部工作模式”去理解新的信息，早期经验就是这样对个体日后的发展起作用的，它会引导个体去思考自己应该得到何种对待和关注，给他人怎样的信任和支持，对他人的需要给以怎样的关注，以及在亲密关系中的交往策略等。

第二节 学前儿童性别差异与性别角色的发展

一、性别概述

(一)性别相关概念

1. 性别认知

性别认知发展中的一个核心问题是性别概念的发展。性别概念即儿童能否分清自己是男孩还是女孩,并且认识到性别是一种不随时间和情境发生改变的特征。儿童性别概念主要包括三个成分:性别认同、性别稳定性、性别恒常性。

性别认同是指对自己和他人性别的正确认识。即儿童能够将男女区别开,并将自己划归到其中的一个类别中。在科尔伯格看来,3岁的幼儿能获得这种基本的性别认同能力,确定自己以及周围人的性别。但事实上,幼儿在2岁左右就能识别自己和他人的性别,明确表达出他们的性别知识。他们知道并能正确地运用指示性别的标签"妈妈"和"爸爸",之后是"男孩"和"女孩"[①]。

性别稳定性是指儿童关于性别是不变的稳定的认知。大约3—5岁,幼儿会认识到性别不会随着年龄的改变而改变这一事实。4岁的幼儿开始认识到女孩长大后必定成为女人,男孩长大后必定会成为男人。但是这种稳定性仍然不够牢固,比如,你问一个4岁女孩,现在开始留着和爸爸一样的短头发,长大后是女孩还是男孩,他们的回答可能是男孩。

性别恒常性是指对性别生物属性的认识不依赖于事物的表面特征,比如,发型、衣着等的变化而变化。研究表明,3岁儿童会利用衣服和嗓音将中性人物判断为男性或女性,在判断为女性时,头发作为线索的提示作用更重要;而判断为男性时,更重要的则是脸部和身材的类型。从认知发展的角度来看,儿童要到具体运算阶段(7岁左右)才能完整地理解恒常性的概念[②]。在这一阶段,如果询问一个男孩:"让你穿上女孩的

①Fagot, B. I., Leinbach, M. D., & Hagan, R.(1986).Gender labeling and the adoption of sex-typed behav - iors.*Developmental Psychology*,22(4), 440 - 443.

②Maccoby, E. E. (1998). *The two sexes: Growing up apart, coming together.* Cambridge, MA: Harvard University Press.

裙子,一段时间后,你会变成女孩吗?”5岁男孩的回答一般是否定的,他们对于性别的认识不再停留在外在的形象上。

2. 性别角色

性别角色是社会对于男性和女性在行为方式、态度、喜好、技能以及个性特质方面的期待。性别角色普遍存在于不同的社会文化背景中,对性别角色的认知从婴儿出生起便存在,并伴随个体的一生。儿童所玩的玩具、穿的衣服、使用的颜色无一不被打上性别标签。在性格上,社会认为男性应该刚毅坚强,女性则应该柔软可爱。对于儿童来说,性别角色的规范很多时候是通过模仿学习、父母的教养、社会的潜移默化得来的,儿童没有别的选择。

3. 性别行为

性别行为是男女儿童通过对同性长者的模仿而形成自己性别角色所特有的行为模式。2岁左右,儿童初步产生性别行为。男孩通常更喜欢卡车和小汽车,而女孩更喜欢玩布娃娃等柔软的玩具,男女儿童都更喜欢和同性玩伴玩,女孩通常更能遵守父母及教师的要求。

(二)性别差异

性别差异是男女两性在能力、气质、态度、兴趣及行为等方面显示出来的差异。性别差异既是一个生物事实,又是一个社会事实。

1. 认知发展差异

男女在空间能力上的性别差异从儿童期就已经存在,男孩的空间能力普遍优于女孩。在儿童期,女孩就已经表现出在语言上的优势,这种优势会一直延续到中学阶段。女孩语言上的优势主要表现在词汇、阅读理解能力以及语言的创造性方面。女孩在语言的习得上也早于男孩,3岁时男孩和女孩在词汇、语法、表达等方面差异显著。6岁时,男孩与女孩在语言能力上的差异明显减少,甚至在某一方面达到和女孩一样的水平。

2. 个性和社会性差异

(1)游戏活动兴趣方面的差异

在玩具偏好方面,男孩通常玩刀枪、汽车、建筑积木等玩具,而女孩偏好洋娃娃、厨具、布艺等玩具,这些差异会促进儿童性别行为重要成分的发展,这和父母的选择与强化密不可分。在游戏方面,总的来说,女孩对人更感兴趣,乐于交往,而男孩对物体和事情更感兴趣,乐于探索;男女儿童都倾向于选择同性别的儿童作为游戏伙伴,由男孩组成的游戏伙伴易为争夺玩具而发生冲突，由女孩组成的游戏伙伴容易友好合作，当男孩与女孩之间发生冲突时，女孩通常是放弃而成为旁观者；男孩喜欢结群玩耍，女孩喜欢两人玩耍；男孩与女孩都在进行两人互动时，对第三者介入，男孩两人群体通常是积极接纳，而女孩两人群体的态度通常是消极拒斥的；在寻找合作伙伴时，女孩倾向于找比自己年龄小的同伴玩，对比自己年幼的孩子会表示关心和帮助，而男孩则倾向于跟年龄比他大的男孩合作，对同伴的苦恼和不适有点漠然。

(2)同伴选择及同伴相互作用的差异

3岁后儿童选择同性玩伴的倾向越发明显。男孩和女孩在同伴相互作用的形式上也存在很大差异，男孩之间面对冲突时多发生肢体冲突或大声喊叫，而女孩之间则较少发生肢体接触，更多通过语言、规则进行协调。

(3)个性方面的差异

幼儿期已经开始在个性方面有比较明显的性别差异，并且这种差异在不断发展中。一项跨文化研究发现，在所有文化中，女孩早在3岁时就对照看比她们小的婴儿感兴趣。还有研究显示，4岁女孩在独立能力、自控能力、关心人与物三个方面优于同龄男孩，6岁男孩的好奇心和情绪稳定性优于女孩，6岁女孩对人与物的关心优于男孩，在6岁儿童的观察力方面也发现男孩优于女孩。此外，美国斯坦福大学心理学家麦科比曾做过一个概括，她认为男女儿童的心理差异，即性别差异主要有四点：(1)女孩的语言表达能力较好；(2)男孩的视觉、平衡觉较强；(3)男孩的数学能力较强；(4)男孩更为好斗。

二、学前儿童性别角色的认知与发展

(一)性别角色的认知

性别角色的认知是指知道自己的性别，并初步掌握性别角色知识。儿童的性别概念包括对他人性别的认识以及对自己性别的认识。2岁左右，儿童能够正确认识他人的性别，2.5—3岁，绝大多数儿童已经能够准确说出自己的性别。儿童能分辨出男性和女性就说明儿童已经具备性别的概念。

拓展阅读

保护儿童，从性教育开始

2021年9月，国务院印发了《中国儿童发展纲要(2021-2030)》。纲要提出儿童性教育的主要目标是：适龄儿童普遍接受性教育，儿童性健康服务可及性明显提高。在具体内容中指出："为儿童提供性教育和性健康服务。引导儿童树立正确的性别观念和道德观念，正确认识两性关系。将性教育纳入基础教育体系和质量监测体系，增强教育效果。引导父母或其他监护人根据儿童年龄阶段和发展特点开展性教育，加强防范性侵害教育，提高儿童自我保护意识和能力。促进学校与医疗机构密切协作，提供适宜儿童的性健康服务，保护就诊儿童隐私。设立儿童性健康保护热线。"随着越来越多的儿童性侵案件被曝出，保护幼儿身心健康，免受侵犯成为幼儿教育的重要一环。该纲要的颁布再一次明确儿童性教育的重要性。学前儿童正是处于形成和发展性别角色的关键时期，在遵循儿童发展规律的基础上，引导儿童了解性别，性别差异以及自己的独特性，有助于建立儿童的自我保护意识，以便最大化地减少儿童性侵案件的发生。

（二）性别角色的认同

性别角色认同是指形成真正的性别角色，能够根据社会文化对不同性别的期待发展自身的性格特征。

（三）性别角色的偏爱

性别偏爱是指个体对某一性别的偏爱倾向。研究发现，2岁时儿童就能够选择与社会期待相关的适合自己的玩具。男孩多沉迷于枪、车等，女孩则喜欢洋娃娃[①]。但相较于男孩，女孩受性别刻板印象的影响较小，选择异性玩具的女孩更多，并且有时候希望自己是男孩，男孩则不然。

---

①Jacklin, C. N., & Maccoby, E. E.(1978).Social behavior at 33 months in same-sex and mixed-sex days. *Child Development*, *49*(3), 557-569.

拓展阅读

被刻板地认为属于男性和女性的个性特质

男性特质	女性特质
积极	意识到他人的情感
充当领导者	体贴周到
冒险性	动辄流泪
攻击性	为别人奉献自己
有抱负	情绪化
喜欢竞争	面临重大危机时易激动
不轻易言弃	感情易受伤害
支配性	温柔
感觉出众	以家庭为重
在压力下有所担当	善良
独立	喜欢孩子
决策果断	干净整洁
不易受到影响	需要赞扬
说话直率	被动
粗暴	机智
自信	善解人意
态度明确	与他人的关系融洽

资料来源：[美]劳拉·E. 贝克：《儿童发展(第八版)》，邵文实译，江苏教育出版社2014年版。

三、学前儿童性别教育

(一)影响学前儿童性别角色发展的因素

1. 生物因素

(1)性激素

研究发现,在胎儿期雄性激素过多的女孩,虽然以女孩的抚养方式进行养育,但和雄性激素正常的女孩相比,它们仍具有典型的“假小子”特征,她们喜欢消耗较多精力的体育活动,不喜欢安静地玩布娃娃。异常生理状态下,个体可能分泌过多与自己生理性别不符的激素,如果不能及时借助外科手术改变其激素分泌,很有可能会出现不当的性别化和心理适应不良。

(2)大脑半球

脑研究表明,个体两大脑半球的组织方式在一定程度上决定着个体的行为。大脑右半球更多参与空间信息加工,左半球则更多参与言语信息加工。大脑功能的分化最初受胎儿期分泌的性激素影响,胎儿期激素能使女性大脑更有效地加工言语,使男性大脑更有效地加工空间信息。大脑功能的特异化及两侧分化随着年龄的增长愈发显著。一般情况下,女性的两个半球发展更平衡。如女孩用左手和右手触摸识别图形同样准确,但男孩用左手触摸识别更准确。但生物因素只构成了某些性别差异的早期基础,学前儿童的性别角色往往受生物和社会的共同作用。

2. 认知因素

性别概念的获得是性别形成的重要前提。认知的发展影响到儿童性别同一性、性别稳定性、性别恒常性的形成,儿童在发展过程中还了解到社会、家庭、学校对他的性别角色的期待。

3. 社会文化因素

(1)文化

不同的文化背景从宏观上提供了性别角色分化的原则,是男、女性别角色形成和发展的重要背景与历史潮流。不同文化对性别化的内容、实践和强度存在很大差异。一般文化中男性性别的社会化更早、强度更大,男性一旦偏离性别角色会付出更大的代价,如遭到同伴的排斥和父母反对等。男孩身上出现女性效应比女孩身上出现男性效应的负面效应更大。随着认知的发展,对性别角色的认识更有弹性,女孩也可以热衷体育竞技、参与职场竞争,但对于男孩化妆、跳芭蕾的包容度则更小。

(2)家庭

家庭养育方式对儿童性别角色的分化具有重要的影响。父母是孩子性别行为的引导者。父母对孩子房间的布置、玩具的选择、衣物的选择以及奖惩和教导等，都直接引导着孩子朝着符合自己性别行为的方向发展。

(3)学校

幼儿园对儿童性别角色的分化有很大影响。男孩与同性伙伴互动的时间越多，其互动水平越高，玩符合男性特征的玩具和游戏的频率越高，和成人相处的时间越少。同时，女孩与同性伙伴互动的时间越多，活动水平和攻击性就越低，玩符合女性特征游戏的频率越高，与成人相处的时间也更长。

(4)传媒

大众传媒在性别角色形成的过程中也起着非常重要的作用，常见的影视、图像中包含着丰富的性别刻板印象内容，女性总是穿着五颜六色的花裙子，留着长头发，男性则穿着裤装，一头干净利落的短发。

(二)双性化与性别教育

正确识别性别角色并养成相应的性别行为是儿童健康发展的一个重要方面，因此过去心理学家一直都很重视性别定型化的问题，探讨男女性别的差异。20世纪70年代开始，以桑德拉·贝姆为代表的一些心理学家提出了“双性化”的新概念，即一个人同时具有男性和女性的心理特征。这种双性理论强调，双性化个体比性别类型化个体更健康、适应性更强。并认为应该从儿童早期开始进行无性别歧视的儿童教育，不过分强调性别差异。

1. 家长

家长受传统文化影响常常将勇敢、坚韧、挑战等视为男性应有的品质，而将温柔、细心、文静等作为女性应有的典型品质，因而在养育儿童时常常按照类似标准。培养儿童的双性化需要家长提升自身素质，及时转变传统的性别观念，鼓励孩子尝试传统观念上异性的活动，适当和异性玩伴交往等等。同时，家长应引导孩子比较不同性别角色的优缺点，在加深对自身性别角色的认同的同时主动吸收异性的良好品质。

2. 教师

幼儿园教师应该包括男性教师和女性教师；鼓励男女儿童都使用家务区和化妆区；积木区的玩具包括汽车、动物，也应包括洋娃娃和家庭用具；老师不考虑性别，一视同仁地处理不遵守规则的事件。

第三节　学前儿童同伴关系的发展

一、学前儿童同伴关系概述

（一）同伴关系的含义

同伴关系是儿童在早期生活中，除亲子关系、师幼关系之外的又一重要的社会关系。同伴关系是指儿童在交往过程中建立和发展起来的一种儿童间特别是同龄人间的人际关系，它存在于整个人类社会[①]。区别于亲子关系、师幼关系，同伴关系体现平等的交往。

（二）同伴关系的发展

1.早期同伴关系的发展

婴儿在第一年的社会能力的发展超乎我们的想象。例如，2个月时，同伴的出现会引起婴儿的注意，并且相互注视。6个月前，婴儿对同伴的反应还不具有真正的社会性质，他们可能只是将同伴当作物体或活的玩具来看待，如他们经常会不顾对方疼痛抓对方的脸和头发等。6—9个月时，婴儿会咿咿呀呀地发声，对着其他婴儿微笑。到第一年末，婴儿会偶尔以微笑、出声的笑和模仿彼此的动作来进行双向交流。一岁半之后，婴儿之间相互影响的持续时间更长，其内容和形式也更为复杂多样，合作游戏、互补和互惠的行为在婴儿间出现。到第二年末，许多儿童喜欢与同伴一起游戏，花在单独游戏上的时间越来越少。这一时期，在母亲和同伴都在场的情境下，儿童更喜欢与同伴玩，与同伴游戏的次数明显多于与母亲游戏的次数。

大量的观察和研究表明，婴儿从出生后的后半年起即开始出现真正意义上的同伴交往行为。婴儿早期同伴交往经历了三个阶段。

（1）客体中心阶段

该阶段婴儿的交往更多地集中在玩具或物品上，而不是婴儿本身。刘易斯、罗森伯勒姆（Lewis & Rosenblum，1975）和李（Lee，1973）等人发现，在出生后的第一年内，婴儿大部分交往行为是单方面发起的，一个婴儿的交往行为往往不能引起另一个婴儿的

①王双宏、黄胜：《学前儿童发展心理学》，西南交通大学出版社2018年版。

反应[1]。然而,单方面的社交是交往的第一步,当一个婴儿的交往行为成功地引起另一个婴儿的反应时,就产生了婴儿之间的简单相互影响。

(2)简单相互作用阶段

此阶段的婴儿已经能够对同伴的行为做出反应,经常企图去控制另一个婴儿的行为,出现社交指向行为。所谓社交指向行为是指婴儿意在指向同伴的各种具体行为,婴儿在发出这种行为时,总是伴随着对同伴的注意,也总能得到同伴的回应。具体有微笑和大笑、发声和说话、给或拿玩具、身体接触(如抚摸、轻拍同伴的身体、推、拉等)以及较大的运动(如走到同伴旁边,开始跑开)、玩与同伴相同或相似的玩具等。这些行为的目的都在引起同伴的注意,与同伴取得联系。这一阶段的婴儿就是通过这种行为来积极地寻找自己的同伴,同时,对同伴的行为做出反应,相互影响。

(3)互补的相互作用阶段

在这一阶段,婴儿同伴间的行为趋于互补,出现了更多更复杂的社交行为,相互间模仿已较普遍,婴儿不仅能较好地控制自己的行为,而且还可以与同伴开展需要合作的游戏。比如,你需要同伴时,我和你一起玩,你藏我找,你追我跑,或两人在一起共搭一个东西。此阶段婴儿交往最主要的特点是同伴之间的社会性游戏的数量有了明显的增长。

2. 幼儿期同伴关系的发展

幼儿期同伴间的交往在数量和质量上都发生了很大的变化,儿童合作互动的游戏量随年龄的增长而增加。

米尔德雷德·帕腾(Mildred Parten)研究指出,幼儿同伴关系的发展经历了三个阶段。

阶段1:非社会活动阶段

无参与者或旁观者的行为或独自游戏。

阶段2: 平行游戏阶段

共同分享相似玩具但无交流。

阶段3:社会交往阶段

包括两种真正意义上的社会交往行为,即联合游戏和合作游戏。

儿童的社会交往虽然具有阶段性,但这并不意味着儿童在进行下一个阶段的游戏中就不再出现上一阶段的游戏,它们往往是混杂在一起的。

进入幼儿园后,儿童与同伴的接触时间增加,他们不再把成人作为唯一的依靠对

---

①Lewis,M.E.&Rosenblum,L.A.(1974).*Friendship and peer relations.*New York,NJ:John Wiley & Sons.

象，他们开始主动寻求同伴，喜欢和同伴共同参与一些活动，与同伴的交往比以前密切、频繁和持久。幼儿期同伴交往主要是与同性别的儿童交往。

（三）同伴交往的作用

心理学家曾指出，儿童之间的交往是促进儿童发展的有利因素，同伴关系对于健康的认知和社会性发展非常重要。大量研究表明，同伴关系有利于儿童社会价值的获得、社会能力的培养以及认知和健康人格的发展。

1. 同伴交往有利于儿童形成积极的情感

马斯洛认为，归属和爱以及尊重的需要是人类的基本需要。儿童除了在亲子关系中能够获得这种需要的满足之外，还可以从一般的同伴集体中获得。学前儿童在与同伴交往时，经常表现出更多的、更明显的愉快、兴奋和无拘无束的交谈，并且能够更轻松、更自主地投入各种活动。同时，良好的同伴关系也能成为儿童的一种情感依赖，对学前儿童具有重要的情感支持作用。实验研究表明，当儿童面临陌生或恐怖情境时，同伴（一个好朋友）在场可以起到与父母同样的作用，消除紧张和压抑。

人物介绍

美国著名心理学家马斯洛

亚伯拉罕·马斯洛（Abraham H. Maslow，1908 年—1970 年），出生于美国纽约市布鲁克林区，毕业于威斯康星大学，美国著名社会心理学家、人格理论家和比较心理学家。他的代表作有《动机和人格》《存在心理学探索》《人性能达到的境界》。马斯洛将人类需求像阶梯一样从低到高按层次分为五种，分别是：生理需求、安全需求、社交需求、尊重需求和自我实现需求。

2. 同伴交往有利于儿童认知能力的发展

同伴交往为儿童提供了大量彼此协商、相互讨论的机会，有助于儿童拓展知识，丰富知识储备，发展思考、操作和解决问题的能力。儿童在与同伴的交往中，逐渐学会了与同伴相处，认识他人，了解他人，理解他人，约束自己，改变自己不合理的想法和行为模式，克服认知上的自我中心状态。这些都能促进儿童认知能力的发展。

3. 同伴交往有利于儿童自我评价和自我调控系统的发展

同伴交往为儿童的自我认知和自我评价提供了有效途径。学前儿童对自己的认识一方面来源于自己，一方面来源于他人，同伴既可以给儿童提供关于自我的信息，又可以作为儿童与他人比较的对象，儿童在将自己与同伴比较的过程中形成对自我的评价。这是儿童最初的社会性比较，它为儿童形成积极的自我概念打下基础。

同伴交往为儿童对行为的自我调控提供了丰富的信息和参照标准。儿童在交往中的不同行为往往会招致同伴的不同反应，如打人或抢别人的玩具常常招来同伴的拒绝或逃避，而善意和分享玩具则换回的是友好和合作。从同伴不同的反应，儿童既可以了解自己行为的结果与性质，又可以了解是否自己为他人所接受，并认识到调整自己行为的必要性与必须调节、控制哪些行为，从而进一步调控自己的相关行为。

二、学前儿童同伴关系的社会测量法及类型

（一）社会测量法

同伴关系的测量可以运用社会测量法。社会测量法是美国社会心理学家莫里诺（J.L. Moreno）提出的。莫里诺在分析人际关系时所使用的社会测量法至今仍影响着现代社会网络定量分析的发展。

社会测量法是测量幼儿在团体中的地位与影响力的一种方法，通过该方法可以了解幼儿的社会交往能力与同伴关系。社会测量法主要有三种。

1. 同伴提名法

同伴提名法是社会测量法中最基本、最主要的一种，其基本实施方法是：让被试根据某种心理品质或行为特征的描述，从同伴团体中找出最符合这些描述特征的人来[①]。比如，研究者以“喜欢”或“不喜欢”为标准，让幼儿说出班上他最喜欢或最不喜欢的三个小朋友的名字，然后对研究结果进行一定的技术处理，并做出解释。

提名法测量的基本原理是：儿童同伴之间的相互选择，反映着他们之间心理上的联系。肯定的选择意味着接纳，否定的选择意味着排斥。同伴之间在一定标准上所进行的肯定性或否定性选择，实际上反映着同伴之间的人际关系状况。这样，通过分析同伴的选择结果，就可以定量地测量儿童同伴间的关系。

2. 同伴行为描述法

它实际上是一种结构化的提名程序。“班级戏剧”是其中的重要方法：幼儿假想自己是戏剧导演，将同伴“对号入座”地分派一系列积极或消极的角色，如可以问儿童：

①林崇德：《发展心理学》（第二版），人民教育出版社2009年版。

“如果要演一个领导能力强的角色,你认为在你们班上谁最合适?”

3.同伴评定法

它要求每个儿童根据具体化的量表对同伴群体内其他所有成员进行评定,如让儿童回答:“你在多大程度上喜欢和这位同学(同伴)一起学习(或一起玩)?”并且给出一个“喜欢不喜欢”的评定量表。

(二)同伴交往的类型

庞丽娟(1991)采用“提名法”,对4—6岁儿童同伴交往的类型进行研究,得出了4种类型,即受欢迎型、被忽视型、被拒绝型和一般型①。

1.受欢迎型

该类型儿童大多外向,是天生的领导,喜欢与人交往,在交往中积极主动,且常常表现出友好、积极的交往行为,因而受到大多数人的接纳和喜爱,在同伴中享有较高的地位,具有较强的影响力。

2.被忽视型

该类型儿童在社交上总是懒惰的,常常独处或一人活动,在交往中表现得退缩或畏惧;多为较安静、内向、守规矩者。他们既很少对同伴表现出友好合作的行为,也很少表现出攻击性行为。因此,既没有同伴主动喜欢他们,也没有同伴主动排斥他们,他们不会,也不敢为自己争取表现的机会,以至于被同伴甚至教师忽视,几乎忘了他们的存在。

3.被拒绝型

该类型儿童在交往中活跃、主动,但常常采取不友好的交往方式,如抢夺玩具、推打小朋友、大声叫喊、强行加入其他小朋友的活动等,攻击性行为较多,友好行为较少,因而常常被多数幼儿所排斥、拒绝,在同伴中地位低,与同伴关系紧张。这类型幼儿也是最容易受伤和伤到别人的。

4.一般型

该类型儿童在同伴交往中表现一般,有的同伴喜欢他们,有的不喜欢他们,他们既非为同伴特别地喜爱、接纳,也非为同伴特别地忽视拒绝,在同伴心目中的地位一般。

上述四种基本类型,根据庞丽娟的研究,被拒绝型幼儿约占14.31%,被忽视型幼儿约占19.41%,受欢迎型幼儿约占13.33%,一般型幼儿约占52.95%。前两类属于不受欢迎型,而这两类儿童之间也是有区别:被拒绝的儿童是很不受欢迎的,而被忽视的儿童可能不被欢迎,但未必不受喜欢。

①庞丽娟:《同伴提名法与幼儿同伴交往研究》,载《心理发展与教育》1994年第1期。

从发展的角度看，在4—6岁范围内，随着儿童年龄的增长，受欢迎的儿童人数增加，而被忽视儿童和被拒绝儿童的人数减少。在性别维度上，受欢迎的儿童中，女孩人数明显比男孩多；被拒绝的儿童中，男孩人数明显比女孩多；被忽视的儿童中，女孩人数比男孩多，但男孩也占有一定比例。

三、教师指导幼儿改善同伴关系的方法

针对同伴关系中处于被忽视和被拒绝地位的幼儿，教师要掌握适当的指导方法，改善其同伴关系。需要注意的是，一些幼儿之所以被忽视，与教师不适宜的教育行为有很大关系。有些教师眼里只有"优秀"幼儿，很少关注发展较慢的幼儿，导致发展较慢的幼儿被忽视。

（一）被忽视者

对这类幼儿，教师不仅不能忽视他们，而且还要以多种方式来帮助他们。例如：

（1）鼓励其勇敢地表达自己的意见或参与同伴的讨论和游戏。

（2）给其表现的机会，如帮老师做事（分发美工纸、蜡笔等），或在午餐时帮助教师分发碗筷。

（3）引导较活泼的同伴带领这类幼儿一起活动。

（4）以游戏的方式鼓励其参与活动。

（5）与家长联系以了解幼儿的家庭状况与其在家的表现。

教师要做到经常注意被忽视幼儿，肯定其能力及聪明才智，并给予口头表扬，使其增强自信心，重新认识自己，改变同伴对他们的看法。同时，被忽视的幼儿也需要学习适宜的社会技巧，如主动提供帮助、表现友善的微笑、主动接近兴趣相同的同伴等，这些技巧都可以通过教师的指导、演练而获得。此外，教师还要帮助幼儿懂得不是每个人都一定会在任何时间、地点被任何人所接受，偶尔被拒绝并没有关系，还有其他的选择或可以再继续努力。如果是来自家庭的问题，就需要教师与家长共同解决。

（二）被拒绝者

对这类幼儿，因其特质较多样化，教师辅导的方式也因幼儿的个别差异而有所不同。例如：

（1）建议幼儿保持整洁的外表。

（2）个别谈话，分析其受排斥的原因，提醒其自我约束，并指导与人相处的技巧。

(3)赞美其优点,加强其自信心。

(4)安排被拒绝者与受欢迎者一起玩游戏,以起到潜移默化的作用。

(5)给予他们为班级服务的机会,并当众夸赞其良好行为,帮助其获得同伴的认同,被同伴接纳。

(6)以角色扮演、小团体活动方式让幼儿有机会表达自己及倾听他人不同的想法或感受,进而学习同理心及角色取代的概念。

(7)请家长配合改善。

第四节 学前儿童社会性行为的发展

一、学前儿童社会性行为的内容

社会性行为是个体在社会交往活动中对他人或某一事件表现出的态度、言语和行为反应。社会性行为在交往中产生,并指向交往的另一方。根据其动机和目的的不同,社会性行为可以分为亲社会行为和攻击性行为两大类。

(一)亲社会行为

亲社会行为也称为积极的社会行为,是指个体在社会交往中所表现的对他人有益或对社会有积极影响的行为,如助人、合作、安慰、分享等有利于他人和社会的行为。亲社会行为是人与人之间形成和维持良好关系的基础,受社会的鼓励和认可。亲社会行为既是个体社会化的重要标志,也是个体社会化的结果。亲社会行为是学前儿童良好社会性发展的基本体现,这种行为不仅使学前儿童能够获得来自社会的、他人的和自我的奖励,而且能够避免来自社会的、他人的和自我的惩罚,这有助于学前儿童形成积极的社会价值观。

亲社会行为的内容从传统的研究来看,主要包括分享、合作、助人、安慰等。根据亲社会行为出现的动机,可将亲社会行为进一步划分为自主的亲社会行为和规范的亲社会行为。自主的亲社会行为的实施是出于对他人的关心,规范的亲社会行为的实施则是期待通过此类行为获得报偿、奖赏或避免批评。根据亲社会行为发生的情境,可分为紧急情境下的亲社会行为和一般情境下的亲社会行为。紧急情境下的亲社会行为是指个体不顾个人安危,为了他人的人身、财产等的安全而实施的救助行动,如"见义勇为"。紧急情境下的亲社会行为出现的时间比较晚,在学前儿童身上比较少见。一般情境下的亲社会行为则出现得较早,是学前儿童较早表现出的亲社会行为,这种行为一般发生在日常生活中,他们付出的仅仅是较多的时间、物质和精力,不需要救助者冒生命危险,却可能使个体得到各种精神和社会的补偿,如公共汽车上给有特殊需要的人让座,主动打扫公共卫生等。

幼儿期是学前儿童亲社会行为迅速发展的时期,随着年龄的增长以及活动范围的扩大,学前儿童的交往对象逐渐增多,也表现出越来越多的亲社会行为,逐渐能够根据一些细微变化来识别他人的情绪，推断他人的处境，并做出相应的安慰或助人行为，其发展特点主要体现在三个方面。第一，亲社会行为随着年龄的增长不断增加，形式逐渐丰富化、多样化。学前儿童在社会交往中表现出的亲社会行为的数量越来越多，指向的对象也越来越多。同时，亲社会行为的表现形式也越来越丰富化、多样化。除了简单地分享和帮助，他们还学会了合作、捐赠、安慰等其他形式，而且每一种分享形式也逐渐多样化和深刻化。第二，亲社会行为的自发性有所增加。3岁前的亲社会行为大多是在家长的示意或同伴的要求下产生，而且大多寻求奖励和回报；3岁后，在教育要求和培养下，儿童逐渐出现一些自发自愿的亲社会行为，如自发的分享、合作和助人行为，而且不求任何回报和奖赏。第三，识别他人需要帮助的线索的能力和移情能力逐渐增强。随着儿童认知能力的提高，儿童在社会生活和交往中对于他们需要帮助的线索的识别能力越来越强，而且移情能力也逐渐增加，能够开始换位思考和体验别人的情绪、情感，体察别人有需要帮助的需要。这些能力促使儿童在生活和交往中能够更多地表现出助人、分享以及其他亲社会行为。

（二）攻击性行为

攻击性行为是学前儿童常见的心理行为问题，一般指对他人的侵犯和攻击行为，包括身体攻击和言语攻击。攻击行为是个体社会性发展的一个重要方面，也是个体社会化成败的重要指标。攻击性行为对儿童和青少年的人格、品德、同伴关系等多方面都有影响，并且与犯罪等社会问题有很高的关联度。无论从维护社会秩序还是保护儿童身心健康的角度出发，任何攻击行为都是不被提倡和鼓励的行为。攻击性行为和亲社会行为就像一枚硬币的正反面，对于照看儿童的成人来说，最大的挑战是要帮助儿童用积极的方式处理好他们的敌意性情感，同时还要培养更多的亲社会行为[①]。

根据攻击性行为的目的和起因不同，可将其分为工具性攻击行为和敌意性攻击行为。工具性攻击是指儿童为了获得某个物品或达到某种目的而做出的抢夺、推搡等行为。该行为不是指向特定个体的工具，儿童只是将攻击作为实现某一目的的手段。敌意性攻击则针对具体个体，指向某人的攻击行为，是在身体上或心理上故意对某人实施伤害行为，例如批评、嘲笑、挑拨或口头反对等。1岁左右，儿童开始出现工具性行为，2岁左右儿童之间表现出明显的冲突，如推人、咬人、抢东西等等，绝大多数冲突的起源是为了争夺物品。

根据攻击性行为的形式和功能不同，攻击性行为可分为身体攻击、言语攻击和权

①洪文梅等：《学前儿童发展心理学》，中国纺织出版社2019年版，第318页。

利攻击。身体攻击指采用具有暴力倾向的行为方式对他人身体进行的侵犯,包括击打、踢、咬等行为。言语攻击指使用侮辱他人身份和尊严的言语方式对他人进行侵犯的行为,包括起外号、侮辱、骂人等行为。权利攻击指通过实施侵犯行为以剥夺他人应有的权利,包括破坏、抢夺等行为。

根据攻击的有意性,可将攻击性行为分为无意性攻击和表现性攻击两种类型。无意性攻击指因过失行为而给他人带来伤害的侵犯行为,这类侵犯行为多为在无意情况下产生,并非有意伤害他人。表现性攻击指仅是为了获得自身的愉快体验而做出的侵犯行为,例如,一个儿童用自己的自行车撞击小伙伴的车尾,只是因为他觉得撞击这个体验让他获得愉快情绪。当儿童产生表现性攻击行为时,其自身不会产生愤怒、沮丧或者敌意的情绪体验。

学前儿童的攻击性行为存在明显的性别差异,包括不同性别学前儿童的攻击方式存在差异和社会期待存在性别差异。在表现形式方面,通常认为男孩的攻击性行为要多于女孩。实际上,男孩通常采用打斗、欺负或者其他外显行为进行攻击,而女孩的攻击方式相对比较隐蔽,她们倾向于采取拒绝排斥或者破坏友谊等攻击性行为,有时还会通过诸如散布谣言等方式来破坏同伴在群体中的地位。在社会期待方面,当男孩和女孩都表现出攻击性时,成人会有明显不同的社会性期待。攻击性似乎经常被视为男性特征中不可缺少的组成成分,人们也经常预期男孩会具有一定程度的攻击性,同时男孩的攻击性行为还常常在有意无意中受到鼓励。

心理学的研究表明,在因斗殴犯罪的青少年中,其攻击性行为可追溯到幼儿期,这些青少年在幼儿期就表现出多而强的攻击性行为。因而,重视儿童特别是学前儿童攻击性行为表现的次数和强度,及早采取积极的防治和调整措施,是每个家长和教育者不容忽视的问题。

拓展阅读

班杜拉的儿童攻击性实验研究

实验目的:验证人的学习活动主要是观察他人在特定情境中的行为,替代强化可以增强或者消退行为。

实验工具:充气不倒翁、摄像机。

实验程序:随机选择3—6岁的儿童作为实验对象,并将他们分成3组。先让实验对象观看一个成年男子(榜样人物)对一个像成人那样大小的充气娃娃做攻击性行为,如大声吼叫和拳打脚踢。然后,让一组儿童看到这个“榜样人物”受到另一个成年人的表扬和奖励(果汁与糖果);让另一组儿童看到这个“榜样人物”受到另一个成年人的责打(打一耳光)和训斥(斥之为暴徒);第三组为控制组,只看到“榜样人物”的攻击性行为。接下来把这些儿童一个个单独领到另一个房间里,房间里放着各种玩具,其中包括洋娃娃。在10分钟里,观察并记录他们的行为。

实验结果:实验表明,看到“榜样人物”的攻击性行为受到惩罚的一组儿童,同控制组儿童相比,在玩洋娃娃时,其攻击性行为显著减少。反之,看到“榜样人物”的攻击性行为受到奖励的一组儿童,在自由玩洋娃娃时,其模仿攻击性行为的现象相当严重。班杜拉用“替代强化”来解释这一现象;观察者因看到别人(榜样)的行为受到奖励,间接地引起其相应行为的增强;观察者看到别人的行为受到惩罚,则会产生替代性惩罚作用,抑制相应的行为。

二、学前儿童社会性行为发展的影响因素

对学前儿童社会性行为的发展产生影响的因素主要来自学前儿童的内部和外部两个方面。

(一)内部因素

影响学前儿童亲社会行为发展的内部因素主要包括学前儿童的认知能力、情绪状态、移情能力和个性特征四个方面。

社会性行为是以学前儿童对相关信息的认知加工能力为基础的。学前儿童社会性行为的产生不仅涉及知觉推理、问题解决和行为决策等一系列认知过程,而且与学前儿童的认知能力,尤其社会认知能力的发展有直接的关系。在学前儿童的各种社会认知能力中,观点采择能力显得更为重要。观点采择能力指个体对特定情境中他人思维、情感、动机、需要的认识和理解的能力。只有具备了观点采择能力,学前儿童才能认识和理解他人需要,并表现出正确的社会性行为。不过,观点采择能力并不必然导致学前儿童做出助人行为,因为观点采择只是一种信息的搜集过程,只是为学前儿童更好地理解当前的情境和他人的需要及情感提供了认知前提。学前儿童常常因为误解别人的行为而出现攻击性行为。如别人玩皮球时因一时疏忽而将球砸到他身上,学前儿童会认为砸他的小朋友是有意攻击自己,于是采取报复行为,引起两人的冲突。学前儿童的社会性行为还受社会规范和社会期望的调节,主要受到社会责任规范、相互性规范和应得规范等的影响。

个体的心境与亲社会行为密切相关。一般而言，在愉快的心境下学前儿童更容易做出亲社会行为；而在挫折、焦虑、烦躁等消极的心境下，就更容易诱发个体做出攻击性行为。因为学前儿童在积极的心境下，会减少对自己的关注，能将更多的关注放到他人身上，产生积极的社会性行为。而消极的心境会导致学前儿童更多地关注自身的需要，可能会产生积极的社会性行为，也可能产生消极的社会性行为。

学前儿童所处的社会生活环境和具体生活环境对其所产生的影响最终都要通过学前儿童的移情而发挥作用。移情是形成和产生亲社会行为的内在因素，也是一种最根本的因素。对于学前儿童来说，由于其认知能力的局限性，尤其是思维的自我中心性，使得学前儿童缺乏换位思考的能力。所以，帮助学前儿童从他人角度去考虑问题，是发展学前儿童亲社会行为的主要途径。

学前儿童的个性特征与社会性行为的关系非常密切。良好的个性特征能有效地促进亲社会行为的出现。性格开朗外向、喜欢交往、容易对周围事物表现出关心的学前儿童，其助人行为多于害羞的学前儿童；具有爱心、自制力强，能够根据活动的进展调整和控制自己行为的学前儿童，能更好地与他人合作；慷慨大方的学前儿童比吝啬的学前儿童更容易获得同伴的接纳和赞许，与同伴的分享行为也较多。

（二）外部因素

对学前儿童社会性行为的发展产生影响的外部因素主要包括父母、同伴、教师、媒体和文化环境五个方面。

在学前儿童社会性行为的形成过程中，父母的影响体现在两个方面：一是父母的教养方式，这是学前儿童形成积极的社会性行为的关键性因素。研究发现，在温和养育型家庭环境中成长的学前儿童会表现出更多的亲社会行为；而家庭中父母习惯使用暴力性惩罚方式与学前儿童的攻击性行为存在密切相关。二是父母的榜样作用，父母自身的社会性行为成为学前儿童最早模仿的对象，也为学前儿童学习提供了机会，因此，父母应保持积极的社会性行为，有利于激发学前儿童表现出更多的亲社会行为。

同伴关系对学前儿童积极社会性行为的形成具有重要的作用，而且主要通过模仿和强化的方式产生影响。对于学前儿童来说，同伴关系对安慰、帮助和同情等能力的形成起决定性的作用，能够建立互惠性友谊关系的学前儿童的亲社会行为水平会更高。在高质量的同伴关系中，学前儿童之间不仅表现出更多的利他行为，学前儿童也更容易形成积极的价值观。学前儿童在同伴群体中的地位往往由其行为是否具有亲社会性所决定，建立良好同伴关系的学前儿童会拥有较高的人际信任水平，会表现出更多的亲社会行为。相反，同伴关系不良的学前儿童，人际信任水平通常较低，较容易产生攻击性行为。学前儿童之间的相互影响通过模仿产生，他们爱模仿的特点，会使其在同伴之间相互模仿同伴行为，例如，一个不善于攻击的学前儿童身处于一个相互攻击的群体中，不久也会用相同的攻击方式对付其他人。

在幼儿园里，教师对学前儿童社会性行为的发展非常关键，其作用体现在两个方面：一是教师对学前儿童进行有意识、有目的、系统化的社会性行为的培养和训练，在教育和教学过程中，教师通过创设平等、友好、互助的课堂氛围，鼓励学前儿童展现出更多的亲社会行为，让儿童在生活和学习的过程中逐渐形成亲社会的价值观念，让学前儿童体验快乐和成功，这些对学前儿童亲社会行为的培养极为重要。二是教师通过自身的亲社会行为起到积极的榜样作用，教师个人言行的亲社会性在很大程度上会影响学前儿童对亲社会行为的认知判断和行为习得。如果教师不仅具有同情之心和关爱之情的个性品质，同时还有乐于助人和维护他人利益的行为习惯，对待学前儿童态度真诚、友好，教师会成为儿童不断仿效的正面榜样，从而促进学前儿童的社会性行为的良好发展。

大众传播媒介主要通过电影、报纸、杂志等对学前儿童的社会性行为产生影响。现在，大众传播媒介，特别是电影、电视、电子游戏中的武打、绑架、凶杀等事件，教给了学前儿童很多发动攻击性行为的技巧和方法。

社会文化环境对学前儿童社会性行为的影响主要体现在：不同国家和地区对攻击性行为的态度有程度上的差别，如有的文化极端反对和抵制攻击性行为，有的文化则对攻击性行为比较宽容。对攻击性行为比较宽容的社会，其社会成员的攻击性行为通常较多。

此外，交往中学前儿童的情绪状态与心境、周围环境与气氛等对社会性行为也有一定的影响。

三、学前儿童社会性行为的培养与训练

（一）移情训练

移情是对他人情绪情感的识别和接受。在移情反应中，学前儿童不仅觉察出他人的情绪，而且能设身处地地为他人着想，产生与他人相同的心情，因此，它与社会性行为的发展密切相关。通过移情，学前儿童可以体验他人的情感，感受他人的需要，想象某一行为可能给他人带来的后果，从而更有效地促发友爱行为和抑制可能对人造成伤害的攻击性行为。促进学前儿童移情能力发展的策略主要有以下几点。

第一，学会识别他人的情绪。首先，给学前儿童提供丰富的表情；其次，让学前儿童对着镜子观察自己的表情；再次，提供各种表情图谱，让学前儿童能正确看图识表情。

第二，正确表达自己的情绪，是学前儿童移情能力发展的重要环节。这可以通过四种方法来训练：表情表演、表情模仿、说出自己的感受、鼓励学前儿童表达自己的情感。

第三，引导换位思考以及联想是学前儿童移情能力发展的关键。首先，让学前儿童进行角色扮演，在游戏中体会他人的感受。如让一个攻击性强的学前儿童扮演一个 经常遭受他人攻击的角色，他会更加容易理解攻击性行为对他人造成的伤害和被攻击时的心理感受，进而在现实生活中能更加自觉地抑制自己的攻击性行为。其次，引导家长重视与学前儿童的沟通。学前儿童的情绪识别能力有限，家长在与学前儿童的沟通中可以引导其充分地认识亲社会行为和攻击性行为的利与弊。最后，要利用好榜样的力量。因为观察模仿是学前儿童学习的主要途径。

（二）交往技能和行为训练

交往技能是指解决交往中所遇问题的策略和技巧。许多学前儿童之所以在交往中表现出不恰当的行为，往往是因为缺乏相应的技能。

交往技能的训练，首先是使学前儿童学会正确识别交往中出现的问题的原因和特点，如我想玩别人的玩具但是别人为什么不给我玩，别人为什么不欢迎我加入他们的游戏等。虽然对年龄较小的学前儿童训练这种技能有点复杂，但对年龄较大的学前儿童来说，教会他们根据交往的具体情境和问题的具体情况来选择合适的反应方式是完全可能和必要的。技能训练应该使学前儿童认识到，解决某个问题可以采用很多方式。但每种方式的效果不一样，我们要选择最合适的方式。

学前儿童的自制力差，有的孩子虽然能够说出最好的做法是什么样的，但是在实际交往中却做不到。为此，交往技能训练必须与加强学前儿童的行为训练相结合，使学前儿童在练习中巩固那些有利于交往顺利进行的亲社会行为，以便在需要的时候能够供之使用。行为练习最好在日常生活的真实情境中大量地、反复地进行。

（三）精神奖励

奖励对行为的巩固作用和惩罚对行为的减缓作用是众所周知的。恰当运用精神奖励能有效地促进学前儿童亲社会行为的发展，并在一定程度上抑制儿童的攻击性行为。

所谓精神奖励，是指通过欣赏、肯定、鼓励、表扬等方式，强化和巩固学前儿童的亲社会行为。教师应努力使学前儿童形成这样一种观念，即集体中每个人都应该想到别人，关心、爱护、帮助别人，与别人分享、合作，谁做到了谁就受欢迎，就是大家认可的榜样。如果父母和老师在激励学前儿童亲社会行为的同时，对学前儿童的攻击性行为表现出不支持和不理睬，并持明确的否定态度，那么，攻击性行为发生的概率就会下降。教师对学前儿童的精神奖励不宜过于频繁地使用，而且绝不宜将学前儿童的注意力集中在"红花""五角星"上，而应辅以讲道理、说原因等教导，使学前儿童更欣赏亲社会行为，对之持有更积极、愉快的态度，这样效果会更好一些。

四、学前儿童常见的行为问题及矫正

学前儿童在成长过程中会出现一些常见的行为问题，有些行为会在一定程度上影响学前儿童的心理健康的发展，成为习惯行为问题。这些常见的行为问题可以通过一定的措施进行矫正。本节内容主要对学前儿童主要的常见行为问题与矫正进行阐述。

（一）注意力不集中问题

学前儿童注意力不集中表现在他们没有将注意力集中在应该关注的活动上，主要表现为眼神游离、东张西望，在集体活动时坐立不安、随意走动、与同伴交谈等。学前儿童神经系统兴奋和抑制发展不平衡，兴奋占优势，因此学前儿童易兴奋且难以控制自己。这就是学前儿童容易被外界刺激吸引注意力并且自控能力差的原因，即使他们知道注意力不集中会受到老师的批评，但依然很难控制自己。因此，教学活动的设计与实施要符合学前儿童的最近发展区。如果太过简单则无法吸引儿童的兴趣，太难也会令儿童望难而退。同时，教师所选用的材料要注意形式多样，生动有趣。教师应注意，学前儿童的注意力容易被新鲜、强烈多变的刺激物所吸引。因此教室内的环创切忌过于复杂。此外，学前儿童的身体条件、心理需要、外在环境等因素也会影响其注意力。

（二）破坏行为问题

学前儿童破坏行为是一种由于敌对情绪引起的报复行为（如：你撕了我的书，我也要撕了你的书）或是为了发泄不满而表现出的损害公共利益的行为（如：你惹我不高兴，我就要弄坏你的东西），又或是年龄小，学前儿童尚未形成爱护公物、爱护他人财产的意识而产生的一种无意性行为（经常在墙壁上或桌子上画字、打破别人的玻璃窗、损坏他人财物等）。

学前儿童带来破坏性后果的行为并不都是由破坏性动机支配的。例如,在强烈的好奇心驱使下学前儿童会出现超乎寻常的探索行为,为了验证自己的想法或进行自己的游戏,他们会进行一些自己认为理所当然的活动。如拆玩具的表现就极有可能是一种探索行为,教师应该给以适当的鼓励和帮助。学前儿童的某些破坏行为是带有动机性的主观性破坏,如由情绪障碍引起的情绪发泄性破坏行为、嫉妒性破坏行为。学前儿童的自我调节能力较弱,通常以破坏行为来宣泄自己的不良行为。

对于学前儿童的破坏性行为,教师需要有针对性地进行矫治,针对不同性质的破坏性行为应采取不同的方法。对学前儿童的"后果性破坏行为"教师应持宽容的态度,对其进行积极引导。在这类行为实施的过程中,孩子是以一种主动的状态参与活动,积极参加探索活动,她们的兴趣得到了满足,创造力得到了发展。对学前儿童的"主观性破坏行为"要让其能够从内心深处认识到自己行为存在的问题。因此,教师应与学前儿童的家长沟通,从家庭真正了解学前儿童破坏性行为的内在原因,满足学前儿童的合理需求,从根本上抑制破坏性行为的动机。此外,要引导学前儿童积极面对合理竞争,化嫉妒为积极进取的动力。最后,采取适当的奖惩措施。对于破坏性行为进行惩罚,对学前儿童进行挫折教育,增强其心理承受能力和问题解决能力;对学前儿童的进步,要及时给予肯定和适当奖励。

(三)饮食问题行为

学前儿童的饮食问题行为主要是指学前儿童在进餐过程中所表现出来的厌食、挑食等行为。

学前儿童厌食是指长期的食欲减退或消失、以食量减少为主要症状,是一种慢性消化功能紊乱综合征,是儿科常见病、多发病。1—6岁小儿多见,严重者可导致营养不良、贫血、佝偻病及免疫力低下,出现反复呼吸道感染,对学前儿童生长发育、营养状态和智力发展也有不同程度的影响。挑食也是学前儿童常见的一种不良行为习惯,指饮食过程中对某些食物挑剔或仅吃几种自己喜欢或习惯的食物,很多儿童不吃蔬菜水果,也有不喜欢某种特定的颜色,如红色。或者不能接受某种性状的食物,如糊状。严重挑食也是一种心理疾病,称为选择性饮食障碍。家长和教师应首先帮助学前儿童消除生理因素的影响,再对儿童进行心理行为干预,例如可以增加饭菜花样,刺激学前儿童的食欲。

(四)吮吸手指行为问题

吮吸手指是指学前儿童反复自主或不自主地吮吸自己手指的行为。根据弗洛伊德的心理发展理论，0—1岁的婴儿处于口唇期，吮吸手指能够满足其口欲，有利于其性心理的发展，也有利于调节自己的情绪①。因此，此时的儿童产生吮吸手指的行为是正常的生理反射。研究表明，吮吸手指的行为产生于3—4个月的婴儿，在18个月时达到高峰，在2岁之后该行为会逐渐消失。一般而言，学前儿童出现吮吸手指行为的原因主要包括生理因素、情绪因素和教育因素。生理因素方面是由于学前儿童口唇期的依存愿望未能得到满足，因此口唇欲望很强，产生吮吸手指行为。情绪因素方面主要是指学前儿童紧张、焦虑的情绪，特别是在父母离开、家庭矛盾、受到批评和打骂时会导致学前儿童的心理焦虑，情绪过度紧张，产生吮吸手指的行为。在教育因素方面主要涉及成人对学前儿童的养育问题，如果在对学前儿童进行喂养的过程中，没有满足其生理需要和娱乐需要，都会导致学前儿童产生吮吸手指行为，用以抑制饥饿和满足吮吸需要。此外，学前儿童如果长期缺乏父母的爱抚和关心，导致爱的缺失，也会养成吮吸手指的行为。

父母首先要接受儿童吮吸手指的行为，学前儿童之所以产生吮吸手指的行为，是因其正处在内心紧张和不安的状态，需要的是宽容和帮助，而不是指责和批评。其次，寻找并消除造成儿童内心紧张的因素。研究表明，造成儿童心理紧张的主要因素有家庭和幼儿园。家庭环境包括父母不和、生活单调、缺少玩伴、环境变化、父母过于严厉、亲子沟通少。幼儿园环境包括课程负担重、教师过于严厉、同伴攻击、缺乏教师的爱、活动不符合兴趣等。应该从两方面考虑查找问题，努力消除"紧张源"，让学前儿童轻松愉快地成长。

从幼儿园角度看，教学活动要动静结合，活动设计要符合学前儿童的心理需要，教师要关注到每一个儿童并给予适当的关照，要让儿童的双手有事可做，当双手忙着活动的时候，就不会把手指放进嘴巴里，也会在一定程度上转移儿童对此事的关注度。从家庭角度看，家长要多陪伴、多观察，给孩子创造一个温馨、愉快的生活环境。

本章小结

本章重点介绍了学前儿童社会性发展的相关概念、重要内容和教育策略等。核心内容总结如下。

1.依恋是个体间在情感上甚为接近而又彼此依附的表现，依恋是一种积极的、充满深情的人际交往，主要表现在母子之间。对于学前儿童来说，家庭是其生活的主要场所，父母亲或其他照顾者是其接触最多的人，个体最初的社会联结便是与父母的依恋关

①[美]Rosalind Charlesworth：《理解学前儿童心理发展》，王思睿等译，中国轻工业出版社2019年版，第391页。

系。依恋类型涉及安全型、回避型、矛盾型、混乱型四种。依恋的发展过程涉及前依恋阶段、依恋建立阶段、依恋明确阶段以及目标调整的伙伴关系阶段。掌握幼儿不同阶段的依恋特点有利于正确地建立依恋关系。

2. 主要养育者、婴儿自身气质以及家庭和社会文化等因素都会影响依恋的质量。依恋对儿童后期发展会产生重要影响。健康安全的依恋能促进儿童心理发展，早期依恋关系缺失或会导致未来的心理障碍。此外，早期依恋经验也会成为成年期发展亲密关系的模板，即早期形成的“内部工作模式”决定了个体未来人际关系的发展。

3. 儿童性别概念包括能够正确认识自己和他人的性别（性别认同）、认识到性别在时间维度上稳定不变（性别稳定性）以及性别是个体的生物本质属性，不依赖于事物的表面特性（性别恒常性）。

4. 研究证明男女两性在能力、气质、态度、兴趣及行为等方面表现出差异。性别差异既是一个生物事实，又是一个社会事实。学前儿童性别角色的认知和发展是一个多因素相互作用的过程，生理发展、社会文化以及后天教育等会对其发展产生重要影响。其发展过程涉及性别角色认知、性别角色认同以及性别角色偏爱三个方面。

5. 同伴关系是儿童在交往过程中建立和发展起来的一种儿童间特别是同龄人间的人际关系，它存在于整个人类社会。区别于亲子关系、师幼关系，同伴关系体现平等的交往。同伴交往的类型有受欢迎型、被忽视型、被拒绝型和一般型。已有多种方法对学前儿童的同伴关系进行测量。如通过同伴提名、同伴行为描述以及同伴评定进行社会测量。

6. 在具体教学实践中，教师应根据不同学生的特点因材施教。对被忽视幼儿，教师不仅要关注他们，而且要给予积极帮助；对于被拒绝者，教师要根据其特质不同而选用不同的方法。

7. 亲社会行为指对他人有益或对社会有积极影响的行为，如助人、合作、安慰、分享等积极的社会行为。依据不同的条件，可将亲社会行为划分为不同的类型。攻击行为又称侵犯行为，是指基于愤怒、不满等情绪，有意对他人实施身体或心理伤害的行为。

8. 学前儿童的认知能力、情绪状态、移情能力的个性特征等内部因素，以及父母、同伴、教师、媒体和文化环境等外部因素都会影响到学前儿童社会性行为的发展。学前儿童在成长过程中会出现一些常见的行为问题，如注意力不集中、破坏行为以及饮食问题行为等。可通过移情训练、交往技能和行为训练以及精神奖励等手段有针对性地培养和矫正学前儿童的社会性行为。

思考与实训

1. 结合章首的“代母养育实验”，运用本章的所学知识，尝试回答为什么依恋对于幼儿的早期发展如此重要？

2.谈谈对性别差异的看法，你是否赞同在未来的学前教育中大力推进双性化教育，为什么？

3.了解了同伴关系的类型及改善同伴交往的方法后，如何在教学实践中引导孩子去发展良好的同伴关系？

4.在信息化社会的今天，电视对幼儿发展产生的影响越来越大，请从儿童电视节目影响儿童社会性发展的角度，谈一谈其存在哪些问题？

专题探讨

背景资料：幼儿期是幼儿同伴关系开始发展的时期，幼儿同伴关系的发展对幼儿的自我概念、认知能力、社会能力、人格的健康发展和积极情感的形成具有重要影响。目前幼儿同伴关系中存在以自我为中心的问题突出、有明显的攻击性行为、幼儿之间存在排斥现象等。影响幼儿同伴关系发展的主要因素有幼儿自身的性格特点、情绪表达、交往技巧，有来自家庭的家庭关系、教养方式和家庭环境，也有来自教师的态度、教育方式以及为幼儿提供的活动材料等。随着年龄的增长，孩子与同伴间的交往频率变高、程度加深，也更容易发生各种矛盾和冲突。

探讨：你如何看待这种现象？怎样帮助孩子处理好人际交往中的矛盾和冲突，让孩子建立起积极、健康的同伴关系？

第十二章 学前儿童心理发展的背景

学习目标

- 理解父母教养方式类型以及对学前儿童发展的影响。
- 引导学前儿童建立良好的同伴关系。
- 理解幼儿园对学前儿童的影响。
- 了解文化对学前儿童的重要性。

学习重难点

- 重点：理解影响学前儿童心理发展的因素。
- 难点：掌握促进儿童心理发展的有效策略。

案例破冰

两个6年级的学生，坦雅和谢拉，想和两个男孩去听碎瓜乐队(美国的一支另类摇滚组合，其核心人物是Billy Corgan，现已解散)的演唱会。当坦雅询问母亲的意见时，遭到了拒绝。坦雅反问："为什么不能?"，她母亲大发雷霆："因为我不同意，这就是理由，不要烦我。"谢拉同样也遭到了拒绝。当她问为什么时，她的母亲说："我认为对你来说，约会还早了点。我并不介意你去听演唱会。如果你就和坦雅去，我不反对。你认为呢?"

同样的请求，却得到截然不同的回答，如果你是妈妈，你会如何和孩子说？这样的小故事也证实了父母在教养孩子的许多方面都存在差异。这一则小故事里除了涉及父母教养孩子之外，也透露着孩子对社会交往的憧憬。本章内容会给我们带来一定的启示,以便帮助我们解答上述问题。

注:[美]罗伯特·V.卡尔:《儿童与儿童发展》(第2版),周少贤等译,教育科学出版社2009年版。

第一节 家庭与学前儿童的发展

学前儿童的接触对象主要有以家庭为主和家庭以外为主的两大关系系统，同时亲子关系、同伴关系和师生关系是儿童主要的社会关系，这三者对儿童以后的各项发展起着至关重要的作用。当代心理学家布朗芬·布伦纳关于儿童发展的“生态系统学理论”认为，家庭对于儿童发展的影响是直接的、强烈的和持久的，它的责任与影响力是不可取代的[①]。随着学前儿童进入学校、同伴和社会情景中，亲子关系随之发生变化。家庭的直接控制逐渐减弱，但只要这种减弱是建立在父母亲持续的温暖和关怀之上的，就会支持儿童的发展[②]。家庭对儿童的影响将会伴随并且影响他们一生中所做的每一个决定，从而塑造儿童毕生发展的轨迹。

一、父母对学前儿童的影响

(一)父母的教养方式

从婴儿期到童年早期、童年中期、童年晚期，再到青春期，孩子的身心特点处于不断的变化之中。显而易见，5岁的儿童与2岁的儿童拥有不同的能力水平以及不同的需要。称职的父母能够不断地适应儿童的身心发展变化。孩子出生后的第一年，亲子互动的形式就逐渐开始发生变化，从强调对孩子的日常护理——喂食、换尿布、洗澡和安抚，转变为更多与日常照料无关的活动，例如玩耍和视听交流。在孩子出生后的第二年和第三年，父母通常开始了对孩子进行身体上的管教和约束，例如对孩子的恶作剧或者哭闹行为采取暂时隔离法，把易碎和危险的物品放在孩子无法触及的地方，甚至有时打孩子的屁股。然而，随着孩子渐渐长大，父母们逐渐转向另一种教导的形式，例如讲道理，进行道德教育以及给予某种行为特权作为鼓励或者限制某种特权作为惩罚等。当孩子进入小学阶段，父母更少地对他们进行身体上的处罚和限制。

父母的教养方式是幼儿行为问题影响因素研究中的重点问题。许多研究者较一致地认为，幼儿行为异常是幼儿对家庭、环境因素的反应，是父母对幼儿采取了不适当的行为方式的结果，是幼儿通过学习、模仿和投射等心理机制而产生的异常行为。父

---

①姚伟:《学前教育原理》，东北师范大学出版社2012年版。

②[美]劳拉·E.贝克(Laura E.Berk):《婴儿、儿童和青少年》(第5版)，桑标等译，上海人民出版社2014年版，第11页。

母的养育方式与儿童的学习成绩、认知发展、人格和社会性发展等关系密切[①]。具体的教养方式如表12-1所示。

表12-1　父母教养方式的类型[②]

		反应	
		高	低
要求	高	权威型：合理的要求，前后一贯；接受孩子，对孩子的需要和观点敏感	专制型：很多规矩和要求，几乎不进行解释，对孩子的需要和观点不敏感
	低	放任型：没什么规矩和要求；给孩子很多的自由，放任、纵容孩子	忽略型或非卷入型： 没什么规矩和要求；父母不参与孩子的活动，对孩子的需要不敏感

（二）父母的行为

通过前面的章节我们知道，家庭的一个重要功能是促进学前儿童的社会化。早在20世纪50年代末，研究者发现父母对子女的教养行为存在一些稳定的成分，于是开始把这些稳定的成分作为区分父母行为的维度，例如鲍姆林德等人提出的教养方式维度。随着研究的深入，区分父母行为的维度逐渐增多。张文新对此做了综述，他认为，从塑造儿童行为的角度可以将父母行为分为以下八个维度[③]。

1.敏感性

敏感性是指父母对儿童的需求给予及时、恰当和一贯的反应。敏感性要求父母能洞察和理解儿童的心理需要，能够权衡儿童的愿望与社会化目标间的关系以及儿童的愿望与父母的需要之间的关系，在此基础上对儿童做出恰当的反应。与敏感性相对的维度是忽视。

2.合作

合作是指父母为孩子创造良好的成长环境和条件，很少干扰或限制孩子活动，注重培养孩子的自主能力。在孩子需要的时候提供必要的支持和帮助。与合作相对的维度是干扰。

3.控制

控制可区分为一些子类型，如麦考比等人将父母的控制概括为：严厉控制、限制控制、要求控制、干涉控制、专断控制、过度保护控制、接受（允许）控制、忽视（放任）控制。比较有效的父母控制模式是给儿童讲道理，对规则做出解释，对儿童的惩罚既严厉又

①陈辉：《0～6岁儿童养育专家全知道：幼儿行为问题应对》，北京理工大学出版社2015年版。
②张丽锦等：《幼儿心理学》，浙江教育出版社2015年版。
③张文新：《儿童社会性发展》，北京师范大学出版社1999年版。

温情;同时父母还要控制自己的消极情感和冲动行为,注意对儿童的约束前后一致,避免强化儿童的不良行为。与控制相对的维度是自主。

4.指导

通常指父母与儿童经常围绕一些问题进行讨论和交流,在此过程中,引导孩子如何思考问题,从而形成恰当的信念、态度和价值观等。

5.奖励和惩罚

奖励包括物质奖励和精神奖励。惩罚也有两种方式:权力压制和取消关爱。权力压制是指父母对儿童的身体惩罚、身体约束以及威胁等。取消关爱是一种心理上的惩罚形式,主要包括父母对儿童表示失望、不理睬、冷漠地拒绝等几种形式。

6.父母的参与

指父母尽可能抽出时间陪伴孩子,这种陪伴方式应当适合孩子的年龄特点和发展水平,而且应该是全身心投入的、高质量的。

7.期望

指父母对儿童的发展提出积极合理的期望,这些期望是儿童通过努力能够实际达到的标准。通过这些期望,父母向孩子传递了非常重要的信息——你是有能力的人,我相信你能完成许多重要的事情。

8.成熟要求

指父母对儿童的社会性发展、认知发展和情感发展不断提出较高的要求,促进儿童发挥潜能和自我成长。

权威型教养方式通过父母的温情和控制,不断促进儿童在社会性和认知方面的发展。随着儿童年龄的增长和行为活动的变化,父母需要对自己的教养方式和教养行为做出适应性调整,因为逐渐减少对儿童的直接管教和控制将有助于儿童的进一步发展,这也与儿童的身心发展规律相关①。

拓展阅读

儿童的习惯养成

关于孩子的习惯问题,不少心理咨询师直言了一句不是很“好听”的话:“有其父(母)必有其子。”

①齐建芳:《儿童发展心理学》,中国人民大学出版社2009年版。

“孩子的坏习惯跟家长有着很大关系。”一位心理咨询师说，当孩子出现一些问题时，以往我们总是要问上一句“这孩子是怎么了”，习惯从孩子身上找原因。但其实，有许多问题的根源在父母。

“试想，大人在一边看电视，却要孩子安心写作业；大人在说谎，却要孩子说实话；大人要孩子早睡早起，自己却不按时作息；大人整日打麻将，却要求孩子不要赌博。自己做不到，孩子又怎么能做到?”

家庭是习惯的学校，父母是习惯的老师。所以，要孩子健康成长，首先必须改造父母自己的世界。也就是说，要让孩子养成好习惯，父母首先应当养成好习惯；要让孩子改正坏习惯，父母首先应当改正坏习惯。

注：李国强主编．学前教育心理原理与实践[M]．北京：北京理工大学出版社，2017.09.

二、亲子交往对学前儿童的重要性

亲子关系是儿童社会化过程中最初形成的关系，是家庭中最基本、最重要的关系，也是影响儿童发展最重要的关系之一。良好的亲子关系使成长中的孩子习得基本知识、技能、行为以及价值观，促使其成功地发展各种社会人际关系。

（一）亲子交往有利于儿童的情绪学习

父母不仅是儿童依恋的对象，还是儿童情绪学习的教导者。有研究表明：当父母在场时，儿童往往表现得更加安静、坦然、踏实，更具坚持性地完成任务。父母平时对孩子所表现的关怀、温暖、支持和鼓励，使儿童在对待周围事物的态度和行为方式中，表现出热情、乐观、谦和、待人亲切、富有同情心等一系列良好的情绪情感品质。特别是在幼年期，当儿童感到焦虑和悲伤时，父母一定要做儿童身边的安慰者和支持者，并在儿童不会处理情绪困扰时帮助儿童进行情绪调节。父母亲无论工作有多忙，都应该想办法每天抽出时间与孩子独处，进行情感上的对话和交流。如在孩子精神和身体最松弛的睡前一段时间，父母可以给孩子讲故事、念儿歌或读一些名人逸事，让孩子在潜移默化中吸收更多的知识，学会更好地理解、关心和帮助他人。另外，父母对婴幼儿的情绪情感反应要予以充分地重视和回应。如当孩子向你微笑时你也必须报以微笑，对孩子的哭叫、语言要求等要进行及时的反应，要充满情感地接触孩子，这样孩子才能和父母之间产生真正的交流。父母一方面促进了儿童对自己以及他人各种情绪的认知，缓解了当前的痛苦；另一方面，从长远角度看，也帮助儿童学会处理消极的不良情绪。

（二）亲子交往有利于儿童养成健全人格

近年来，许多研究还关注了不同亲子交往方式对幼儿人格以及社会适应性等方面的影响。幼儿时期是人格开始形成的关键期。心理学家阿德勒指出，家庭环境对幼儿人格的发展具有不可忽视的影响，在家庭中父母亲角色的表现、亲子关系、子女之间的互动等，都在以其独特的方式影响着幼儿人格的形成与发展。

在“统我”所有发展阶段中，儿童与父母的交往互动都是至关重要的。其中特别重要的就是作为情感和安全感来源的母婴联结。如果母亲或主要照顾者提供了足够的情感和安全感，那么“统我”便会得到逐步而持续的发展，儿童就会获得积极的心理成长。儿童期的动机会自由地转化为成年期自动化的“统我”追求，形成个体倾向性模式并最终使个体成为一个成熟、情绪健康的成年人。

然而，如果童年的需求没有得到满足，自我便无法健康地成长，儿童会变得没有安全感、好争斗、苛求、嫉妒和以自我为中心，心理成长就会发育不良。

（三）亲子交往有利于儿童的社会人际关系发展

人际交往既是幼儿社会学习的主要内容之一，又是其社会性发展的基本途径之一。父母作为孩子的第一任教师，对于幼儿的人际交往发展起着十分重要的影响作用。良好的亲子关系对儿童的健康成长具有重要的作用。首先，早期亲子间的情感联系是以后儿童建立同他人关系的基础。儿童早期亲子关系良好，就容易与其他人建立比较好的人际关系。其次，父母的教养态度和方式则直接影响到儿童个性品质的形成，是儿童人格发展的最重要的影响因素。例如，父母态度专制，孩子容易懦弱、顺从；而父母溺爱则容易导致孩子任性等。同时，父母的教育观念、教育方式、家庭环境与氛围、家庭的整体和谐程度等等无不影响着儿童的健康成长，影响着儿童人际交往能力的养成与提升。

（四）亲子交往有利于儿童认知能力发展

亲子交往为儿童认识周围世界、发展语言和其他认知能力创造了有利的条件。学前儿童认知能力的发展主要是在与周围环境的相互作用过程中实现的，尤其是与家庭中的父母及其主要抚养者（如外公、外婆、奶奶、爷爷）等之间的交往活动对儿童认识周围世界各方面的能力有着极为重要的影响。由于学前儿童身心发展不成熟，认知发展结构不完善等方面的原因，儿童只有在成人（尤其是父母）的帮助下才能满足其基本生理需要。儿童在与父母频繁的接触与交往中，开始注意观察周围的事物，从而锻炼和发展了他们的注意力、观察力以及各种感知能力，并为好奇心和求知欲奠定了最好的基础。如在亲子交往中，儿童能学习到大量的日常生活知识，能学会玩不同种类的玩具等。另外，亲子交往中父母对学前儿童认知行为的态度也影响到学前儿童的认知能力。例如：部分家长认为孩子是独立的个体，他们有能力独自从事一些力所能及的事情。因此，他们相信孩子的能力，让孩子独立完成一些事情。儿童在这种环境中成长，不仅自身的认知能力得到了发展，同时还培养了自信心、独立性以及良好品格。

三、现代学前儿童家庭教育的变化

（一）家教理念和家庭教养方式

传统教育观念强调"家长制"作风、权威型家长，强调在家庭教育过程中以家长的意愿为主和对儿童的高教育目标，最终导致"孩子是家长意愿的替代者""孩子是家长自己愿望的体现者""孩子的教育成果是家长强制下的产物"的传统亲子观。而目前，现代家庭教育观念中平等、民主、和谐的亲子观正在形成。有研究者对东北三省（吉林、辽宁和黑龙江）1085名幼儿家长进行的家庭教育观念调查也发现，94.7%的家长认为要"适当听取孩子的意见，满足其合理要求"，只有1.7%的家长认为"应一切听从家长安排"。同时，调查还发现，虽然幼儿家长传统教育观念中的"家长制"正在逐渐消失，平等的亲子观正在逐渐占主导，但许多幼儿家长仍缺少把儿童视为是独立个体的儿童观。例如，虽然调查发现86.7%的幼儿家长承认"家长和孩子是平等"的观点，但承认"孩子是独立个体"的家长并不多，只有11.3%，甚至有2.0%的家长认为"孩子是个人私有财产"。而且，虽然32.2%的家长承认"孩子经常对父母的教育发表意见"，48.6%的家长承认"孩子偶尔会对父母的教育发表意见"，但仍有21.1%的家长承认"孩子很少对父母的教育发表意见"。可见，平等的亲子观正在形成阶段，仍存在一些尚需改善的方面。

2005年的调查结果显示，学龄期的儿童和青少年的家庭教养方式更多倾向于"专制型"。2015年的调查结果发现，虽然"专制型"的家庭教养方式仍然占据社会主流，但专制成分有所减弱。调查发现，家长不同意孩子绝对不能顶撞老师的比例达到了近1/5；家长同意孩子上完课和做完作业后拥有自由时间的比例近一半；家长同意凡是有关孩子的事情都要和孩子民主商量的比例，超过了90%；当和孩子发生冲突时，家长们选择的解决办法以寻求妥协、双方协商或接受孩子意见等为主[①]。

---

①刘琪，杨雄：《家庭教育与儿童发展》，上海社会科学院出版社2017年版。

（二）儿童教育观

相对于强调满灌式的教育方法、“望子成龙”“望女成凤”的教育目标、“重智轻德”的教育内容的传统教育观而言，现代科学的教育观更重视教育非万能论的基础上的教育有效性、因材施教的教育原则、家庭教育和学校教育以及社会教育的相互作用论等，其教育目标、教育任务、教育方法的设立也体现出更多的“以儿童为本”“以儿童健康发展为本”的趋势。

（三）儿童观和发展观

科学的儿童观与科学的儿童发展观的形成是相辅相成，彼此互为基础的。科学的儿童观需要在全面认识儿童本质特点的基础上，遵循儿童的身心发展特点和规律以及“以儿童为本”的原则。科学的儿童发展观在科学儿童观的基础上还必须涉及三个前提条件：承认并尊重每个儿童发展的主体性，承认并尊重儿童发展的潜能，承认并尊重儿童发展的差异性。在传统的家庭教育观念中，由于受“小大人”或“儿童白板说”儿童观的影响，容易形成以家长的意愿为核心、以满足家长的愿望为基准的儿童发展观。

（四）互联网背景下的家庭教育

中国儿童中心2001年对中国少年儿童素质状况的抽样调查显示，就全体平均所花时间而言，城市少年儿童周一到周五每天平均接触四种媒介，大约花86.7分钟。其中，看电视、听广播平均为57.8分钟；阅读课外书22.7分钟；玩电脑游戏6.2分钟。周末则时间更长，大约花149.3分钟。农村少年儿童周一到周五每天平均接触四种媒介，大约花73.8分钟。其中，看电视、听广播平均为57.1分钟；阅读课外书15.1分钟；玩电脑游戏1.6分钟。周末大约花122.8分钟。社会学家已将大众传媒列为除家庭、学校同龄群体以外的影响儿童社会化的重要因素。传播学研究者指出，在儿童可塑性最强的时期，大众媒介为他们提供了现实世界的图景和各种人生理想的模型，因而大众传播媒介对儿童的影响越来越受到人们的关注①。

联合国儿童基金会所发布的《2017年世界儿童状况：数字时代的儿童》指出，全球互联网用户中三分之一是儿童，且全世界每天有超过17.5万名儿童第一次上网，而平均每半秒钟就会新增一名儿童网民。学前儿童网民是这些儿童网民的重要组成部分。在我国，新媒体正凭借着其自由、开放、共享的特性影响着各个年龄段的群体，特别是容易接受新鲜事物且身心发展尚不成熟的学前儿童。他们的生活习惯和思维方式受到新媒体的影响，这直接导致儿童文化的变革，甚至出现“童年的消逝”这种现象。抵

①方建移，何伟强：《家庭教育与儿童社会性发展》，浙江教育出版社2005年版。

制童年的消逝，家长负有重要责任，家庭教育的作用应充分发挥。

尤其是在“互联网+”的媒体时代大背景下，作为家长必须要建立与孩子共同学习的思想意识，树立起“学到老活到老”的学习意识，这样才能为孩子树立好榜样，从而有效地解决当下时代互联网给家庭教育带来的矛盾和冲击。家长可以学习一些家庭教育相关的知识，以弥补自己在孩子教育方面的知识欠缺，使自己能更好地了解到孩子成长的不同阶段的生理和心理特征，从而可以适时地因材施教，有效避免因缺乏家庭教育知识而造成的教子无方的后果。旧式家庭教育往往奉行“棍棒下面出孝子”的教育箴言，家长往往在家庭中占据很高的地位，认为孩子只有乖乖听父母的话才是“好孩子”。但是，这种教育理念下孩子很容易产生逆反心理，从而使父母与孩子的关系可能逐渐僵化。互联网时代的到来，给这一问题的解决带来了新的机遇，所以家长要更新自己的教育理念。另一方面，在绝大多数家长的理念里，认为孩子只要在上网就是在玩、在浪费时间，这进一步加大了家庭矛盾的激化。因此，在这些情况下，家长必须要转变自己的家庭教育理念，家长要明白不同时代家庭教育有着不同的内涵，家庭教育也要顺应时代的潮流才能赋予其新的生命力。只有从根本上改变了自己的教育理念，才能拉近与孩子的距离，为孩子营造一个和谐温馨的家庭环境，进而促进孩子健康快乐地成长。

在“互联网+”的大时代背景下，我们就要从互联网的角度去思考家庭教育的各个方面，把互联网的思维用在家庭教育的方式方法上。从互联网的角度去思考家庭教育，主要从两个角度去考虑，一个是从家长的角度，一个是从孩子的角度。从家长的角度去思考家庭教育，家长可以以移动互联网为依托，以手机平板为载体，在网络上随时随地地进行网络家庭教育的学习，这样家长就有足够的与教育相关知识的储备，从而在教育孩子时可以得心应手。另一方面，家长可以通过互联网随时与学校沟通，随时掌握孩子最近的学习状态以及孩子平常的作业是什么。从孩子的角度来看家庭教育，孩子可以利用网络获取更为便捷、及时和丰富的知识。因此，在“互联网+”的大时代背景下，家长要善于利用互联网的优势引导孩子共同构建互联网思维，从而创造出一种顺应时代的家庭教育方式。

第二节　同伴与学前儿童的发展

案例探讨

情境1：拉里坐在地板上，伯尼转过身看着他。伯尼挥着手，嘴里说道“da”，然后仍旧看着拉里。他重复发出了三遍这样的声音，拉里笑了。伯尼又发出了这样的声音，拉里又笑了。这样的事情重复了12次之多，然后伯尼走开了。

情境2：周末，四岁半的牛牛带着他的植物大战僵尸玩具来到了小区广场，开始玩小玩具，过了一会儿，跑过来几个小朋友，一起玩起了植物大战僵尸的玩具。牛牛给他们介绍玩具怎么玩，他们玩得很开心。

同伴关系对儿童有什么样的意义和价值？

［美］戴维·谢弗：《社会性与人格发展（第5版）》，陈会昌等译，人民邮电出版社2012年版。

当涉及教育、纪律、责任、秩序、慈善性以及与权威人物互动的方式时，父母就更为重要了。同伴对于学习合作、创造同龄人群之间的互动方式更为重要。人们大多数都愿意接受与自己年龄相仿、兴趣爱好一致或是知识背景相类似的朋友所提出的建议。尤其在一些敏感话题上，其更愿意采纳同伴所提出的意见。而学前儿童同伴教育就是借助这一特征对儿童进行教育。为了确保同伴教育能够顺利进行，有关人员需要对影响力或号召力较强的儿童进行有针对性的教育培训，使其具有较强的知识与技能后让其向周围儿童进行知识与技能的传播，或是向更为宽泛的范围传播，进而实现教育的目的。

此时，他们没有大人的拘束，可以更加大胆完美地表现自我，他们与自己兴趣相同、年龄相近的儿童互相游戏，他们之间的氛围是轻松愉悦的，他们在这种没有大人束缚和约束、没有强迫服从的情况下，可以更好地发挥自己的优势，表达自己的想法。他们与同伴在一起自由畅玩，做自己想做的事情。同伴交往关系是一个儿童自我优势的体现，是学前儿童踏入社会的最初表现能力，是他们适应社会发展的第一步，也是他们人生观的建立之基。

一、同伴关系对学前儿童的影响

儿童建立积极的同伴关系可以让幼儿在社会上获得价值、技能以及对社会的认知，帮助儿童人格得到健康的发展；而不良同伴关系容易让儿童的性格变得孤僻、冷漠、压抑等，从而导致儿童产生严重的心理障碍，使儿童很难适应社会、严重的时候还会出现反社会行为。社会价值的获得和社会的认知以及健康的人格离不开幼年时期积极的同伴关系的建立。

拓展阅读

想想同伴的力量

1. 不喜欢吃某种食物的学龄前儿童如果和一群喜欢这种食物的孩子坐在一起，他们通常会吃这种食物。

2. 孩子们在家里听到一种口音的英语，在邻居和学校听到另一种口音的英语，他们一定会模仿他们的同伴，而不是他们的父母的口音。一个地方的口音（和俚语）反映了地方文化，“孩子们从他们的同伴那里获得文化。”

3. 有个小孩，调皮好动，很有主意，入托之前，一家人使出浑身解数，也没办法阻止他哭闹，更令人心痛的是：这个小孩在幼儿园不吃饭不睡觉。别的孩子吃完饭，个个睡觉了，而他既不吃饭，又不睡觉，弄得家长束手无策。一天，一家人带他去植物园游玩，植物园里人很多，孩子也多。家长趁机让他与已上幼儿园的同龄小朋友接近。有个小朋友很自豪地告诉他：幼儿园里有很多好玩的，滑滑梯、荡秋千；幼儿园里老师可棒啦！教我们唱歌、跳舞、做游戏，我还得了几朵小红花，幼儿园可好啦！

从那以后，这个小孩进幼儿园不哭不闹，每天从幼儿园回来总是缠着要表演一天所学，尤其是得了小红花总免不了邀功。空洞的说教不如示范的力量，这对婴幼儿同样有效。

（一）同伴交往

1. 同伴交往有利于幼儿学习社交技能和策略

在同伴交往中，学前儿童运用微笑、请求表示邀请等，从而尝试学会社交技能和策略，并随时根据对方的反应进行调整，使之不断巩固、熟练和恰当。在幼儿的交往过程中，同伴的反馈往往非常直接而坦率，当学前儿童做出的友好、合作、分享等积极行为时，同伴便会相应地做出肯定的反应。当学前儿童做出独占、抢夺、打人等消极行为时，则同伴相应地做出否定、拒绝、讨厌的反应。这种丰富、直接的反应有利于儿童社会行为向积极的方向发展。

2. 同伴交往有利于同伴之间的相互社会化

在与同伴的相互作用中，儿童可以更直接地与同伴平等地进行思想交流，并获得同伴的期待和强化反应，因而更容易形成社会行为和态度；通过与同伴的相互作用，逐渐培养起沟通与合作的技巧。

3. 同伴交往成为儿童积极情感的重要后盾

观察发现儿童在与同伴交往时经常表现出更多的愉快、兴奋和无拘无束的交谈，并且能够更轻松、更自主地投入各种活动。同时，良好的同伴关系也能成为儿童的一种情感依赖，对儿童具有重要的情感支持作用。不少研究发现，当儿童处于困境，比如有危险、遇到困难、受人欺负时，同伴的帮助往往是其摆脱困境，情绪恢复平静、愉悦的有效途径。所以，同伴是儿童获得情感和社会支持的重要来源。

4. 同伴交往有助于促进儿童认知能力的发展

在同伴交往中，不同的孩子带有各自不同的生活经验和认知基础，他们在共同活动中也会做出各不相同的行为表现，即使面对同样的玩具，也可能玩出不一样的花样，可见同伴交往可为儿童提供分享知识经验、互相模仿、互相学习的重要机会，有助于幼儿丰富知识、发展自己的思维、提高操作和解决问题的能力。

5. 同伴交往为幼儿自我意识的发展提供有效基础

同伴交往为儿童进行自我评价提供了有效的对照标准。儿童在交往中做出的不同行为，往往会得到同伴的不同反应，如打人常招来同伴的逃避、厌恶，而微笑则会换来友好。从同伴的不同反应中，幼儿可以了解自己行为的好与不好，又可以认识到自己的行为与他人的关系，并从而进行调节、控制自己的行为。

（二）友谊

在同伴交往早期，儿童们常常三五成群地聚集在一起，形成同伴团体。虽然同伴团体提供给儿童更大的社会结构，但是亲密的一对一的友谊则使得信任和敏感性得到发展。在学前期，友谊是一种特殊类型的同伴关系和依恋关系，它在儿童社会化过程中起着非常重要的作用。心理学家将友谊界定为：友谊是两个个体之间的一种相互作用的双向关系，而非简单的喜爱或依恋关系；友谊是一种较为持久的稳定性关系；友谊是以信任为基础，以亲密性支持为情感特征的关系。友谊是建立在共同兴趣、共同利益的基础上的持久的个体间的相互关系。友谊关系是以个体为指向的双向结构，反映的是个体与个体之间的情感联系。

在友谊关系中，儿童相互喜欢彼此的个性，并且对相互的需求和欲望做出反应。一旦友谊形成，信任(trust)成为其定义性特征，学前儿童良好的友谊基于和善的行动，意味着每个人可以被信赖来支持另一个人。幼儿的友谊始于幼儿进入集体生活。3到5岁幼儿为“暂时性的游戏伙伴”关系；6到9岁儿童认为朋友是干一件事让你高兴的人；9到12岁的儿童意识到友谊是互惠的；12岁左右的儿童把友谊看作是“持久的共享”的关系，强调共同的兴趣和个性。一般来说4岁左右的幼儿开始比较多地关注朋友和友谊。在幼儿阶段，友谊关系还仅限于游戏中的相似或相近的特征；限于单方面的帮助，以朋友帮助和喜欢为特征。友谊在儿童社会化发展过程中具有重要意义，而没有朋友则会导致许多不良后果。没有朋友的儿童可能会有更多的情感问题，观点采择能力滞后，较少利他性，在一些社会技能上，如加入群体、合作游戏和处理冲突等方面有缺陷①。

(三)同伴接纳

同伴接纳(peer acceptance)指的是可爱度——即一名儿童被一群同龄人，例如同学，视作有价值的社会伙伴的程度。与友谊所不同的是，它不是一种相互关系。相反，它是一种单方面的看法，涉及群体对个体的看法。然而，某些对友谊起作用的社会技能也能增强同伴接纳。因此，被较好接纳的儿童有更多的朋友并且有着更多的积极关系。

研究者们通常使用被称为社会测量技术(sociometric technique)的自我报告法，来评估同伴接纳。根据儿童被同伴接纳的程度，可以把学前儿童的同伴交往分为四种类型：受欢迎儿童、被拒绝儿童、一般儿童和被忽视儿童②。

从发展的角度看，在4到6岁范围内，随着儿童年龄增长，受欢迎儿童人数呈增多趋势，而被拒绝儿童、被忽视儿童人数呈减少趋势。在性别维度上，在受欢迎儿童中，女孩明显多于男孩；在被拒绝儿童中，男孩显著多于女孩；而在被忽视儿童中，女孩多于男孩。影响学前儿童同伴交往的因素有很多，主要有儿童自身的因素和外在因素两大方面。(1)学前儿童自身的因素。学前儿童的行为特征影响同伴交往。研究发现，影响儿童同伴交往的主要性格特点有：是否友好、帮助、分享、合作、谦让、性子急慢、脾气大小、活泼程度、爱说话程度、胆子大小等。例如，受欢迎的男孩亲社会行为较多，而攻击性行为较少；被排斥的男孩是攻击性比较强、过度活跃等。学前儿童的外表也会影响同伴交往。在婴儿时期，儿童就开始显示出对身体外部特征的偏好。对于年幼儿童

①施晶晖：《学前儿童社会性教育：兼论儿童职业意识培养》，中国科学技术大学出版社2010年版。

②[美]劳拉·E.贝克(Laura E.Berk)：《婴儿、儿童和青少年》(第5版)，桑标等译，上海人民出版社2014年版，第11页。

来说，外表是影响同伴交往的一个明显因素。幼儿园的孩子更喜欢和那些长得漂亮、穿得漂亮、干净整齐的孩子一起玩。有研究发现，相较于男孩，漂亮在女孩的同伴接纳中占有更重要的地位。(2)外在因素。外在因素包括教师因素和家庭因素。学前儿童在教师心目中的地位如何，会间接影响到同伴对他的评价，在同伴中的评价标准出现之前，教师是影响儿童最强有力的人物。此外，家庭教养方式、排行、性别、年龄等也会影响同伴关系①。

二、学前儿童同伴交往的意义

(一)有利于促进学前儿童语言表达能力和思维逻辑的提高

在幼儿之间交往的时候会出现吵架、矛盾等问题，这时候教师或家长不用急于上前制止，更不用以命令式的口吻帮助孩子做选择。因为幼儿本身能很好地处理同伴间的争吵，可以发现没过多久他们又能开心地一起游戏。而在此期间幼儿需要强迫自己去理解和明确他人的情感、愿望、想法，在这期间学会处理自己与他人观念的差别，利用自己的能力处理自己与同伴之间的关系。

(二)有利于提升学前儿童的自信心

幼儿在角色游戏时，可以尽情地模仿成人进行社会生活和劳动。在与同伴进行活动交流的过程中将自身最好的一面展示出来，用自己的方式让他人接纳自己的想法，这种方式提升了幼儿在群体交往过程中的自信心和与他人主动交往的能力。

(三)有利于学前儿童形成良好的品德习惯

游戏中经常会发生不遵守游戏规则或者破坏游戏规则的行为，学前儿童一旦做出这些行为，同伴便会疏远他，不再愿意与他一起游戏。这时的他一定会去寻求教师的帮助，而教师要做的就是带他看看别人是怎么游戏的，让他认识到自己的错误比批评管用。这时他会开始模仿同伴进行游戏，那些远离他的同伴也一定会再次愿意与他一起游戏。

三、提升学前儿童同伴交往的策略

现阶段儿童常见的同伴关系类型主要有受欢迎型、被拒绝型、被忽视型以及一般

①刘万伦:《学前儿童发展心理学》第二版，复旦大学出版社2019年版。

型,每种关系类型在交往过程中都具有鲜明的行为特征。教师想要在教学过程中有效地提升幼儿的同伴交往能力,需要充分了解不同类型的行为特点,从而在教学活动的设计、教学情境的创设、专项情感的教学过程中进行有针对性的培养。

(一)开展游戏教学活动,激发幼儿交际兴趣

"喜欢做游戏"是幼儿突出的性格特点,教师可以充分利用这一性格特点,结合幼儿的认知特点以及生活环境,开展内容丰富的游戏活动。在轻松、愉快的氛围下,培养不同关系类型幼儿的交往兴趣。

"家"是最能够给幼儿带来"安全""温暖""欢乐"等感受的地方。因此,教师可以以"家"为核心,开展"过家家"主题游戏活动,根据幼儿的关系类型,让其扮演不同的角色。例如,让受欢迎型幼儿扮演"热情好客的妈妈",利用其热情、积极交往的性格特点,带动和感染参与游戏的其他幼儿,全面培养幼儿的交往兴趣。

随着幼儿交往能力及认知经验的提升,可以逐渐增加游戏活动的内容,并将情境范围扩大,增加"超市""医院""学校"等游戏场景,为不同交往类型的幼儿提供更多的扮演角色。例如,让不喜欢交往或喜欢独处的、被忽视型的幼儿扮演"医生"或者"教师"这类需要主动与他人进行沟通的角色,通过设置不同的游戏任务,培养其交流兴趣与能力。

又如,被拒绝型幼儿往往因为采用错误的交往方式而被其他小朋友拒绝和排挤,在没有意识到自身问题的情况下,这类幼儿通常表现出过激性交往行为。此时,可以让其扮演"教师"管理游戏活动,教师则模仿这位幼儿日常与人交往时的言行举止。通过这种"角色互换"行为,被拒绝型幼儿能够清楚意识到自身交往过程中存在的问题,并在教师的正确引导下,形成良好的交往方式,从而显著激发交往兴趣。

(二)创设多种教学情境,营造幼儿交流空间

语言交流是人与人之间交往的重要基础,创设主题讨论的教学情境,能够有效增进幼儿间的语言交流,为培养幼儿交往能力奠定良好基础。教师可以结合幼儿的生活环境和兴趣爱好,将幼儿经常接触的小事利用课堂教学和社会化发展这条线索串联起来,在日常教学过程中定期开展主题讨论这个教育环节,为幼儿营造良好的语言交流空间。

例如,以"我最喜爱的食物"为讨论主题,通过"传统节日美食""最喜欢的味道""最讨厌的味道""生活中的美食"等话题,教师与幼儿一起分享对食物的想法。这种主题讨论教学环节具有以下教育优势:一方面,讨论的主题都是幼儿感兴趣的事物,能够充

分激发大部分幼儿的讨论兴趣，有利于引导被忽视型和一般型幼儿进行语言交流；另一方面，讨论的主题多为幼儿日常生活中的事物，每个幼儿对讨论话题都足够熟悉和了解并且可以形成独立的见解，可以使讨论过程中幼儿“有话可说”“有感可言”，有利于活动的顺利开展。

在创设主题讨论情境的基础上，教师可以对情境进行优化和延伸，利用多媒体教学设备，创设“沉浸式”“探索式”主题教学情境，为幼儿交流营造更为广阔的空间。

（三）进行专项情感教学，锻炼幼儿的情感体验

情感体验能力存在差异性，是幼儿形成不同交往类型的主要原因。因此想要有效提升不同交往类型幼儿的交往能力，必须进行有针对性的专项情感教学。现阶段最常见的情感教学手段主要有“表情识别”“移情训练”“共享感受”。

“表情识别”教学主要是让幼儿通过脸上的不同表情，结合自身日常生活经验，判断出表情所表达出的情绪状态，从而提升幼儿各种情感的面部表达能力以及通过表情感知他人情绪状态的能力。如通过“表情——情绪连连看”的游戏教学环节，能够帮助幼儿快速掌握不同表情代表的情绪状态，有效培养幼儿对“愤怒”“快乐”“害怕”“悲伤”“厌恶”等常见情绪的感知能力。通过观察和交流，能够发现，许多被忽视型幼儿内心也很想与他人进行交往，但由于无法从对方表情上准确判断对方情绪，导致其对交际始终存有恐惧心理。通过上述教学活动，能够有效提升该类型幼儿的情感感知能力，帮助建立同伴交际信心，有效提升交际能力。另外，很多幼儿由于缺乏良好的情绪面部表达能力，在同伴交往过程中不能准确表达内心情绪，导致想法不能被对方理解，最终形成“被拒绝型”“被忽视型”的交往性格。针对这种情况，教师还可以通过“做鬼脸”游戏教学活动，有针对性地培养幼儿通过表情准确表达情绪的能力，从而提升其交往能力。

“移情训练”对于培养幼儿和谐交往能力具有重要的促进作用。被拒绝型幼儿在与同伴的交往过程中，普遍存在野蛮加入、武力抢夺、大吼大叫、肢体冲突等行为，移情训练正是培养这类幼儿正常交往能力的重要手段。通过引导被拒绝型幼儿细心观察同伴情绪，产生情绪上的共鸣，从而激发和谐交往的意识，进而有意识地控制交往过程中的攻击性行为。在实际教学过程中想要让幼儿设身处地地感受同伴的情绪和思想并不容易，需要教师通过“角色互换游戏”“童话故事表演”等形式，逐渐进行引导和培养。

“共享感受”指的是通过创设情感分享教学活动，引导幼儿与同伴分享自身情感感受，通过建立情感共鸣，培养同伴交际能力。例如，定期组织“玩具分享交流”活动，鼓

励幼儿将自己喜爱的某一样玩具带到学校来,与同伴一同分享玩具的乐趣。不同交往类型的幼儿会在活动中表现出不同的状态;受欢迎型幼儿会积极带来喜欢的玩具并与同伴分享;被拒绝型幼儿可能会抢夺感兴趣的玩具;被忽视型幼儿普遍会紧紧地握着自己的玩具,害怕被他人抢走。此时教师要根据学生表现出来的状态积极引导,可以鼓励受欢迎型幼儿主动与被忽视型幼儿进行互动,改变其紧张、恐惧的交际心理状态;也可以指导被拒绝型幼儿正确的交际方法。通过上述活动,能够让不同交往类型的幼儿,切身感受到“分享”“交际”所带来的乐趣,从而形成主动交际的意识。

第三节 幼儿园与学前儿童的发展

幼儿园又称作幼稚园，说明幼儿园本质上是让幼儿初步认识世界的地方，是幼儿一起快乐玩耍的场所，是幼儿充分释放天性的地方。幼儿园是3—6岁阶段幼儿接受教育的主要场所，在幼儿园的学习能够启发幼儿思维，提高幼儿的认知能力，促进幼儿的全面健康发展。

一、幼儿园教育的重要性

幼儿教育工作是未来社会发展的基础与民族发展的前提，幼儿园教育是幼儿教育的重要组成部分，对幼儿的成长与发展具有重要的意义。在幼儿的成长与发展过程中，幼儿园教育能够为幼儿创造良好的成长与发展环境，满足幼儿的成长与发展需求。

首先，父母的知识有限，不可能在各个方面都能给予孩子很好的教育与引导，必须要有更专业的人来共同教育孩子，因此，幼儿园是最好的选择。通过教育可以弥补儿童遗传素质的不足，教育也可以利用儿童某些遗传素质充分发展儿童的智力和才能。

其次，人是具有社会性的，一个个体想很好地生存在这个社会上，就必须要与外界接触，学习与人相处、交往的能力。然而，家庭却不能很好地提供这样的场所，幼儿园是必需的选择，孩子们年龄都相差无几，相处起来容易。如果社会生活环境的影响同教育方向一致，则教育就可以利用这种影响加强儿童在这方面的心理发展。反之，教育亦可抵消这种影响。

再次，幼儿园有严格的规章制度，对于培养孩子的道德法治观念，都是很有用的，然而家庭却不能很好地解决这个问题，很多家庭都没有严格的家庭规则。要使儿童的心理得到健全的发展，只有通过有目的、有计划、有系统的教育，才能把这种愿望变成现实。从这个意义上说，幼儿园教育是儿童成才的主要途径。

二、幼儿园教育管理发展的对策

（一）建立符合幼儿发展特征的教学模式

幼儿园应顺应时代和科学的发展需要，建立一套符合本园区的教学模式。幼儿园管理者和教师应充分认识学前教育的目标，了解幼儿身心发展的特点，在满足幼儿发展需求的基础上，应该贴合实际来设计教学内容，为幼儿各方面的发展提供教育环境；发展和创新教学方法，利用多元化的教学手段，增强教学活动的趣味性；完善教学组织和管理策略，加强教学互动；定期开展教学活动的评价，以过程性评价为主，以终结性评价为辅；在此基础上开展教学活动反思，针对教学活动中出现的关键问题进行讨论，不断改进和完善教学方法，提升教学质量。幼儿园开展教学活动，应始终以幼儿为中心，创造良好的游戏与教学环境，促进幼儿的身心健康发展。

（二）建立适合幼儿成长的教育理念和教育环境

很多幼儿园都存在“小学化”倾向，“小学化”倾向是在家长的错误观念以及市场经济的驱动下产生的。树立正确的教育理念需要得到家长的理解、社会的支持。

首先，幼儿园应通过各种渠道向家长宣传正确的教育理念，帮助家长了解3—6岁幼儿的学习特点，引导家长转变观念。

其次，幼儿园应开展家长学校，向家长、社区倡导正确的教育观念，阻止不正确的教育思想的传播。

再次，幼儿园可以开展课后延时服务，利用幼儿园资源，开设适合幼儿年龄特点的特色活动，既有利于幼儿成长，又解决了家长的后顾之忧。

（三）加强家园、社区融合的心理健康教育

首先，幼儿园应定期开展心理健康教育，针对不同年龄的幼儿开设心理健康课程，建议以游戏的形式开设，教育内容应贴合幼儿实际。

其次，幼儿园应加强和家长的沟通，向家长宣教关于幼儿心理发展的知识，将幼儿园心理健康教育与家庭心理健康教育相结合。幼儿园和家长应注重对幼儿异常心理状态的识别，及时帮助幼儿走出负面情绪，对于长时间出现异常心理状态的幼儿，应该及时寻求专业心理专家的帮助。

最后，幼儿园心理健康教育不仅仅是开展有针对性的心理课程以及加强和幼儿家长的沟通，还要结合幼儿的心理发展特点完善教育体系，由政府、幼儿园、家长共同努力为幼儿心理健康发展创造良好的环境①。

①闫萍：《幼儿园教育管理的问题及发展对策》，载《教育界》2021年第33期。

三、幼儿发展对幼儿园环境的要求

幼儿的成长离不开环境，环境对幼儿发展的影响是极其深远的。科学地营造幼儿园环境，有利于让环境对幼儿进行形象、生动、直观和综合的教育。环境是通过潜移默化的方式对儿童产生影响的，这种影响是深刻而持久的。同时，幼儿园环境的创设反映了教师或者家长的价值观以及他们所预期的学习效果。在不同的教育理念下所创造出来的学习环境是不一样的。在一间教室里，如果桌椅摆放整齐，教具都放置在高高的橱柜中，墙上只有一些名人名言，那我们可以认为这是一个以“教师为中心”的环境。相反地，另一种以儿童为导向的理念所创设出来的学习环境，呈现的将是另外的一种面貌。

幼儿发展是和周边环境相互作用的，好的环境对于儿童的身心发展带来的积极作用也是显著的。对于幼儿教育而言，环境也是重要的教学资源，借助环境创设和有效的应用，可以更好地开展学前教育，促进孩子成长发展。学前教育纲要规定在学前教育活动开展中，要积极开发相关教育资源，创设和教育相适应的环境，有效实现教育价值的最大化。这对于幼儿的身心健康发展意义重大。因此，需要在幼儿园建设中，设计科学的园区环境，创设多样化的教育氛围，这是奠定学前教育的重要基石。

（一）创设亲切、温馨的幼儿园环境

幼儿尚处于心理发展的不成熟时期以及分离焦虑期，他们刚刚离开父母，还未摆脱对于父母在身边的依恋，幼儿哭闹是一种恐慌、无助的表现，幼儿需要适应环境的时间，任何的急于求成都将适得其反。只有找到适宜的方法，用耐心、细心、诚心、爱心滋润幼儿的心田，给幼儿的心灵供暖，师生间建立起亲密的伙伴关系，才能使幼儿逐渐摆脱对父母的依赖。此时，教师亲切的话语、充分的爱抚和真诚的微笑都能带给幼儿心理的慰藉，使幼儿深切地体会到短暂离开家以后的温暖和关爱。环境的创设要以安全为先。

1. 空气质量

设计环境时，我们首先必须关注的就是教室的空气质量问题。如果空气质量差，这有可能导致幼儿长期或者短期的健康问题。幼儿的新陈代谢快并且又比较好动，他们的呼吸频率也就相应地更快，通常也会比成年人呼吸更多的空气，因此他们相应地也会受到更多的不利影响。

2. 材料安全

教室里的玩具材料可以有效地提升儿童的认知、情感和社会性的发展。幼儿园应该配置数量充足、种类多样的玩具和图书以及可供儿童摆弄和操作的各种材料。提供

给儿童的玩具应该符合玩具安全的国家标准。另外，根据国外的相关研究，安全的玩具需要符合以下的四个条件：制作良好、不尖锐、没有碎片，使用无毒无铅颜料装饰美化，不易破碎，容易清洗[①]。

此外，由于儿童常常将玩具或者材料放进嘴里，因此教师需要每日对玩具和教具进行安全检查和消毒。这一工作对于保证儿童安全以及预防儿童疾病等方面发挥着关键的作用[②]。

（二）组织丰富多彩的教学活动

学前教育教学活动能够增强儿童学习兴趣、开发儿童智力，还能培养儿童的良好习惯，其中具有代表性的是游戏教学活动。游戏是幼儿普遍喜爱的活动，游戏不仅带给幼儿快乐，而且是帮助幼儿按自己特有的模式去发展的有价值的活动。游戏对于幼儿的身体、认知、社会性和情感的发展具有积极的促进作用。但是，游戏在促进幼儿心理发展上的良好作用，绝不是自然而然就实现的，而是跟成人，特别是与教师的正确组织和指导分不开的。

教师在组织各种活动时要一切从幼儿的年龄特点出发，结合幼儿的实际水平和个体差异因材施教，在日常活动中抓好一日常规的培养，在活动中不断渗透心理健康教育，促进幼儿心理健康发展。

（三）创造和谐、平等的师幼关系

教师是幼儿心理健康的维护者。在平等的师幼关系中，教师通过不断满足幼儿的合理需要，使其形成良好的个性特征，进一步稳固幼儿心理因素的健康发展。例如，当一个幼儿真实地感受到，教师随时都会像妈妈一样密切地关注着他，能够及时地帮助他解决各种难题，无微不至地照顾他，以满足其不断变化的心理需求。那么，这个幼儿很快就会对教师产生一种依恋的情感。积极的情感依恋有助于幼儿形成积极愉快的情绪，并对幼儿自信心和自尊感的发展有着积极影响。同时，与教师交往中获得安全感的幼儿往往对同伴也更友好，更爱交往，更容易为同伴所接受，更拥有健康的心理[③]。

---

①郭力平、吴龙英：《早期教育环境创设》，华东师范大学出版社2019年版。

②刘天福：《三门峡医疗、托幼机构室内卫生质量影响分析》，载《河南预防医学杂志》2004年第3期。

③陈青青：《幼儿园教育环境对幼儿心理发展的影响》，载《小学科学（教师版）》2018年第4期。

第四节　文化与学前儿童的发展

儿童一出生就处于特定的文化氛围中，文化构成了儿童生长发展的宏观背景。文化的定义是相对于经济、政治而言的人类全部精神活动及其产品。具体人类文化内容指群族的历史、风土人情、传统习俗、生活方式、宗教信仰、艺术、伦理道德、法律制度、价值观念、审美情趣、精神图腾等。文化对人的影响，具有潜移默化、深远持久的特点，一般不是有形的、强制的。世界观、人生观、价值观是人们文化素养的核心和标志。一个人的世界观、人生观、价值观是在长期的生活和学习过程中形成的，是各种文化因素交互影响的结果。每一个人都生活在一定的文化环境之中，都在不知不觉中受到文化的影响。

人之初，起性原善；习近恶，而性渐远。天真活泼的孩子们，人生的起端就像一张白纸，我们作为成年人、老师、教育家所生活的自然环境、周边人群以及目前信息爆炸的现代社会，到底给孩子一种什么样的引导教育和信息认知，这对孩子的一生尤为重要！

现在的孩子，是生活在一个物质和精神都非常丰富而又复杂的时代。现代社会下的体制教育，有着各种各样的文化泉涌而出，如：电视文化、网络文化、多元文化等交互，对孩子的身心成长都起到一定的作用，文化是儿童间接认识社会实践的一种特别方式。那我们该如何让优良文化伴随儿童成长呢？

一、文化的定义

关于文化的定义，角度不同看法也不同。英国泰勒（Tylor，1871）在《原始文化》中提出的文化定义为："文化是一个复杂的整体，包括知识、信仰、艺术、道德、法律、习俗以及作为社会一分子所获得的任何能力与习惯。"我国现代辞书如新编《辞海》中文化定义有广义与狭义之别。广义的文化指人类社会历史实践过程中所创造的物质财富和精神财富的总和；狭义的则指社会的精神文化，即社会的价值观念、思想道德、科技、教育、艺术、文学、宗教、传统习俗及其制度的复合体。从文化对人的精神文明作用、文化对教育影响的角度来看，文化包括3个方面：人类社会在一定的物质资料生产方式基础上创造的精神财富及其成果；传播这些精神财富的活动及其手段；一定时代与社会中各民族或阶级在长期的社会实践中形成的群体特性、传统、风俗习惯、行为方式等，它具有地域性、民族性和阶级性。这些方面既反映文化的历史沉积，又蕴含着创造新文化的潜力①。

中华文化具有丰富的思想内涵。中华文化是指中华民族在长期的历史发展过程中创造的优秀文明成果的总和。它是中华民族精神的体现，是中华民族凝聚力的纽带，是中华民族共同价值观的载体，是当今中国国家软实力的象征。它包括中国优秀传统思想文化形态，也包括丰富多彩的文化艺术形式。文化具有认知、教化、审美、娱乐、传承、塑造等功能，是构建和谐社会的春风雨露。

二、中华文化教育对学前儿童的意义

（一）有利于激发爱国主义情感

中华文化教育可以促进幼儿爱国主义精神的培养、民族精神的培养、民族文化传承以及道德品质和审美能力的提升，探索幼儿各方面教育建设的新方法、新形式，开拓幼儿教育建设的新途径，从而促进幼儿形成正确的人生观、价值观、道德观、世界观，把幼儿培养成社会主义事业的建设者和接班人。通过中华文化教育，幼儿可以丰富中华文化知识上的认知，理解其丰富的内涵，了解中华民族博大精深、源远流长的优秀文化。为幼儿在以后学习和生活中培养民族情感、理想信念和爱国激情奠定良好的基础。让幼儿了解传统的礼仪、节庆的文化，不仅保护和传承了中华文化，更重要的是让幼儿体会到了中华民族以爱国主义为核心，团结统一、爱好和平、勤劳勇敢、自强不息的民族精神，有利于幼儿增强民族认同感、归属感，并激发幼儿强烈的爱国主义情感。

（二）有利于提升审美能力

中国传统民间艺术和手工艺品，是中华文化的具体表现形式，蕴含着极高的艺术和审美价值。充分运用家庭、学校和社会等一切资源，引导幼儿感受祖国文化的丰富多彩，激发幼儿的爱国爱家之情。

中华文化贴近生活，形式多样，有利于幼儿审美能力的提升。幼儿在不断的学习和熏陶中，其积极性和创造性被极大地调动起来，激发起主动联想创造，形成自己的审美价值观，使幼儿审美能力得到进一步提升。通过对中华文化不同形式、不同风格、不同题材的教育，不但能够充分发挥文化的审美教育价值，提高幼儿的艺术修养，而且通

①邱云：《文化生活与幼儿园课程》，载《江苏教育学院学报（社会科学版）》2002年第6期。

过寓教于乐，使幼儿萌发对中华文化的兴趣，初步形成感受形式美和意境美的能力，从而开阔幼儿艺术审美的视野、提高幼儿的审美能力。

（三）有利于培养创新精神

面对新情况和新问题，我们需要在保护和传承中华文化的进程中打破旧的模式，进行创新。创新需要积极的探索，也需要有深厚的文化积累。根据幼儿的年龄特点，组织更易为幼儿所接受的教育活动，是放飞幼儿想象的大好园地，是培养幼儿创新精神的有力手段。

幼儿期是人的成长历程的关键时期，幼儿的价值观和认同感都尚未形成，处于容易塑造的阶段。这一时期是培养民族认同感、陶冶幼儿爱国主义情感的重要时期。中华文化教育是培养幼儿民族精神、传承民族文化、发展创新精神、提升幼儿审美能力的有效方式。幼儿作为生活于社会中的个体，必须了解自己祖国的文化，热爱祖国的文化。中华文化教育具有历史传承价值、艺术审美价值、科学认识价值。对幼儿进行中华文化教育不仅能够培养幼儿的价值观和认同感，而且能够培养幼儿的创新精神[①]。

三、中华文化教育的实施途径

（一）在手工活动中实施中华文化教育

手工活动即运用各种手工工具和材料，如剪刀、尺子、胶水、纸、泥巴、橡皮泥、石头、竹片、果壳、木块等物品，通过剪、粘、刻、织、捏、折等方式，用一些素材塑造一个完美的形象。广博的中华文化中蕴藏着许多古人留给我们的宝藏，他们凭借自己的智慧创作、传承给我们丰富的手工艺术，这些手工艺术融入我们生活的各个角落，使得我们的世界更加美丽多彩。学前教育工作者应从这些丰富的手工艺术中寻找一种容易被学前儿童接受的切入点与方式，寓教于乐，锻炼儿童的动手操作能力和创造能力，同时在手工活动中对儿童实施中华文化教育。例如，开展一次脸谱制作手工比赛，给儿童普及中华文化中脸谱的相关知识和文化典故，告诉儿童不同颜色代表不一样的人。然后问孩子们，他们喜欢什么颜色的脸谱，想成为什么样的人，让孩子们自由发挥想象制作脸谱，小小脸谱传承大文化。

（二）在美术欣赏活动中实施中华文化教育

学前儿童美术素养的提高来源于其美感的逐步升华，而学前儿童美感的形成与提

---

①付晓莉：《幼儿园中华文化启蒙教育现状、问题及对策研究——以济南市部分幼儿园为例》，山东师范大学。

升则是在感受和欣赏美术作品、自然景物和生活的美好事物中逐步发展起来的，在感受形式美和内容美中丰富审美经验。中华民族历史悠久，积淀了许多优秀的美术作品，教师可以从丰富的中华文化中选取适合儿童身心发展的优秀作品，借以促进儿童的健康发展。教育工作者选取的美术作品应符合学前儿童的年龄特点、心理发展阶段。结合所处地域的美术文化遗产如民居建筑、工艺美术等进行美术教学，这有助于激发儿童兴趣，提高教学质量，而且对地方美术文化的保护、传承、发展也有着特别重要的意义。由于地域美术欣赏有天然的文化互动场，通过文化环境的耳濡目染和民俗活动的真实体验，学前儿童能够轻松地感知地域美术张扬的生命热情和自由无拘、质朴率真的艺术气质，同时有助于构建学前儿童文化的主体性，为他们今后步入更广阔的天地，尊重和接纳世界多元文化打下坚实的基础。

（三）在日常生活中渗透中华文化教育

在日常生活中，可将中华文化教育渗透到学前儿童一日生活中的各个环节，使儿童从一点一滴中感受中华文化的多彩。

在玩中学习传统游戏。在组织儿童玩游戏时，要有意识地把民间游戏渗透在游戏中。如进行体育游戏时，我们可以和儿童跳房子、跳飞机、丢手绢、吹泡泡、放风筝等，使儿童既体会到传统游戏的快乐又丰富了运动技巧，有效地发挥了身体运动的潜能。

在生活中学习传统文化经典。吃饭前、午睡前、离园前等时间也可以对儿童进行中华文化的熏陶。如：猜谜游戏、手指游戏、说童谣《排排坐》《小黄狗》《颠倒歌》等。讲童话传说、美德故事等，使传统文化渐渐影响学前儿童，从而陶冶儿童的情操。

在探究体验中学习民间工艺。中国传统的民间工艺，反映了中华儿女的聪明才智，是人类文明的结晶，民间艺人的慧心巧手令世人惊叹，是人类宝贵的文化遗产。为了让学前儿童了解、学习、传承这些传统工艺，我们可根据儿童的兴趣，有选择地把这些工艺重现在生活中。如："民间剪纸""绣花""捏泥人""写毛笔字""画中国画"等活动区域，让孩子通过多种材料、多种艺术表现形式来了解中华文化。我们引导孩子在探究中学习，引导孩子进一步弘扬中华文化，感受中华文化的精美，体验中国人的伟大智慧，从而为中华民族而自豪，为做中国人而自豪。

根据学前儿童的学习特点和个性，让儿童在轻松和谐的氛围中主动地探索、自主地学习、在互动中感知中华文化，在潜移默化中传承中华文化的精华，真正发挥学前儿童的主体性，培养出文明、儒雅、有个性、有创造力的儿童。

本章小结

本章核心内容总结如下。

1.良好的亲子关系使成长中的孩子习得基本知识、技能、行为及价值观,促使其成功地发展各种社会人际关系。和谐良好的亲子交往有利于儿童的情绪学习、健全人格与社会人际关系的发展,也有利于儿童认知能力的发展。

2.同伴交往关系是一个儿童自我优势的体现,是学前儿童踏入社会的最初表现能力,是他们适应社会发展的第一步。

3.幼儿教育工作是未来社会发展的基础与民族发展的前提,幼儿园教育是幼儿教育的重要组成部分,对幼儿的成长与发展具有重要的意义。在幼儿的成长与发展过程中,幼儿园教育能够为幼儿创造良好的发展环境,满足幼儿的发展需求。

4.幼儿时期是一个人成长的最关键时期,是可塑造性较强的一个阶段,在这个阶段对幼儿进行中华文化的教育,能够培养幼儿的爱国情感,提升幼儿的审美能力,以促进幼儿的全面发展。

思考与练习

1.父母作为学前儿童的重要他人,采用什么教养方式对于幼儿的身心发展是相对较好的呢?

2.同伴交往的意义是什么?教师如何培养学前儿童的同伴交往能力?

3.如何创设幼儿园环境对于幼儿的身心发展更为有利呢?

4.如何更好地在幼儿教育中渗透中华文化教育呢?

专题探讨

背景资料:因为学前儿童的家庭教育都是在各自的家庭中展开的,一定程度上也决定了家庭教育存在封闭性、片面性的弊端,这对儿童的身心发展是极为不利的。相比较而言,幼儿园教育拥有一定的教育指向性,教育目的明确,教育方法也相对比较科学,儿童能够接收到完备的知识传授和思想道德熏陶。生活中经常可以看到,很多家长对孩子的教育感到有心无力,甚至束手无策,于是便有了打孩子骂孩子的现象。其实这都源于家长家庭教育的概念不清,违背了基本的教育方法,不能从科学的角度给予孩子正确的指导。在孩子的整个成长过程中,家庭教育的地位和重要性是不可忽视的,只有结合幼儿园正确的教育理念与方法,才能保证学前儿童教育的妥善进行,促进其身心的全面发展。

探讨:如何更好地进行家庭教育以促进幼儿的身心发展呢?请谈一谈你的感受。

参考书目

一、著作类

[1]Montessori, M., Hunt, J.M.V., Valsiner, J.(2017).The montessori method. New York: Routledge.

[2][英]G.尼尔·马丁:《新核心素养系列:人人都该懂的心理学》,李岩松、陈恩珺等译,浙江人民出版社2019年版。

[3]刘金花:《儿童发展心理学》(第3版),华东师范大学出版社2013年版。

[4]张家琼、蒋宗珍:《学前儿童心理发展概论》,西南师范大学出版社2018年版。

[5]彭聃龄:《普通心理学》(第4版),北京师范大学出版社2012年版。

[6]黄希庭、郑涌:《心理学导论》(第三版),人民教育出版社2015年版。

[7]胥兴春:《学前心理学》,西南师范大学出版社2016年版。

[8]王艳玲、裴元庆、毛志新:《学前心理学》,北京师范大学出版社2017年版。

[9]王双宏、黄胜:《学前儿童发展心理学》,西南交通大学出版社2018年版。

[10]刘吉祥、刘慕霞:《学前儿童发展心理学》(第四版),湖南大学出版社2016年版。

[11]钱峰、汪乃铭:《学前心理学》,复旦大学出版社2012年版。

[12]陈琦、刘儒德:《当代教育心理学》,北京师范大学出版社1997年版。

[13]陈帼眉:《学前心理学》,人民教育出版社2003年版。

[14]沈雪梅:《学前儿童心理发展分析与指导》,复旦大学出版社2014年版。

[15][美]艾莉森·高普尼克、安德鲁·梅尔佐夫、帕特里夏·库尔:《孩子如何学习》,林文韵、杨田田译,浙江人民出版社2019年版。

[16][美]达娜·萨斯金德(Dana Suskind)、贝丝·萨斯金德(Beth Suskind)、莱斯利·勒万特-萨斯金德(Lesile Lewinter Suskind):《父母的语言》,任忆译,机械工业出版社2017年版。

[17]孟昭兰:《人类情绪》,上海人民出版社1989年版。

[18][美]劳拉·E.贝克:《儿童发展(第八版)》,邵文实译,江苏教育出版社2014年版。

[19]边玉芳等:《儿童心理学》,浙江教育出版社2009年版。

[20]陈会昌:《中国学前教育百科全书:心理发展卷》,沈阳出版社1995年版。

[21]Lewis,M.E.,&Rosenblum,L.A.(1974).*Friendship and peer relations*.Hoboken,NJ:John Wiley & Sons.

[22]Ligon,E.M.(1939).*Their future is now:The growth and development of Charistian personal-ity*.NewYork,NY:The Macmillan Company.

[23]林崇德:《发展心理学》(第二版),人民教育出版社2009年版。

[24]洪文梅、张元元、王珍琪:《学前儿童发展心理学》,中国纺织出版社2019年版。

[25][美]Rosalind Charlesworth:《理解学前儿童心理发展》,王思睿等译,中国轻工业出版社2019年版。

[26]姚伟:《学前教育原理》,东北师范大学出版社2012年版.

[27][美]劳拉·E.贝克(Laura E.Berk):《婴儿、儿童和青少年》(第5版),桑标等译,上海人民出版社2014年版。

[28]陈辉:《幼儿行为问题应对:0~6岁儿童养育专家全知道》,北京理工大学出版社2015年版。

[29]张丽锦等:《幼儿心理学》,浙江教育出版社2015年版。

[30]张文新:《儿童社会性发展》,北京师范大学出版社1999年版。

[31]齐建芳:《儿童发展心理学》,中国人民大学出版社2009年版。

[32][美]杜安·舒尔茨(Duane P.Schultz)、西德尼·艾伦·舒尔茨(Sydney Ellen Schultz):《人格心理学:全面、科学的人性思考》(原书第10版),张登浩、李森译,机械工业出版社2020年版。

[33]刘琪,杨雄:《家庭教育与儿童发展》,上海社会科学院出版社2017年版。

[34]方建移,何伟强:《家庭教育与儿童社会性发展》,浙江教育出版社2005年版。

[35]施晶晖:《学前儿童社会性教育——兼论儿童职业意识培养》,中国科学技术大学出版社2010年版。

[36]刘万伦:《学前儿童发展心理学》第二版,复旦大学出版社2019年版。

[37]郭力平、吴龙英:《早期教育环境创设》,华东师范大学出版社2019年版。

二、论文及其他

[38]徐灵芝:《论儿童情绪情感教育》,载《江西教育科研》1998年第6期。

[39]Shorter,E.,&Fey-Hauerwas,J.(1975).Der Wandel der Mutter-Kind-Beziehungen zu Be-ginn der Moderne[J].*Geschichte und Gesellschaft*,(2/3),256-287.

[40]Lillard,A.S.,&Taggart,J.(2019).Pretend play and fantasy:What if Montessori was right?[J].*Child Development Perspectives*,*13*(2),85-90.

[41]刘燕、李玉玲、季成叶:《遗传和环境因素对儿童青少年身体高度及其比例的影响》[J/OL].人类学学报:1-8[2022-02-13].

[42]Coates,B.,&Hartup,W.(1969).Age and verbalization in observational learning[J].*Developmental Psychology*,*1*(5),556-562.

[43] Howes, C., &Matheson, C. (1992). Sequences in the development of competent play with peers: Social and social pretend play[J]. *Developmental Psychology, 28*(5), 961-974.

[44]李一城、吴文佳、江牧:《全适性设计中的通感与联觉》,载《包装工程》2018年第6期。

[45]杨玲、董璟:《基于感知觉理论的儿童活动场地铺装设计探讨》,载《装饰》2013年第11期。

[46]卢素玉:《儿童观察力培养缺失现象分析与应对策略》,载《教育评论》2015年第1期。

[47]张德芬、林泳海:《对皮亚杰客体永久性的探讨》,载《心理学探新》1988年第4期。

[48]苏渊:《儿童注意缺陷多动障碍综合征》,载《中国实用儿科杂志》2001年第10期。

[49]李蓓:《如何培养幼儿的注意力》,载《山东教育》2016年第35期。

[50]Atkinson, R. C., & Shiffrin, R. M. (1968). Human memory: A proposed system and its control processes. *Psychology of learning and motivation, 2*, 89-195.

[51]杨莉君、钱泳蓁、余贤睿:《3~6岁儿童创新思维的培养及其影响因素研究》,载《湖南师范大学教育科学学报》,2013年第6期。

[52] Preston, J.L., Frost, S.J., Mencl, W.E., Fulbright, R.K., Landi, N., Grigorenko, E., …Pugh, K.R. (2010). Early and late talkers: school-age language, literacy and neurolinguistic differences. *Brain, 133*(8), 2185-2195.

[53]张明红:《关于早期阅读的几点思索》,载《学前教育研究》2000年第4期。

[54]张磊:《从"钉子的故事"谈起——如何培养孩子EQ》,载《大众心理学》2015年第8期。

[55] Hepach, R., & Tomasello, M. (2020). Young children show positive emotions when seeing someone get the help they deserve. *Cognitive Development, 56*, 100935.

[56]杨春卿:《儿童气质研究综述》,载《教育科学》1994年第4期。

[57] Ainsworth, M.D.S., Blehar, M., Waters, E., & Wall, S. (1978). *Patterns of attachment.* Hills - dale, NJ: Lawrence erlbaum.

[58] Izard, C. E., Fantauzzo, C. A., Castle, J. M., Haynes, O. M., Rayias, M. F., & Putnam, P. H. (1995). The ontogeny and significance of infants' facial expressions in the first 9 months of life. *Developmental Psychology, 31*(6), 997-1013.

[59] Waters, E., Wippman, J., Sroufe, L. A. (1979). Attachment, positive affect, and compe - tence in the peergroup: Two studies in construct validation. *Child development, 50*(3), 821-829.

[60] Bowlby, J. (1980). *Attachment and loss: Loss, sadness and depression (vol. 3).* New York, NY: Basic Books.

[61] Bowlby, J. (1988). *A secure base: Clinical applications of attachment theory.* London: Rout ledge.

[62] Fagot, B. I., Leinbach, M. D., & Hagan, R. (1986). Gender labeling and the adoption of sex-typed behaviors. *Developmental Psychology, 22*(4), 440 - 443.

[63]Maccoby, E. E. (1998). *The two sexes: Growing up apart, coming together*. Cambridge, MA: Harvard University Press.

[64]Jacklin, C. N., & Maccoby, E. E.(1978).Social behavior at 33 months in same-sex and mixed-sex days. *Child Development*,*49*(3),557-569.

[65]庞丽娟:《同伴提名法与幼儿同伴交往研究》,载《心理发展与教育》1994年第1期。

[66]梁雯婕:《幼儿园教育环境及其对幼儿发展的影响》,载《文理导航(下旬)》2021年第6期。

[67]闫萍:《幼儿园教育管理的问题及发展对策》,载《教育界》2021年第33期。

[68]刘天福:《三门峡医疗、托幼机构室内卫生质量影响分析》,载《河南预防医学杂志》2004年第3斯。

[69]陈青青:《幼儿园教育环境对幼儿心理发展的影响》,载《小学科学(教师版)》2018年第4期。

[70]邱云:《文化生活与幼儿园课程》,载《江苏教育学院学报(社会科学版)》2002年第6期。